# 信息约束下的非线性控制

刘腾飞　姜钟平　著

科学出版社

北　京

## 内 容 简 介

本书系统地介绍非线性小增益控制的分析与设计方法。从单回路关联系统到多回路动态网络，本书详细回顾非线性小增益理论的发展历程，着重介绍通信与网络约束下以小增益定理为工具进行非线性控制设计与分析的基本方法。本书所涉及的控制问题涵盖非线性系统的测量反馈控制、事件驱动控制、量化控制、分布式控制等。其中大部分的内容都是首次以中文形式出版。

本书在写作过程中尽量降低了对预备知识的要求，阅读本书仅需要了解非线性系统的一些基本概念。

本书可作为非线性控制理论的研究者的参考用书，也能够为控制及相关专业的科研人员和学生研究课题、开阔视野提供参考。

**图书在版编目(CIP)数据**

信息约束下的非线性控制/刘腾飞，姜钟平著. —北京：科学出版社，2018.1

ISBN 978-7-03-055650-9

Ⅰ.①信… Ⅱ.①刘… ②姜… Ⅲ.①非线性控制系统 Ⅳ.①TP273

中国版本图书馆 CIP 数据核字(2017) 第 289800 号

责任编辑：张 震 姜 红 / 责任校对：郭瑞芝
责任印制：吴兆东 / 封面设计：无极书装

科学出版社 出版
北京东黄城根北街 16 号
邮政编码：100717
http://www.sciencep.com

北京中石油彩色印刷有限责任公司印刷
科学出版社发行 各地新华书店经销
*
2018 年 1 月第 一 版 开本：720 × 1000 1/16
2018 年 1 月第一次印刷 印张：14 1/4
字数：288 000

**定价：89.00 元**

(如有印装质量问题，我社负责调换)

# 前　　言

非线性普遍存在。在本书中，非线性系统泛指不一定满足叠加原理的动态系统。换言之，本书所讨论的结果也适用于线性系统。对于非线性系统，线性系统与控制理论中的许多重要结果比如分离原理难以成立，全局性质和局部性质未必一致，控制系统的各个子系统必须协调设计。同时，与线性系统相比，非线性系统的行为更具多样性，控制算法的研究一般是针对特定类型非线性控制系统展开讨论和发展的。

非线性控制理论在过去三十年已经取得了巨大进展，然而仍有诸多理论难点问题悬而未决。特别是近年来，计算机、通信以及传感器等技术的飞速发展正在加速智能时代的到来，诸如智能车辆、智能电网、智能交通、智能制造等最新的应用场景为非线性控制解决实际工程问题创造了新的机遇。时滞非线性系统、非线性输出调节、切换系统、混杂系统、复杂大系统、多智能体系统等成为国际控制界广泛关注的热点方向，新的理论成果持续涌现。面向实际工程需求，基于多学科的融合和交叉，进一步深入研究先进非线性控制理论并提出新一代非线性控制技术，可谓大势所趋。

在上述新兴的非线性控制研究方向中，网络和通信约束下的非线性控制已经成为极具代表性的热点方向之一。其中，信息约束 (量化、采样、网络关联等) 与复杂动力学 (高阶、不确定、非线性) 等并存所导致的综合复杂性给现有的非线性控制理论带来了新的挑战。比如，一个很小的量化误差就可能严重影响一个“良好设计”的非线性控制系统的性能，甚至破坏闭环系统的稳定性。

本书的重点是将单回路的非线性小增益定理推广到多回路网络化系统的情形，并在此基础上提出一套新的非线性控制分析与设计工具。该工具已经成为解决信息约束下的非线性控制问题的有效手段。这些问题包括量化控制、事件触发控制、分布式控制等。

本书第 1 章给出稳定性的一些必备知识，包括李雅普诺夫稳定性和输入到状态稳定性等基本概念和相关性质。第 2 章介绍两个子系统组成的单回路关联系统的非线性小增益定理。第 3 章将单回路非线性小增益定理的结果推广到多回路的情形。第 4 章到第 6 章分别针对信息约束下非线性控制的几个代表性问题提出小增益控制设计方法。具体而言，第 4 章研究受测量干扰影响的不确定非线性系统的测量反馈控制基本问题。第 5 章针对基于量化的反馈信号进行非线性控制的问题。第 6 章讨论信息交换拓扑约束下实现非线性系统群体协同的分布式控制问题。

需要说明的是，本书仅考虑了一些有代表性的典型非线性系统 (比如严格反馈系统和输出反馈系统)，而本书所提出的非线性控制工具的适用范围绝不仅限于此。大部分结果都能够推广到更一般的系统，一些简单的推广在书中也会提及。

为了更好地同非线性控制基础知识相衔接，本书主要采用李雅普诺夫函数来刻画稳定性并进行控制系统分析与设计。相信本书的出版对于读者了解非线性控制理论的最新进展以及更好地解决相关工程控制问题是有益的。

本书主要内容都是两名作者在过去八年密切合作的成果，时间跨越了第一作者攻读博士学位、从事博士后研究工作以及回国任教等人生重要阶段。

本书作者指导的研究生张朋朋、阿迪亚、王站修、秦正雁、蔡敏、陈雷等协助完成了书稿的编辑工作，在此表示感谢。

东北大学流程工业综合自动化国家重点实验室对本书的写作给予了大力支持。本书的出版得到了国家自然科学基金 (项目批准号：61522305、61633007、61374042) 的资助，在此一并致谢。

作　者

2017 年 10 月

# 符号与缩写

| | |
|---|---|
| $\mathbb{C}$ | 复数集 |
| $\mathbb{R}$ | 实数集 |
| $\mathbb{R}_+$ | 非负实数集 |
| $\mathbb{R}^n$ | $n$ 维欧几里得空间 |
| $\mathbb{Z}$ | 整数集 |
| $\mathbb{Z}_+$ | 非负整数集 |
| $\mathbb{N}$ | 自然数集 |
| $x^{\mathrm{T}}$ | 向量 $x$ 的转置 |
| $\lvert x\rvert$ | 向量 $x$ 的欧几里得范数 |
| $\lvert A\rvert$ | 矩阵 $A$ 的诱导欧几里得范数 |
| $\mathrm{sgn}(x)$ | 实数 $x$ 的符号函数：如果 $x>0$，则 $\mathrm{sgn}(x)=1$；如果 $x=0$，则 $\mathrm{sgn}(x)=0$；如果 $x<0$，则 $\mathrm{sgn}(x)=-1$ |
| $a \bmod b$ | 被除数 $a\in\mathbb{R}$ 和除数 $b\in\mathbb{R}\backslash\{0\}$ 的带余除法 (欧几里得除法) 的余数 |
| $\lVert u\rVert_{\varDelta}$ | 对于 $u:\mathbb{R}_+\to\mathbb{R}^n$，$\lVert u\rVert_{\varDelta}=\operatorname*{ess\,sup}_{t\in\varDelta}\lvert u(t)\rvert$，其中 $\varDelta\subseteq\mathbb{R}_+$ |
| $\lVert u\rVert_\infty$ | 当 $\varDelta$ 取 $[0,\infty)$ 时的 $\lVert u\rVert_{\varDelta}$ |
| $:=$ 或 $\stackrel{\mathrm{def}}{=}$ | 定义为 |
| $\equiv$ | 恒等于 |
| $f\circ g$ | 函数 $f$ 和 $g$ 的复合函数，即 $f\circ g(x)=f(g(x))$ |
| $\lambda_{\max}(\lambda_{\min})$ | 最大 (最小) 特征值 |
| $\nabla V(x)$ | 当自变量为 $x$ 时，函数 $V$ 的梯度向量 |
| $\mathrm{Id}$ | 恒等函数 |
| $\mathcal{B}^n$ | $\mathbb{R}^n$ 中以原点为中心的单位球 |
| $\mathrm{cl}(\mathcal{S})$ | 集合 $\mathcal{S}$ 的闭包 |
| $\mathrm{int}(\mathcal{S})$ | 集合 $\mathcal{S}$ 的内点集 |
| $\mathrm{co}(\mathcal{S})$ | 集合 $\mathcal{S}$ 的凸包集 |
| $\overline{\mathrm{co}}(\mathcal{S})$ | 集合 $\mathcal{S}$ 的闭凸包集 |
| AS | 渐近稳定 |
| GAS | 全局渐近稳定 |
| GS | 全局稳定 |

| | |
|---|---|
| IOS | 输入到输出稳定 |
| ISpS | 输入到状态实际稳定 |
| ISS | 输入到状态稳定 |
| OAG | 输出渐近增益 |
| UBIBS | 一致有界输入有界状态 |
| UO | 无界能观 |
| WRS | 弱鲁棒稳定 |

# 目　　录

# 第 1 章　动态网络的控制问题

## 1.1　动态网络与控制

计算机、通信和传感技术的快速发展为先进控制在复杂系统中的应用开拓了越来越广阔的空间。这其中出现的一个突出问题就是，怎样系统化地处理诸如非线性、高维性、不确定性及信息约束等动态系统的本质属性问题，以及诸如量化、采样及脉冲事件等网络化系统特有的复杂行为。本书中将复杂系统看作是由具有特定性质的子系统相互连接而成的动态网络，并利用其中各个子系统以及它们连接上的特性来解决控制问题。

图 1.1 所示是一个典型的单闭环状态反馈控制系统。其中，$x$ 是被控对象的状态，$u$ 是控制输入，$x^m$ 是 $x$ 的测量值，$u^d$ 是控制器计算的期望控制信号。传感器将测量到的状态信号发送到控制器，而控制器计算出的控制信号通过执行器作用于被控对象以实现特定控制目标。稳定性是控制系统的关键问题。通过设计稳定的控制系统可以使实际状态信号和期望状态信号的误差最终收敛到零，从而实现控制目标。当然，往往也可以通过状态变换将这个控制目标转化为使状态收敛到原点。本书讨论怎样利用动态网络的思想来解决相关的控制问题。

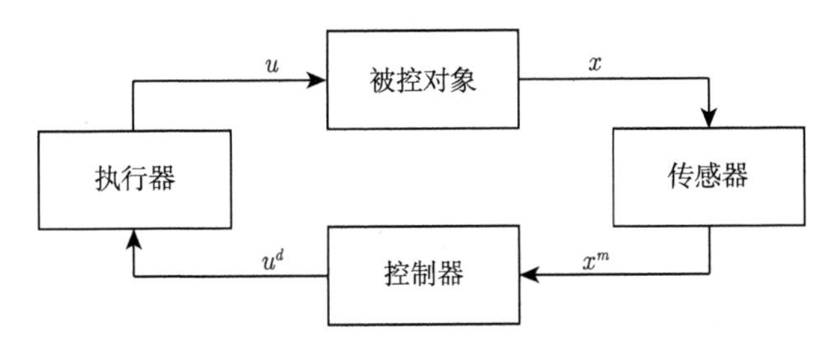


图 1.1　状态反馈控制系统

实际控制系统不可避免地受到传感器、执行机构等环节以及被控对象中未建模动力学等复杂不确定因素的影响。鲁棒控制的基本思想就是把一个控制系统转化成由无扰动的标称系统和扰动系统相互耦合而成的动态网络，并设计标称系统使之对扰动鲁棒。

为简单起见，首先考虑一种静态线性状态反馈的情况：

$$\dot{x} = Ax + Bu \tag{1.1}$$

$$u^d = -Kx^m \tag{1.2}$$

式中，$x, x^m \in \mathbb{R}^n$；$u, u^d \in \mathbb{R}^m$；$A$、$B$、$K$ 是具有相应维数的实矩阵。

分别定义测量误差和执行机构误差：$\tilde{x} = x^m - x$；$\tilde{u} = u^d - u$。那么，闭环系统就可以转化为

$$\begin{aligned}\dot{x} &= Ax + B(-K(x + \tilde{x}) - \tilde{u}) \\ &= (A - BK)x - BK\tilde{x} - B\tilde{u}\end{aligned} \tag{1.3}$$

若存在一个 $K$ 使得 $(A-BK)$ 是一个赫尔维茨矩阵 (即 $(A-BK)$ 的特征值均位于复平面的左半开部)，并且 $\tilde{x}$ 和 $\tilde{u}$ 均有界，那么系统状态就可以被控制到原点的一个特定有界邻域内。对于这样的线性系统，利用叠加原理，可以分别分析 $\tilde{x}$ 和 $\tilde{u}$ 对控制误差的影响。进一步地，如果 $(A-BK)$ 的特征值可通过选择 $K$ 任意配置 (复特征值成共轭对出现)，那么 $\tilde{u}$ 的影响可以被抑制到无限小。但这种分析对扰动项 $BK\tilde{x}$ 不适用 (因为 $BK\tilde{x}$ 与 $K$ 有关)。上述讨论可以用典型的鲁棒控制框图表示，见图 1.2。

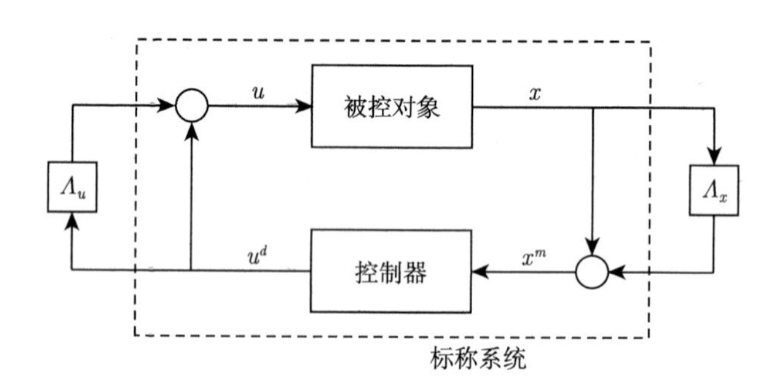


图 1.2　鲁棒控制设计

利用鲁棒控制的思想，也可以解决某些更复杂的、扰动项依赖于系统状态但不能保证有界的情况。假设 $\tilde{x}$、$\tilde{u}$ 满足如下扇区特性：

$$|\tilde{x}| \leqslant \bar{\delta}_x|x| + \bar{c}_x \tag{1.4}$$

$$|\tilde{u}| \leqslant \bar{\delta}_u|u^d| + \bar{c}_u \tag{1.5}$$

式中，$\bar{\delta}_x, \bar{c}_x, \bar{\delta}_u, \bar{c}_u$ 是非负常数。那么，可以找到 $\delta_x, \delta_u, c_x, c_u$，使得

$$\tilde{x} = \delta_x(t)x + c_x(t) \tag{1.6}$$

$$\tilde{u} = \delta_u(t)K(1 + \delta_x(t))x + \delta_u(t)Kc_x(t) + c_u(t) \tag{1.7}$$

并且，$|\delta_x(t)| \leqslant \bar{\delta}_x$，$|\delta_u(t)| \leqslant \bar{\delta}_u$，$|c_x(t)| \leqslant \bar{c}_x$，$|c_u(t)| \leqslant \bar{c}_u$ 对所有 $t \geqslant 0$ 都成立。

那么，系统 (1.3) 可写成 $\dot{x} = (A - BK)x + w$ 的形式，其中

$$
\begin{aligned}
w(t) =& - BK(\delta_x(t) + \delta_u(t)(1 + \delta_x(t)))x(t) \\
& - B(Kc_x(t) + K\delta_u(t)c_x(t) + c_u(t)) \\
:=& \phi(x(t), c_x(t), c_u(t), t)
\end{aligned} \tag{1.8}
$$

显然，存在非负常数 $a_1, a_2, a_3$ 使得 $|\phi(x, c_x, c_u, t)| \leqslant a_1|x| + a_2|c_x| + a_3|c_u|$ 对所有 $t \geqslant 0$ 都成立。这样，闭环系统就转化成了如图 1.3 所示的标称系统和扰动项相互耦合的形式。对于这类系统，可以使用现成的鲁棒控制方法来解决其镇定问题 [1]。一个典型的办法就是使用 Sandberg 和 Zames 提出的经典小增益定理，有兴趣的读者可以参考文献 [2]、文献 [3] 以及文献 [4] 的第 5 章和文献 [5] 的第 4 章。

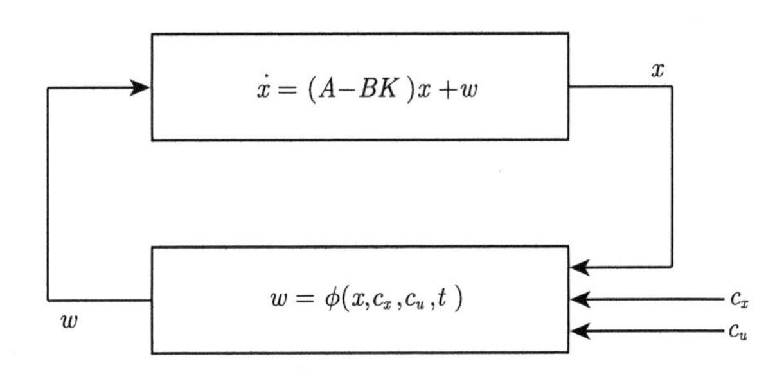


图 1.3　标称系统和扰动项的耦合

对于一般的非线性控制系统，上面所讨论的问题会更加复杂。比如，考虑常见的严格反馈非线性系统 (俗称“下三角系统”) 作为被控对象：

$$\dot{x}_i = \Delta_i(\bar{x}_i, w) + x_{i+1}, \quad i = 1, \cdots, n-1 \tag{1.9}$$

$$\dot{x}_n = \Delta_n(\bar{x}_n, w) + u \tag{1.10}$$

式中，$[x_1, \cdots, x_n]^{\mathrm{T}} := x \in \mathbb{R}^n$ 是其状态；$\bar{x}_i = [x_1, \cdots, x_i]^{\mathrm{T}}$，$u \in \mathbb{R}$ 是其控制输入；$w \in \mathbb{R}^{n_w}$ 表示外部干扰；$\Delta_i : \mathbb{R}^i \to \mathbb{R} (i = 1, \cdots, n)$ 是局部利普希茨的函数。考虑 $x_1$ 为系统的输出。已有结果 (如文献 [6]~文献 [8]) 表明，基于反步法 (backstepping) 的迭代设计对解决这种系统的控制问题非常有效。根据把被控对象看作是由 $x_i$ 子系统相互耦合而成的动态网络，迭代设计的基本思想就是依次把 $x_{i+1}$ 看作 $\bar{x}_i$ 子系统的 (虚拟) 控制输入，并设计控制器直至真正的控制输入 $u$ 出现。图 1.4 所示的就是上述系统内部各个子系统之间的相互耦合关系。

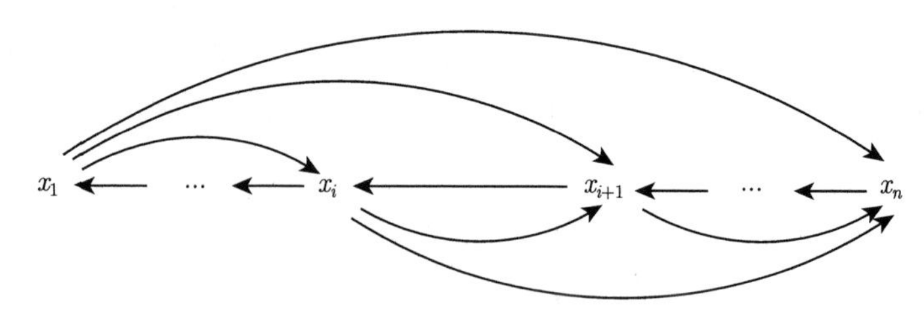


图 1.4 严格反馈系统的动态网络表示

对于这样的系统，干扰 $w$ 的影响可能被各个子系统之间的相互耦合反复放大。如果系统还受到传感器噪声的影响，那么情况更加恶劣。对于一个一阶系统，即使在无传感器噪声的情况下其状态能够渐近收敛到原点，小的传感器噪声也可能使系统状态发散。而量化控制问题则可以看成是一种测量误差满足扇区特性的鲁棒控制问题。需要注意的是，扇区特性不能保证有界性。本书后续还会重点讨论非线性系统的量化控制问题。

动态网络也同样存在于分布式控制系统中。考虑如下一个多自主体系统：

$$\dot{x}_i = f_i(x_i, u_i) \quad i = 1, \cdots, N \tag{1.11}$$

$$y_i = h_i(x_i) \tag{1.12}$$

式中，$y_i \in \mathbb{R}^{p_i}$ 是子系统 $i$ 的输出；$x_i \in \mathbb{R}^{n_i}$ 是子系统 $i$ 的状态；$u_i \in \mathbb{R}^{m_i}$ 是子系统 $i$ 的控制输入。在分布式控制结构中，每个子系统由一个控制器控制。控制器之间通过信息交换实现对各个子系统输出的协调控制。一个典型的例子就是输出一致，即对任意 $i, j = 1, \cdots, N$，实现

$$\lim_{t \to \infty} (y_i(t) - y_j(t)) = 0 \tag{1.13}$$

对于这类问题，动态网络中的相互耦合关系是由控制器之间的信息交换导致的。

本书将介绍一套面向动态网络的非线性控制设计新工具，并将其应用于测量反馈控制、事件驱动控制、量化控制以及分布式控制等。这一工具能够将相关的控制问题转化为可解的动态网络的稳定性 (镇定) 问题。特别地，本书将主要使用输入到状态稳定性 (input-to-state stability，ISS) 或更一般的输入到输出稳定性 (input-to-output stability，IOS) 的概念来刻画这些动态网络各个子系统的稳定性。作为后续章节的基础，后续三节将简要介绍李雅普诺夫稳定性、输入到状态稳定性以及输入到输出稳定性的基本概念及相关特性。

## 1.2 李雅普诺夫稳定性

稳定性是控制系统的最基本要求。控制的一个重要问题就是如何通过设计控

制器使闭环系统稳定。本节简要回顾李雅普诺夫稳定性的一些基本概念。

**定义 1.1**　如果函数 $\alpha:\mathbb{R}_+\to\mathbb{R}_+$ 满足 $\alpha(0)=0$ 且 $\alpha(s)>0$ 对所有 $s>0$ 都成立，那么称之为正定函数。

**定义 1.2**　如果一个连续函数 $\alpha:\mathbb{R}_+\to\mathbb{R}_+$ 严格递增且满足 $\alpha(0)=0$，称为 $\mathcal{K}$ 类函数并表示为 $\alpha\in\mathcal{K}$；进一步地，当 $s\to\infty$ 时，$\alpha(s)\to\infty$，那么称之为 $\mathcal{K}_\infty$ 类函数并表示为 $\alpha\in\mathcal{K}_\infty$。

**定义 1.3**　考虑一个连续函数 $\beta:\mathbb{R}_+\times\mathbb{R}_+\to\mathbb{R}_+$。如果对于每个特定的 $t\in\mathbb{R}_+$，$\beta(\cdot,t)$ 均是一个 $\mathcal{K}$ 类函数，并且对于每个特定的 $s>0$，$\beta(s,\cdot)$ 递减并满足 $\lim\limits_{t\to\infty}\beta(s,t)=0$，那么称之为 $\mathcal{KL}$ 类函数并表示为 $\beta\in\mathcal{KL}$。

为便于后续讨论，利普希茨连续性的相关定义也在这里给出。

**定义 1.4**　对于 $\mathcal{X}\subseteq\mathbb{R}^n$，$\mathcal{Y}\subseteq\mathbb{R}^m$，考虑函数 $h:\mathcal{X}\to\mathcal{Y}$。如果存在一个非负常数 $K_h$ 使得

$$|h(x_1)-h(x_2)|\leqslant K_h|x_1-x_2| \tag{1.14}$$

对任意 $x_1,x_2\in\mathcal{X}$ 都成立，那么称 $h$ 在 $\mathcal{X}$ 上是利普希茨连续的或利普希茨的。

**定义 1.5**　考虑函数 $h:\mathcal{X}\to\mathcal{Y}$，其中 $\mathcal{X}\subseteq\mathbb{R}^n$ 是一个开的连通集，$\mathcal{Y}\subseteq\mathbb{R}^m$。如果对于每个 $x\in\mathcal{X}$ 都存在一个邻域 $\mathcal{X}_0\subseteq\mathcal{X}$，使得 $h$ 在 $\mathcal{X}_0$ 上是利普希茨的，那么称 $h$ 在 $\mathcal{X}$ 上是局部利普希茨的。

**定义 1.6**　考虑函数 $h:\mathcal{X}\to\mathcal{Y}$，其中 $\mathcal{X}\subseteq\mathbb{R}^n$，$\mathcal{Y}\subseteq\mathbb{R}^m$。如果 $h$ 在任意有界且封闭的集合 $\mathcal{D}\subseteq\mathcal{X}$ 上都是利普希茨的，那么称 $h$ 在任意紧集上是利普希茨的。

考虑系统

$$\dot{x}=f(x) \tag{1.15}$$

式中，$f:\mathbb{R}^n\to\mathbb{R}^n$ 是一个局部利普希茨函数。假设原点是该系统的一个平衡点，即 $f(0)=0$。

当然，如果平衡点 $x^e$ 非原点，那么可以通过坐标转换 $x'=x-x^e$ 将平衡点移到原点处。因此，假设平衡点在原点处并不失一般性。系统 (1.15) 在初始条件 $x(0)=x_0$ 下的解表示为 $x(t,x_0)$，或者简单写作 $x(t)$。同时，用 $[0,T_{\max})$ 表示 $x(t,x_0)$ 向右有定义的最大区间，其中 $0<T_{\max}\leqslant\infty$。

李雅普诺夫稳定性的标准定义是以"$\varepsilon$-$\delta$"条件给出的，参见文献 [9] 和文献 [10] 中第四章。为了方便将李雅普诺夫稳定性和输入到状态稳定性加以比较，定义 1.7 将使用比较函数 $\alpha\in\mathcal{K}$，$\beta\in\mathcal{KL}$ 给出李雅普诺夫稳定性的定义。关于李雅普诺夫稳定性的标准定义和定义 1.7 之间的等价关系的证明可见文献 [10] 中附录 C.6。在文献 [9] 中定义 2.9 和定义 24.2 也有相关讨论。

**定义 1.7**　系统 (1.15) 在原点处是

(1) 稳定的，如果存在 $\alpha \in \mathcal{K}$ 和一个常数 $c > 0$ 使得对任意 $|x_0| \leqslant c$ 和 $t \geqslant 0$ 都满足

$$|x(t, x_0)| \leqslant \alpha(|x_0|) \tag{1.16}$$

(2) 全局稳定 (globally stable, GS) 的，如果性质 (1.16) 对任意初始状态 $x_0 \in \mathbb{R}^n$ 都成立；

(3) 渐近稳定 (asymptotically stable, AS) 的，如果存在 $\beta \in \mathcal{KL}$ 和一个常数 $c > 0$ 使得对任意 $|x_0| \leqslant c$ 和 $t \geqslant 0$ 都满足

$$|x(t, x_0)| \leqslant \beta(|x_0|, t) \tag{1.17}$$

(4) 全局渐近稳定 (globally asymptotically stable, GAS) 的，如果条件 (1.17) 对任意初始状态 $x_0 \in \mathbb{R}^n$ 都成立。

依据标准定义，在原点处全局渐近稳定可被解释为在原点处全局稳定且在原点处具有全局收敛的性质。所谓全局收敛性质是指对所有 $x_0 \in \mathbb{R}^n$ 都有 $\lim_{t \to \infty} x(t, x_0) = 0$。参见文献 [10] 中定义 4.1。可见，全局渐近稳定不仅仅是全局收敛。

下面，定理 1.1 给出了李雅普诺夫稳定性和渐近稳定的充分条件，称为李雅普诺夫第二方法或直接法。

**定理 1.1**　设原点为系统 (1.15) 的一个平衡点，并设 $\Omega \subset \mathbb{R}^n$ 为原点的一个邻域。取一个连续可微的函数 $V : \Omega \to \mathbb{R}_+$。如果函数 $V$ 满足

$$V(0) = 0 \tag{1.18}$$

$$V(x) > 0, \quad x \in \Omega \backslash \{0\} \tag{1.19}$$

$$\nabla V(x) f(x) \leqslant 0, \quad x \in \Omega \tag{1.20}$$

那么系统 (1.15) 在原点处是稳定的。进一步地，如果

$$\nabla V(x) f(x) < 0, \quad x \in \Omega \backslash \{0\} \tag{1.21}$$

那么系统 (1.15) 在原点处是渐近稳定的。

满足式 (1.18)~式 (1.20) 的函数 $V$ 称为李雅普诺夫函数。如果其进一步满足式 (1.21)，那么称其为严格李雅普诺夫函数 [11]。

有这样一个问题，即能否将定理 1.1 中的 $\Omega$ 直接替换为 $\mathbb{R}^n$ 从而保证全局渐近稳定。文献 [9] 中第 109 页给出了如下的例子。

**例 1.1**　考虑系统

$$\dot{x}_1 = \frac{-6x_1}{(1 + x_1^2)^2} + 2x_2 \tag{1.22}$$

$$\dot{x}_2 = \frac{-2(x_1 + x_2)}{(1 + x_1^2)^2} \tag{1.23}$$

取

$$V(x)=\frac{x_1^2}{1+x_1^2}+x_2^2 \tag{1.24}$$

可以验证 $V$ 满足定理 1.1 所给出的系统在原点是渐近稳定的条件，其中 $n=2$, $\Omega=\mathbb{R}^2$。但是，通过测试双曲线 $x_2=2/(x_1-\sqrt{2})$ 边界的矢量场可知，在第一象限的双曲线分支显然不经过原点。这说明系统在原点处不是全局渐近稳定的。

下面，定理 1.2 给出了由李雅普诺夫函数 $V$ 判定全局渐近稳定所需的附加条件。

**定理 1.2**　设原点是系统 (1.15) 的一个平衡点。取一个连续可微函数 $V:\mathbb{R}^n\to\mathbb{R}_+$。如果其满足

$$V(0)=0 \tag{1.25}$$

$$V(x)>0,\quad \forall x\in\mathbb{R}^n\backslash\{0\} \tag{1.26}$$

$$|x|\to\infty\Rightarrow V(x)\to\infty \tag{1.27}$$

$$\nabla V(x)f(x)<0,\quad \forall x\in\mathbb{R}^n\backslash\{0\} \tag{1.28}$$

那么系统 (1.15) 在原点处全局渐近稳定。

由定理 1.2 可知，仅仅简单地用 $\mathbb{R}^n$ 替换定理 1.1 中的 $\Omega$ 不能保证全局渐近稳定。要保证全局渐近稳定，还必须满足条件 (1.27)。

需要说明的是，如下两种说法是等价的：

(1) 函数 $V$ 满足条件 (1.25)~条件 (1.27)。

(2) 函数 $V$ 正定且径向无界。

并且，如果 $V$ 是正定且径向无界的，那么存在比较函数 $\underline{\alpha},\overline{\alpha}\in\mathcal{K}_\infty$ 使得

$$\underline{\alpha}(|x|)\leqslant V(x)\leqslant\overline{\alpha}(|x|) \tag{1.29}$$

对所有 $x\in\mathbb{R}^n$ 都成立。详细解释请见文献 [10] 中引理 4.3。

定理 1.1 和 1.2 分别给出了渐近稳定和全局渐近稳定的充分条件。李雅普诺夫逆定理则给出了这两个条件分别针对渐近稳定和全局渐近稳定的必要性。相关证明可参考文献[10]。

## 1.3　输入到状态稳定性

Sontag 提出的输入到状态稳定性是描述具有外部输入的系统的稳定性的重要概念。本节介绍其基本定义及相关重要性质。同时，输入到状态稳定性的其他相关概念及性质参见综述文献[12]。

### 1.3.1 输入到状态稳定性的定义

考虑系统

$$\dot{x} = f(x, u) \tag{1.30}$$

式中，$x \in \mathbb{R}^n$ 是状态；$u \in \mathbb{R}^m$ 表示外部输入；$f : \mathbb{R}^n \times \mathbb{R}^m \to \mathbb{R}^n$ 是一个局部利普希茨的函数并满足 $f(0,0) = 0$。若把 $u$ 看作时间的函数，假设 $u$ 是可测且局部本质有界的。这里，$u$ 可测且局部本质有界的说法可以理解为 $\|u\|_{[0,t]}$ 对任意 $t \geqslant 0$ 都存在。我们用 $x(t, x_0, u)$ 或者直接用 $x(t)$ 来表示系统 (1.30) 以 $x(0) = x_0$ 为初始状态、以 $u$ 为输入的解。

在原始文献 [13] 中，输入到状态稳定性是用加号表述的。为便于讨论，本书后续主要使用由“max”来定义的输入到状态稳定性。关于这两种定义的等价性，稍后会做简要讨论。

**定义 1.8** 系统 (1.30) 是输入到状态稳定的，如果如下条件成立：存在 $\beta \in \mathcal{KL}$ 和 $\gamma \in \mathcal{K}$，使得对于任意初始状态 $x(0) = x_0$ 和任意可测且局部本质有界的外部输入 $u$，系统的解 $x(t)$ 对所有的 $t \geqslant 0$ 都满足

$$|x(t)| \leqslant \max\{\beta(|x_0|, t), \gamma(\|u\|_\infty)\} \tag{1.31}$$

式中，$\gamma$ 称为系统的输入到状态稳定增益。需要注意的是，如果系统输入恒为零，即 $u \equiv 0$，那么定义 1.8 中的输入到状态稳定的系统在原点处就是全局渐近稳定的。考虑到系统的因果性，$x(t)$ 由初始状态 $x_0$ 和过去的输入 $\{u(\tau) : 0 \leqslant \tau \leqslant t\}$ 决定。因此，式 (1.31) 中的 $\|u\|_\infty$ 可由 $\|u\|_{[0,t]}$ 来代替。

利用文献 [14] 中给出的广义三角不等式，有

$$\max\{a, b\} \leqslant a + b \leqslant \max\{(\mathrm{Id} + \delta^{-1})(a), (\mathrm{Id} + \delta)(b)\} \tag{1.32}$$

对任意 $a, b \geqslant 0$ 和任意 $\delta \in \mathcal{K}_\infty$ 都成立。

那么，式 (1.31) 中“max”形的输入到状态稳定性描述可等价地写为

$$|x(t)| \leqslant \beta'(|x_0|, t) + \gamma'(\|u\|_\infty) \tag{1.33}$$

式中，$\beta' \in \mathcal{KL}$；$\gamma' \in \mathcal{K}$。值得注意的是，尽管可通过将“max”直接替换为“+”来实现从式 (1.31) 到式 (1.33) 的变换，但是从式 (1.33) 到式 (1.31) 的变换则需要改变 $\beta'$ 和 $\gamma'$ 函数。为得到一个与 $\gamma'$ 非常接近的新的 $\gamma$，需要找一个非常小的 $\delta$，而这样又可能会使新的 $\beta$ 非常大。

性质 (1.33) 同时还说明 $x(t)$ 会收敛到由 $|x| \leqslant \gamma'(\|u\|_\infty)$ 所定义的一个原点的邻域，即

$$\overline{\lim_{t\to\infty}} |x(t)| \leqslant \gamma'(\|u\|_\infty) \tag{1.34}$$

如图 1.5 所示，$\gamma'$ 常被称作系统的渐近增益，其所描述的是系统的“稳态响应”。与之相对应，$\beta'$ 则描述了系统的“瞬态响应”。

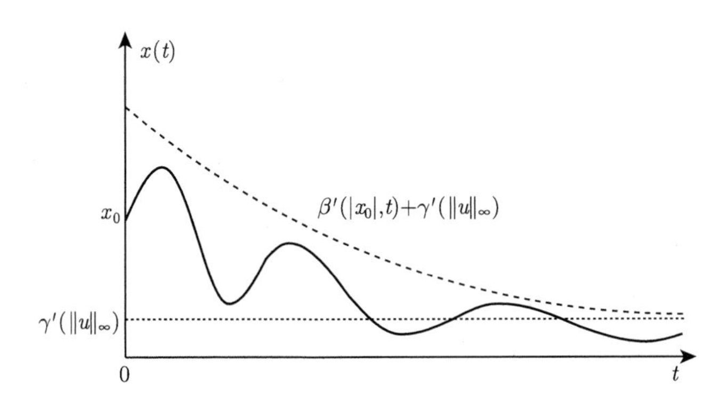


图 1.5　输入到状态稳定性的渐近增益性质

直观来讲，既然 $\overline{\lim\limits_{t\to\infty}}|x(t)|$ 的值仅由大的 $t$ 决定，那么就可以将式 (1.34) 中的 $\gamma'(\|u\|_\infty)$ 替换为 $\gamma'\left(\overline{\lim\limits_{t\to\infty}}|u(t)|\right)$ 或 $\overline{\lim\limits_{t\to\infty}}\gamma'(|u(t)|)$。详细讨论请见文献 [12]、[15]。

当系统 (1.30) 简化为线性时不变系统后，可依据如下充要条件判断其是否是输入到状态稳定的。

**定理 1.3**　一个线性时不变系统

$$\dot{x} = Ax + Bu \tag{1.35}$$

以 $u$ 为输入是输入到状态稳定的，当且仅当 $A$ 是赫尔维茨矩阵。

**证明**　对于初始条件 $x(0)=x_0$ 和可测且局部本质有界的输入 $u$，系统 (1.35) 的解可以写成

$$x(t) = \mathrm{e}^{At}x_0 + \int_0^t \mathrm{e}^{A(t-\tau)}Bu(\tau)\mathrm{d}\tau \tag{1.36}$$

那么，

$$|x(t)| \leqslant |\mathrm{e}^{At}||x_0| + \left(\int_0^\infty |\mathrm{e}^{A\tau}|\mathrm{d}\tau\right)|B|\|u\|_\infty \tag{1.37}$$

若 $A$ 是赫尔维茨的，即其所有特征值都具有负实部，那么 $\int_0^\infty |\mathrm{e}^{As}|\mathrm{d}s < \infty$。对 $s,t\in\mathbb{R}_+$，定义 $\beta'(s,t)=|\mathrm{e}^{At}|s$，$\gamma'(s)=\left(\int_0^\infty |\mathrm{e}^{A\tau}|\mathrm{d}\tau\right)|B|s$。显然，$\beta'\in\mathcal{KL},\gamma'\in\mathcal{K}_\infty$。那么，该系统的解满足式 (1.33)，因此，该系统是输入到状态稳定的。充分性证毕。

为证明必要性，考虑 $u \equiv 0$ 的情况。此时，由系统 (1.35) 的输入到状态稳定性可知，如下系统在原点处是全局渐近稳定的：

$$\dot{x} = Ax \tag{1.38}$$

根据线性系统理论 [16]，系统 (1.38) 在原点处全局渐近稳定，当且仅当 $A$ 是赫尔维茨的。必要性得证。

根据定理 1.3，一个线性系统是输入到状态稳定的等价于其对应的输入恒为零的系统在原点是渐近稳定的。但这一结论对非线性系统未必成立。比如，可考虑文献 [17] 给出的例 1.2。

**例 1.2** 考虑非线性系统

$$\dot{x} = -x + ux \tag{1.39}$$

式中，$x, u \in \mathbb{R}$。若 $u \equiv 0$，则系统 (1.39) 在原点处全局渐近稳定。但只需考虑 $u > 1$ 的情况即可发现系统 (1.39) 并非是输入到状态稳定的。

**引理 1.1** 对任意给定的 $\beta \in \mathcal{KL}$，存在 $\alpha_1, \alpha_2 \in \mathcal{K}_\infty$ 使得

$$\beta(s,t) \leqslant \alpha_2(\alpha_1(s)\mathrm{e}^{-t}) \tag{1.40}$$

对所有 $s, t \geqslant 0$ 都成立。

文献 [17] 中的命题 7 给出了引理 1.1 的证明。

如果条件 (1.33) 成立，那么由引理 1.1 可知，存在 $\alpha_1', \alpha_2' \in \mathcal{K}_\infty$ 使系统 (1.30) 的解满足如下条件：

$$|x(t)| \leqslant \alpha_2'(\alpha_1'(|x_0|)\mathrm{e}^{-t}) + \gamma'(\|u\|_\infty) \tag{1.41}$$

由式 (1.41) 可以看出，一个一般非线性系统的输入到状态稳定性同线性系统 (1.35) 的输入到状态稳定性 [式 (1.37)] 之间的关系和差别。

通过引理 1.1，也可以注意到性质 (1.31) 可等价表示为

$$|x(t)| \leqslant \max\{\alpha_2(\alpha_1(|x_0|)\mathrm{e}^{-t}), \gamma(\|u\|_\infty)\} \tag{1.42}$$

式中，$\alpha_1, \alpha_2$ 是合理选择的 $\mathcal{K}_\infty$ 函数。

定义 1.9给出了局部输入到状态稳定性的定义。

**定义 1.9** 如果存在 $\beta \in \mathcal{KL}$，$\gamma \in \mathcal{K}$ 和常数 $\rho^x, \rho^u > 0$，对满足 $|x_0| \leqslant \rho^x$ 的任意初始状态 $x(0) = x_0$ 和满足 $\|u\|_\infty \leqslant \rho^u$ 的任意可测量、局部本质有界的 $u$，系统的解 $x(t)$ 对所有 $t \geqslant 0$ 都满足

$$|x(t)| \leqslant \max\{\beta(|x_0|, t), \gamma(\|u\|_\infty)\} \tag{1.43}$$

那么系统 (1.30) 是局部输入到状态稳定的。

定理 1.4 给出了局部输入到状态稳定性与渐近稳定性的关系。

**定理 1.4**　系统 (1.30) 是局部输入到状态稳定的，当且仅当系统 (1.30) 的零输入系统

$$\dot{x} = f(x,0) \tag{1.44}$$

在原点处是渐近稳定的。

**证明**　借助文献 [9] 中定理 56.3 和定理 56.4 的证明和文献 [15] 的引理 I.2 的证明，可完成对定理 1.4 的证明。

必要性显然成立，现证明充分性。根据李雅普诺夫逆定理 (可参考文献 [10])，如果系统 (1.44) 在原点处渐近稳定，那么其具有一个李雅普诺夫函数 $V:\Omega\to\mathbb{R}_+$ 满足性质 (1.18)~性质 (1.21)，其中 $\Omega\subseteq\mathbb{R}^n$ 是一个包含原点的区域。同时，可以找到一个包含原点的 $\Omega'\subseteq\Omega$，使得对所有的 $x\in\Omega'$，函数 $V$ 都满足

$$\underline{\alpha}(|x|)\leqslant V(x)\leqslant\overline{\alpha}(|x|) \tag{1.45}$$

$$\nabla V(x)f(x,0)\leqslant-\alpha(V(x)) \tag{1.46}$$

式中，$\underline{\alpha},\overline{\alpha}\in\mathcal{K}_\infty$；$\alpha$ 是一个连续且正定的函数。

利用 $\nabla V$ 和 $f$ 的连续性，对任意 $x\in\Omega'\backslash\{0\}$ 都能找到一个 $\delta>0$ 使得

$$|\nabla V(x)f(x,\epsilon)-\nabla V(x)f(x,0)|\leqslant\frac{1}{2}\alpha(V(x)) \tag{1.47}$$

对所有 $|\epsilon|\leqslant\delta$ 都成立。因此，存在一个正定函数 $\chi_0$，使得对于所有 $x\in\Omega'$ 只要满足 $|\epsilon|\leqslant\chi_0(|x|)$ 都能保证式 (1.47) 成立。

在 $\Omega'$ 中取一个以原点为内点的紧集 $\Omega_0$。取 $\chi\in\mathcal{K}$ 使得对所有 $0\leqslant s\leqslant\max\{|x|:x\in\Omega_0\}$ 都满足

$$\chi(s)\leqslant\chi_0(s) \tag{1.48}$$

如果 $x\in\Omega_0$ 且 $\chi(|u|)\leqslant|x|$，那么可以证明

$$\nabla V(x)f(x,u)\leqslant-\frac{1}{2}\alpha(V(x)) \tag{1.49}$$

注意到式 (1.45) 成立，因此，

$$V(x)\leqslant\max\{\underline{\alpha}(|x|):x\in\Omega_0\} \tag{1.50}$$

$$V(x)\geqslant\overline{\alpha}\circ\chi(\|u\|_\infty):=\gamma(\|u\|_\infty) \tag{1.51}$$

同时成立，并可推出式 (1.49) 成立。充分性得证。

文献 [9] 给出了一个关于渐近稳定性和总体稳定性 (total stability) 之间关系的证明，该证明过程十分简洁，其基本思想也可用于定理 1.4 的证明。此处将其基本思想直观介绍如下。以上证明的关键在于寻求 $\nabla V(x)f(x,u)$ 同 $V(x)$ 和 $|u|$ 的关系。显然，有

$$\begin{aligned}\nabla V(x)f(x,u) &= \nabla V(x)f(x,0)+(\nabla V(x)f(x,u)-\nabla V(x)f(x,0))\\ &\leqslant -\alpha(V(x))+|\nabla V(x)f(x,u)-\nabla V(x)f(x,0)|\end{aligned} \tag{1.52}$$

对于较小的 (局部的)$x$ 和 $u$，利用中值定理，那么存在 $\gamma\in\mathcal{K}$ 使得

$$|\nabla V(x)f(x,u)-\nabla V(x)f(x,0)|\leqslant\gamma(|u|) \tag{1.53}$$

因此，

$$\nabla V(x)f(x,u)\leqslant-\alpha(V(x))+\gamma(|u|) \tag{1.54}$$

局部输入到状态稳定性得证。

由定义 1.8 可见，如果一个系统是输入到状态稳定的，那么它必定是正向完备的。也就是说，对于任意初始状态 $x(0)=x_0$ 和任意可测、局部本质有界的输入 $u$，系统的解 $x(t)$ 对所有的 $t\geqslant 0$ 都有定义。不仅如此，输入到状态稳定的一个必要条件是一致有界输入有界状态稳定 (uniformly bounded-input bounded-state stable，UBIBS)。这一性质刻画了系统的外部稳定性。

**定义 1.10** 如果存在 $\sigma_1,\sigma_2\in\mathcal{K}$ 使得对于任意初始状态 $x(0)=x_0$ 和任意可测、局部本质有界的输入 $u$，系统 (1.30) 的解 $x(t)$ 对所有的 $t\geqslant 0$ 都满足

$$|x(t)|\leqslant\max\{\sigma_1(|x_0|),\sigma_2(\|u\|_\infty)\} \tag{1.55}$$

那么称此系统是一致有界输入有界状态稳定的。

注意到定义 1.3 中对 $\mathcal{KL}$ 函数的定义。如果系统 (1.30) 满足输入到状态稳定性的定义式 (1.31)，那么只要定义 $\sigma_1(s)=\beta(s,0)$，$\sigma_2(s)=\gamma(s)$，即可证明式 (1.55) 成立。

直观地说，输入到状态稳定性同时刻画了系统的内部稳定性和外部稳定性。但是，对于一个在零输入的情况下在原点处全局渐近稳定的系统，即使具有有界输入有界状态的性质，也不能保证输入到状态稳定性。见例 1.3。

**例 1.3** 考虑系统

$$\dot{x}=(-1+\sin u)x \tag{1.56}$$

式中，$x\in\mathbb{R}$ 是状态；$u\in\mathbb{R}$ 是外部输入。显然，如果 $u\equiv 0$，那么该系统在原点处是全局渐近稳定的。并且，对于任意有界输入 $u$，都能保证系统状态 $x(t)$ 的有界

性。但是，当 $u=\pi/2+2k\pi$ 时 $(k\in\mathbb{Z})$，$x(t)\equiv x(0)$。显然该系统不是输入到状态稳定的。

确切地说，一个系统是输入到状态稳定性的等价于该系统同时具有一致有界输入有界状态性质和渐近增益性质 [15]。

**定理 1.5**　系统 (1.30) 是输入到状态稳定的，当且仅当其具有如式 (1.55) 所定义的一致有界输入有界状态性质和由式 (1.34) 所定义的渐近增益性质。

这一结论可用于小增益定理的证明。

### 1.3.2　输入到状态稳定李雅普诺夫函数

正如使用李雅普诺夫函数来刻画李雅普诺夫稳定性一样，同样可以使用输入到状态稳定李雅普诺夫函数来描述输入到状态稳定性。针对系统 (1.30)，文献 [18] 首次给出了输入到状态稳定性和输入到状态稳定李雅普诺夫函数存在性之间的等价关系。

**定理 1.6**　系统 (1.30) 是输入到状态稳定的，当且仅当存在一个连续可导的函数 $V:\mathbb{R}^n\to\mathbb{R}_+$ 满足：

(1) 存在 $\underline{\alpha},\overline{\alpha}\in\mathcal{K}_\infty$ 使得

$$\underline{\alpha}(|x|)\leqslant V(x)\leqslant\overline{\alpha}(|x|) \tag{1.57}$$

对所有 $x$ 都成立；

(2) 存在一个 $\gamma\in\mathcal{K}$ 和一个连续且正定的 $\alpha$ 使得

$$V(x)\geqslant\gamma(|u|)\Rightarrow\nabla V(x)f(x,u)\leqslant-\alpha(V(x)) \tag{1.58}$$

对所有 $x$ 和 $u$ 都成立。

如果一个函数 $V$ 满足条件 (1.57) 和条件 (1.58)，那么就称之为输入到状态稳定李雅普诺夫函数。而对应的 $\gamma$ 函数就称为基于李雅普诺夫的输入到状态稳定增益。本书将式 (1.58) 称为增益裕度 (gain margin) 形式的定义。显然，如果满足条件 (1.58)，那么系统状态 $x$ 会最终收敛到满足 $V(x)\leqslant\gamma(\|u\|_\infty)$ 的区域中。如果 $u\equiv0$，那么定理 1.6 的充分性部分跟李雅普诺夫稳定定理的全局渐近稳定判据是一致的。

可以证明，如下不等式与式 (1.58) 给出的增益裕度描述是等价的：

$$\nabla V(x)f(x,u)\leqslant-\alpha'(V(x))+\gamma'(|u|) \tag{1.59}$$

式中，$\alpha'\in\mathcal{K}_\infty$；$\gamma'\in\mathcal{K}$。

在关于输入到状态稳定性的最初文献中可以找到定理 1.6 充分性部分的证明 [13]，其必要性证明在文献 [18] 中首次给出。为更好地理解输入到状态稳定李雅普诺夫函数，在文献 [13]、[18] 的基础上，本书给出一个简化的证明。

由式 (1.58) 可知，存在一个 $\beta \in \mathcal{KL}$，其对所有的 $s \in \mathbb{R}_+$ 都满足 $\beta(s,0) = s$，并且只要 $V(x(t)) \geqslant \gamma(\|u\|_\infty)$，都有

$$V(x(t)) \leqslant \beta(V(x(0)), t) \tag{1.60}$$

也就是说

$$V(x(t)) \leqslant \max\{\beta(V(x(0)), t), \gamma(\|u\|_\infty)\} \tag{1.61}$$

对所有 $t \geqslant 0$ 都成立。定义 $\bar{\beta}(s,t) = \underline{\alpha}^{-1}(\beta(\overline{\alpha}(s), t))$，$\bar{\gamma}(s) = \underline{\alpha}^{-1} \circ \gamma(s)$，其中 $s, t \in \mathbb{R}_+$。那么，$\bar{\beta} \in \mathcal{KL}, \bar{\gamma} \in \mathcal{K}$。并且，

$$|x(t)| \leqslant \max\{\bar{\beta}(|x(0)|, t), \bar{\gamma}(\|u\|_\infty)\} \tag{1.62}$$

对所有 $t \geqslant 0$ 都成立。定理 1.6 的充分性部分得证。

需要指出的是，输入到状态稳定李雅普诺夫函数未必需要是连续可微的。比如，连续可微的条件也可以减弱成局部利普希茨条件。根据文献 [19] 中 Rademacher 定理，一个局部利普希茨的函数是几乎处处可微的。对于一个局部利普希茨的输入到状态稳定李雅普诺夫函数 $V$，就只须要求条件 (1.58) 对几乎所有的 $x$ 成立。这样所定义的输入到状态稳定李雅普诺夫函数仍然能够保证输入到状态稳定性。

定理 1.6 的必要条件可以通过合理地构造输入到状态稳定李雅普诺夫函数来证明。基于这一思想，文献 [18] 给出了证明。这个证明使用了弱鲁棒稳定 (weak robust stability，WRS) 概念。图 1.6 所示为该证明的基本思想。

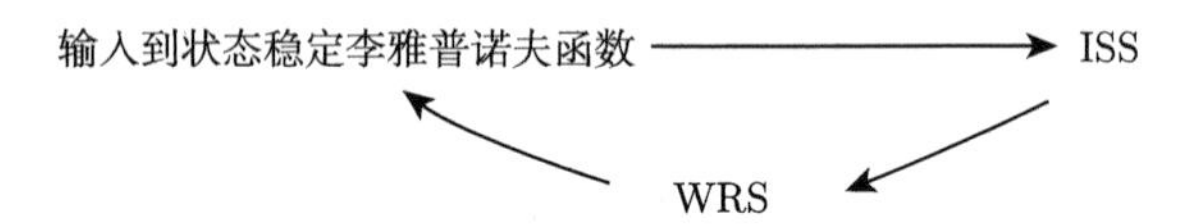


图 1.6 输入到状态稳定等价于存在输入到状态稳定李雅普诺夫函数

弱鲁棒稳定性所描述的是一个系统抑制与状态相关的扰动的能力。如果系统 (1.30) 对所有可能的 $d : \mathbb{R}_+ \to \mathcal{B}^m$ 都能确保一个稳定裕度 $\rho \in \mathcal{K}_\infty$，使得系统

$$\dot{x} = f(x, d(t)\rho(|x|)) \tag{1.63}$$

在原点处是一致全局渐近稳定的，那么系统 (1.30) 就是弱鲁棒稳定的。此处 $\mathcal{B}^m$ 代表 $\mathbb{R}^m$ 中以原点为中心的单位球。文献 [18] 证明了输入到状态稳定是弱鲁棒稳定的充分条件。同时，该文献中也指出系统 (1.63) 的李雅普诺夫函数可以作为系统 (1.30) 的输入到状态稳定李雅普诺夫函数。

那么，弱鲁棒稳定的系统是否存在李雅普诺夫函数呢？李雅普诺夫稳定性逆定理能够回答这个问题。文献 [20] 给出了对弱鲁棒稳定系统构造光滑李雅普诺夫函数的方法。文献 [21] 中第 3 章利用指数收敛和 $\mathcal{KL}$ 函数收敛之间的关系，给出了一类一般非线性系统的李雅普诺夫稳定性逆定理的证明。根据文献 [18]，系统 (1.63) 的李雅普诺夫函数可用作系统 (1.30) 的输入到状态稳定李雅普诺夫函数。详细证明参见文献 [18]。

鲁棒稳定的性质比弱鲁棒稳定更严格，其考虑的是系统存在依赖状态的扰动的情形：

$$\dot{x} = f(x, \Delta(t, x)) \tag{1.64}$$

式中，$\Delta(t, x)$ 代表扰动项，其可能是由系统动力学的不确定性或外部干扰造成的。如果存在一个 $\rho \in \mathcal{K}$ 使得只要扰动项满足 $|\Delta(t, x)| \leqslant \rho(|x|)$，系统 (1.64) 在原点处都是一致全局渐近稳定的，那么称系统 (1.30) 为鲁棒稳定的。文献 [18] 给出了鲁棒稳定性和输入到状态稳定性的等价性证明。本书后续讨论中将输入到状态稳定系统的鲁棒稳定性看作是非线性小增益定理的一个特例。

文献 [18]、[22] 讨论了输入到状态稳定性和耗散性之间的联系。在耗散性理论中，式 (1.59) 中的 $\alpha'$ 和 $\gamma'$ 常常称作供给函数。在文献 [22] 中给出了一种通过重新定义李雅普诺夫函数改变供给函数的方法，并给出了该方法在级联系统 (cascade system) 稳定性分析和李雅普诺夫函数构造中的应用。

## 1.4　输入到输出稳定性

考虑系统

$$\dot{x} = f(x, u) \tag{1.65}$$

$$y = h(x) \tag{1.66}$$

式中，$x \in \mathbb{R}^n$ 是状态；$u \in \mathbb{R}^m$ 是输入；$y \in \mathbb{R}^l$ 是输出；$f : \mathbb{R}^n \times \mathbb{R}^m \to \mathbb{R}^n$ 和 $h : \mathbb{R}^n \to \mathbb{R}^l$ 都是局部利普希茨函数。假设 $f(0,0) = 0$ 和 $h(0) = 0$。

将式 (1.31) 不等式左边的状态 $x$ 直接用输出 $y$ 替换之后就得到了输入到输出稳定性的定义。

**定义 1.11**　*如果存在 $\beta \in \mathcal{KL}$ 和 $\gamma \in \mathcal{K}$，使得对任何初始状态 $x(0) = x_0$、任何可测量且局部本质有界 $u$，只要状态 $x(t)$ 在 $t$ 时刻有定义，都有*

$$|y(t)| \leqslant \max\{\beta(|x_0|, t), \gamma(\|u\|_\infty)\} \tag{1.67}$$

*那么系统 (1.65) 和系统 (1.66) 就是输入到输出稳定的。*

式 (1.67) 中的 $\gamma$ 称为由式 (1.65) 和式 (1.66) 所定义的系统的输入到输出稳定增益。

与输入到状态稳定性相似，在输入到输出稳定性的定义中的式 (1.67) 可用下式等价代替：

$$|y(t)| \leqslant \beta'(|x_0|, t) + \gamma'(\|u\|_\infty) \tag{1.68}$$

同输入到状态稳定系统的渐近增益性质相对应，输入到输出稳定系统有输出渐近增益 (output asymptotic gain, OAG) 的性质，即对任意初始状态 $x(0) = x_0$ 和任意可测量且局部本质有界的输入 $u$，只要状态 $x(t)$ 在 $t$ 时刻有定义，都有

$$\overline{\lim_{t \to \infty}} |y(t)| \leqslant \gamma'(\|u\|_\infty) \tag{1.69}$$

式中，$\gamma'$ 称作输出渐近增益。

本书研究的输入到输出稳定性和经典的“输入输出稳定性”之间有着密切联系，但是这两个概念之间又有本质不同。为避免歧义，本书使用 I/O 稳定性作为输入输出稳定性的缩写。

I/O 稳定性的研究可以追溯到 20 世纪 60 年代提出的基于泛函分析的结果等，见参考文献 [4]、[23]、[24]。在提出单调增益的基础上，文献 [25]、[26] 提出了一种广义的 I/O 稳定性的概念，将经典的有限增益稳定性推广到非线性系统。文献 [27]~文献 [29] 研究了初始条件对 I/O 稳定性的作用以及 I/O 稳定性与李雅普诺夫稳定性或不稳定性之间的关系。通过引入 $\mathcal{KL}$ 函数 [比如式 (1.67) 中的函数 $\beta$]，输入到输出稳定性能够更明确地刻画初始状态对稳定性的影响 [30]。

对于输出与内部状态不同的系统，能观性描述的是通过用输入和输出变量估计内部状态的能力。非线性系统的能观性的概念有多种，参考文献 [14]、文献 [31]~文献 [34]。本书主要使用一种称作无界能观性 (unboundedness observability, UO) 的概念。

**定义 1.12** 如果存在 $\alpha^O \in \mathcal{K}_\infty$ 和常数 $D^O \geqslant 0$ 使得对任意的可测且本质局部有界的输入 $u$ 和任何初始条件 $x(0) = x_0$，只要 $x(t)$ 在时刻 $t$ 有定义就满足

$$|x(t)| \leqslant \alpha^O(|x(0)| + \|u\|_{[0,t]} + \|y\|_{[0,t]}) + D^O \tag{1.70}$$

那么由式 (1.65) 和式 (1.66) 所定义的系统是无界能观的。

如果由式 (1.65) 和式 (1.66) 所定义的系统具有形如式 (1.70) 的无界能观性并且 $D^O = 0$，那么就称该系统是零偏差无界能观的。

本节仅仅对后续章节用到的一些概念进行了简单介绍。对于李雅普诺夫稳定性、输入到状态稳定性和输入到输出稳定性的其他性质和更多相关结果，感兴趣的读者可以参阅原始文献 [13,14,35−61]。

# 第2章　非线性小增益定理

关联非线性系统的稳定性分析和控制设计在过去二十年中引起了广泛关注。小增益，即回路增益小于一，是确保关联系统稳定性的一个重要方法。小增益定理已经成为关联系统稳定性分析和控制器设计的一个基本工具。小增益定理最初考虑的是线性 (有限) 增益的情况。文献 [4]、[62] 分别从输入–输出和李雅普诺夫理论两个角度给出了小增益定理的结果。文献 [25]、[26] 对线性 (有限) 增益的结果进行推广，提出了非仿射增益的概念，并在此基础上给出了由非仿射增益刻画的小增益定理。在一系列关于输入到状态稳定性和输入到输出稳定性的突出工作的基础上，文献 [14] 建立了状态空间中的非线性小增益定理，该结果能够同时给出初始状态和外部输入对系统的影响的完整刻画。在此基础上建立了非线性小增益定理的李雅普诺夫函数描述 [63]。小增益定理还被进一步推广到更一般的非线性系统。如文献 [64] 利用向量李雅普诺夫函数的思想给出了包含时滞的非线性系统的小增益定理。作为一个有力工具，非线性小增益定理在关于非线性系统的多部经典教材 (如文献 [10]、[65]) 中均有收录。最近，文献 [21] 还详细介绍了非线性小增益定理的最新研究成果。

本章主要考虑由微分方程描述的连续时间关联系统。针对离散时间系统的相应结果请见文献 [45]、[66]。文献 [67]～文献 [70] 基于混杂系统的输入到状态稳定性给出了混杂系统的非线性小增益定理。其中，文献 [70] 所考虑的关联混杂系统可同时包含稳定的和不稳定的动态特征。

非线性小增益定理在非线性控制设计中应用广泛。比如，文献 [71]～文献 [75] 将小增益定理应用到非线性系统的输出调节及前馈系统的全局镇定中。文献 [67]、[70]、[76] 利用小增益定理来解决网络控制和量化控制中的问题。文献 [77] 则利用改进的小增益定理来解决基于观测器的控制设计相关问题。

本章介绍的是基于输入到状态稳定性概念的非线性小增益定理。针对由两个输入到状态稳定的子系统所构成的关联系统，小增益定理能够通过两个子系统的增益大小来判定系统整体的稳定性。

首先考虑一个简单的关联系统，其由一个动态子系统和一个静态子系统组成，且整个关联系统没有外部输入。这个系统的框图如图 2.1 所示。假设 $\Xi_1$ 子系统是一个如下形式的动态系统：

$$\dot{x} = f(x, u) \tag{2.1}$$

式中，$x \in \mathbb{R}^n$ 是状态；$u \in \mathbb{R}^m$ 是输入；$f$ 是一个局部利普希茨的函数。

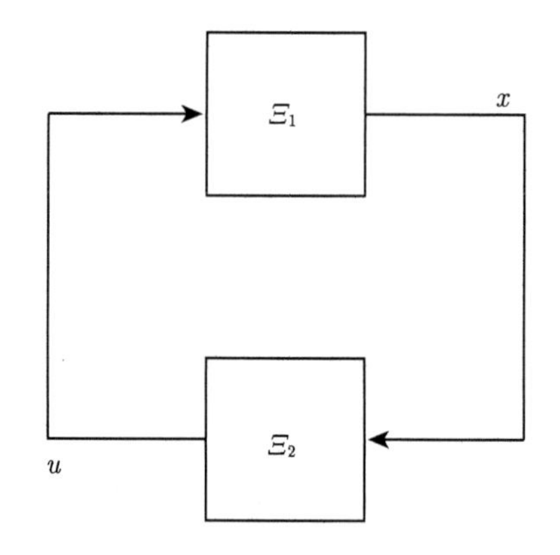


图 2.1　一个无外部输入的关联系统

而 $\Xi_2$ 子系统是一个满足如下关系的静态系统：

$$u = \Delta(x, t) \tag{2.2}$$

式中，$\Delta$ 是一个对 $x$ 局部利普希茨，对 $t$ 几乎处处连续的函数。

假设 $\Xi_1$ 子系统是输入到状态稳定的，即满足式 (1.31)；假设存在一个 $\rho \in \mathcal{K}_\infty$ 使得 $\Xi_2$ 子系统对所有的 $x$ 和 $t \geqslant 0$ 都满足

$$|\Delta(x, t)| \leqslant \rho(|x|) \tag{2.3}$$

根据输入到状态稳定性和鲁棒稳定性之间的等价关系，如果 $\rho$ 和 $\gamma$ 满足如下条件：

$$\rho(\gamma(s)) < s, \quad \forall s > 0 \tag{2.4}$$

或者等价的

$$\rho \circ \gamma < \mathrm{Id} \tag{2.5}$$

那么如图 2.1 所示的关联系统在原点处是全局渐近稳定的。式 (2.5) 所给出的条件就是**非线性小增益条件**。

为进一步阐述小增益的基本思想，此处给出条件 (2.5) 的充分性的证明。这个证明其实是文献 [14] 中非线性小增益定理的证明的一个简化。证明分两步完成：首先证明该关联系统在原点处全局稳定；然后利用引理 2.1 的结果来证明全局渐近稳定。

首先给出引理 2.1，其由文献 [14] 中引理 A.1 经过稍微变形得到。

**引理 2.1**　给定 $\beta \in \mathcal{KL}$, $\rho \in \mathcal{K}$ 满足 $\rho < \mathrm{Id}$, 实数 $\mu$ 满足 $0 < \mu \leqslant 1$。存在一个 $\hat{\beta} \in \mathcal{KL}$, 使得对于任意非负实数 $s$ 和 $d$, 只要非负实函数 $z$ 对所有 $t \geqslant 0$ 都满足

$$z(t) \leqslant \max\{\beta(s,t), \rho(\|z\|_{[\mu t,\infty)}), d\} \tag{2.6}$$

那么,

$$z(t) \leqslant \max\{\hat{\beta}(s,t), d\} \tag{2.7}$$

对所有 $t \geqslant 0$ 都成立。

假设关联系统的解 $x(t)$ 定义在 $[0,T)$ 上，其中 $0 < T \leqslant \infty$。将 $|u| = |\Delta(x,t)| \leqslant \rho(|x|)$ 代入式 (1.31) 可得

$$\begin{aligned} |x(t)| &\leqslant \max\{\beta(|x(0)|,0), \gamma(\|u\|_{[0,T)})\} \\ &\leqslant \max\{\beta(|x(0)|,0), \gamma \circ \rho(\|x\|_{[0,T)})\} \end{aligned} \tag{2.8}$$

对所有 $0 \leqslant t < T$ 都成立。然后，在 $[0,T)$ 上取 $|x|$ 的上确界可得

$$\|x\|_{[0,T)} \leqslant \max\{\beta(|x(0)|,0), \gamma \circ \rho(\|x\|_{[0,T)})\} \tag{2.9}$$

当 $\|x\|_{[0,T)} \neq 0$ 时，如果满足条件 (2.5)，那么 $\gamma \circ \rho(\|x\|_{[0,T)}) < \|x\|_{[0,T)}$。于是有

$$\|x\|_{[0,T)} \leqslant \beta(|x(0)|,0) := \sigma(|x(0)|) \tag{2.10}$$

原因是，若式 (2.10) 不成立，则式 (2.9) 不成立。显然，式 (2.10) 对 $\|x\|_{[0,T)} = 0$ 也成立。这就是说，$x(t)$ 是定义在 $[0,\infty)$ 上的。同时，式 (2.10) 中的 $T$ 可直接替换为 $\infty$。那么就有

$$|x(t)| \leqslant \sigma(|x(0)|) \tag{2.11}$$

对所有 $t \geqslant 0$ 都成立。显然，小增益条件首先保证了所考虑的关联系统在原点处是全局稳定的。

对于系统 $\Xi_1$，利用其时不变性质，由式 (1.31) 可推出

$$|x(t)| \leqslant \max\{\beta(|x(t_0)|, t-t_0), \gamma(\|u\|_{[t_0,\infty)})\} \tag{2.12}$$

对所有 $0 \leqslant t_0 \leqslant t$ 都成立。那么，通过取 $t_0 = t/2$ 并利用 $|u| \leqslant \rho(|x|)$ 可得

$$\begin{aligned} |x(t)| &\leqslant \max\left\{\beta\left(\left|x\left(\frac{t}{2}\right)\right|, \frac{t}{2}\right), \gamma\left(\|u\|_{[t/2,\infty)}\right)\right\} \\ &\leqslant \max\left\{\beta\left(\left|x\left(\frac{t}{2}\right)\right|, \frac{t}{2}\right), \gamma \circ \rho\left(\|x\|_{[t/2,\infty)}\right)\right\} \end{aligned} \tag{2.13}$$

而性质 (2.11) 又能够保证 $|x(t/2)| \leqslant \sigma(|x(0)|)$ 对所有的 $t \geqslant 0$ 都成立。于是,

$$
\begin{aligned}
|x(t)| &\leqslant \max\left\{\beta\left(\sigma\left(|x(0)|\right), \frac{t}{2}\right), \gamma\circ\rho\left(\|x\|_{[t/2,\infty)}\right)\right\} \\
&:= \max\left\{\bar{\beta}\left(|x(0)|, t\right), \gamma\circ\rho\left(\|x\|_{[t/2,\infty)}\right)\right\}
\end{aligned} \tag{2.14}
$$

由引理 2.1 可得, 存在一个 $\hat{\beta} \in \mathcal{KL}$ 使得

$$
|x(t)| \leqslant \hat{\beta}(|x(0)|, t) \tag{2.15}
$$

此处分段所考虑的关联系统在原点处的全局渐近稳定性得证。

注意到全局渐近稳定等价于全局稳定加全局收敛。因此, 也可以利用这个性质而不使用引理 2.1, 通过证明全局收敛来证明全局渐近稳定。由于篇幅限制此处不给出证明细节。同时, 上述结果可以看成是后续将介绍的定理 2.1 的特例。定理 2.1 考虑的是更一般的两个输入到状态稳定的子系统的相互关联的情况。

对于 $\Xi_2$ 子系统, 其性质 (2.3) 说明

$$
|u(t)| \leqslant \rho(\|x\|_\infty) \tag{2.16}
$$

对所有 $t \geqslant 0$ 都成立。这可以看成是式 (1.31) 的一个特例, 其中 $\rho$ 可看成是从 $x$ 到 $u$ 的增益。

本章后续介绍由输入到状态稳定或更一般的输入到输出稳定的子系统组成的关联系统的小增益定理。其中, 2.1 节将以上鲁棒性分析结果推广到基于轨迹的非线性小增益定理。这一结果在文献 [14] 中首先提出。考虑到李雅普诺夫函数的重要性, 2.2 节将介绍文献 [63] 给出的基于李雅普诺夫的非线性小增益定理。在 2.3 节中, 通过一个简单的例子介绍小增益控制设计的增益配置 (gain assignment) 方法 [14, 48, 78, 79]。本章的小增益结果主要针对包含两个子系统的关联系统, 而用于更一般的包含多个子系统的动态网络的回路小增益定理将在第 3 章详细介绍。

## 2.1 基于轨迹的非线性小增益定理

考虑如下包含两个子系统的关联系统:

$$
\dot{x}_1 = f_1(x, u_1) \tag{2.17}
$$

$$
\dot{x}_2 = f_2(x, u_2) \tag{2.18}
$$

式中, $x_1 \in \mathbb{R}^{n_1}$ 和 $x_2 \in \mathbb{R}^{n_2}$ 是两个子系统的状态; $u_1 \in \mathbb{R}^{m_1}$ 和 $u_2 \in \mathbb{R}^{m_2}$ 是它们的输入; $f_1 : \mathbb{R}^{n_1+n_2} \times \mathbb{R}^{m_1} \to \mathbb{R}^{n_1}$, $f_2 : \mathbb{R}^{n_1+n_2} \times \mathbb{R}^{m_2} \to \mathbb{R}^{n_2}$ 都是局部利普希茨的函

数并满足 $f_1(0,0)=0$，$f_2(0,0)=0$。为便于表示，定义 $x=[x_1^{\mathrm{T}},x_2^{\mathrm{T}}]^{\mathrm{T}}, u=[u_1^{\mathrm{T}},u_2^{\mathrm{T}}]^{\mathrm{T}}$。若把 $u$ 看成时间的函数，假设该函数可测且局部本质有界，该关联系统的框图如图 2.2 所示。

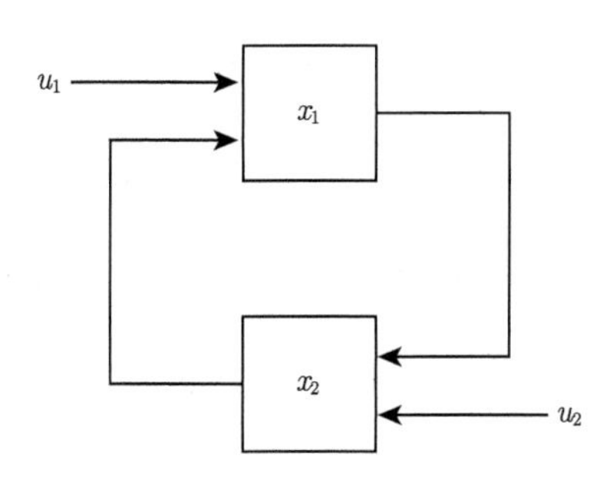


图 2.2　一个有外部输入的关联系统

对 $i=1,2$，假设以 $x_{3-i}$ 和 $u_i$ 为输入的 $x_i$ 子系统是输入到状态稳定的。特别地，存在 $\beta_i\in\mathcal{KL}$ 和 $\gamma_{i(3-i)},\gamma_i^u\in\mathcal{K}$ 使得对任意初始状态 $x_i(0)=x_{i0}$ 和任意可测且局部本质有界的输入 $x_{3-i},u_i$，不等式

$$|x_i(t)|\leqslant\max\{\beta_i(|x_{i0}|,t),\gamma_{i(3-i)}(\|x_{3-i}\|_\infty),\gamma_i^u(\|u_i\|_\infty)\}\tag{2.19}$$

对所有 $t\geqslant 0$ 都成立。这里用的是“max”形的输入到状态稳定性的定义，而文献 [14] 用的是“+”形。如第 1 章所述，两者等价。

下述讨论说明，本章所研究的非线性小增益条件对以上关联系统仍然适用。具体地说，如果满足

$$\gamma_{12}\circ\gamma_{21}<\mathrm{Id}\tag{2.20}$$

那么上述以 $u$ 为输入的关联系统就是输入到状态稳定的。

需要指出的是，对于任意 $\gamma_{12},\gamma_{21}\in\mathcal{K}$，都有如下关系：

$$\gamma_{12}\circ\gamma_{21}<\mathrm{Id}\Leftrightarrow\gamma_{21}\circ\gamma_{12}<\mathrm{Id}\tag{2.21}$$

这个等价性可以用反证法证明。若右侧不成立，则一定存在一个 $s>0$ 满足 $\gamma_{21}(\gamma_{12}(s))\geqslant s$ 和 $\gamma_{12}(\gamma_{21}(\gamma_{12}(s)))\geqslant\gamma_{12}(s)$。定义 $s'=\gamma_{12}(s)$，可以导出 $\gamma_{12}(\gamma_{21}(s'))<s'$ 不成立。也就是说，若右侧不成立则左侧不成立。“$\Rightarrow$”得证。根据对称性，“$\Leftarrow$”亦得证。

定理 2.1 给出了基于轨迹的非线性小增益定理的主要结果。

**定理 2.1**　考虑由式 (2.17) 和式 (2.18) 所定义的包含两个子系统的关联系统。假设每个子系统都满足式 (2.19)。若满足小增益条件 (2.20)，则该以 $u$ 为输入的关联系统是输入到状态稳定的。

**证明**　该证明是文献 [14] 中非线性小增益定理证明的简化。考虑任意特定初始状态 $x(0)$ 和任意可测且局部本质有界的输入 $u$。

第一步: 证明一致有界输入有界状态稳定。

假设关联系统的解 $x(t)$ 是定义在 $[0,T)$ 上的，其中 $T>0$。对 $s\in\mathbb{R}_+$，定义 $\sigma_i(s)=\beta_i(s,0)$。由输入到状态稳定性 (2.19) 可得

$$|x_i(t)|\leqslant\max\{\sigma_i(|x_i(0)|),\gamma_{i(3-i)}(\|x_{3-i}\|_{[0,T)}),\gamma_i^u(\|u_i\|_\infty)\} \tag{2.22}$$

对所有 $0\leqslant t<T$ 都成立。那么在 $[0,T)$ 上取 $|x_i(t)|$ 的上确界可得

$$\|x_i\|_{[0,T)}\leqslant\max\{\sigma_i(|x_i(0)|),\gamma_{i(3-i)}(\|x_{3-i}\|_{[0,T)}),\gamma_i^u(\|u_i\|_\infty)\} \tag{2.23}$$

将式 (2.23) 中的 $i$ 替换为 $3-i$ 并将其代入式 (2.22) 的右侧可得

$$\begin{aligned}|x_i(t)|\leqslant\max\{&\sigma_i(|x_i(0)|),\gamma_{i(3-i)}\circ\sigma_{3-i}(|x_{3-i}(0)|),\\&\gamma_{i(3-i)}\circ\gamma_{(3-i)i}(\|x_i\|_{[0,T)}),\\&\gamma_{i(3-i)}\circ\gamma_{3-i}^u(\|u_{3-i}\|_\infty),\gamma_i^u(\|u_i\|_\infty)\}\end{aligned} \tag{2.24}$$

定义

$$\bar\sigma_{i1}(s)=\max\{\sigma_i(s),\gamma_{i(3-i)}\circ\sigma_{3-i}(s)\} \tag{2.25}$$

$$\bar\sigma_{i2}(s)=\max\{\gamma_i^u(s),\gamma_{i(3-i)}\circ\gamma_{3-i}^u(s)\} \tag{2.26}$$

式中，$s\in\mathbb{R}_+$。

在式 (2.24) 的基础上在 $[0,T)$ 上取 $x_i(t)$ 的上确界可得

$$\begin{aligned}\|x_i\|_{[0,T)}&\leqslant\max\{\bar\sigma_{i1}(|x(0)|),\bar\sigma_{i2}(\|u\|_\infty),\gamma_{i(3-i)}\circ\gamma_{(3-i)i}(\|x_i\|_{[0,T)})\}\\&\leqslant\max\{\bar\sigma_{i1}(|x(0)|),\bar\sigma_{i2}(\|u\|_\infty)\}\end{aligned} \tag{2.27}$$

最后一个不等式用到了条件 (2.20)。由式 (2.27) 可知，$|x_i(t)|$ 在 $[0,\infty)$ 上有定义。那么可将式 (2.27) 中的 $T$ 换成 $\infty$。于是，

$$|x_i(t)|\leqslant\max\{\bar\sigma_{i1}(|x(0)|),\bar\sigma_{i2}(\|u\|_\infty)\} \tag{2.28}$$

对所有 $t\geqslant 0$ 都成立。既然性质 (2.28) 对任意初始状态 $x(0)$ 和任意可测且局部本质有界的输入 $u$ 都成立，一致有界输入有界状态得证。

第二步: 证明输入到状态稳定性。

对 $i=1,2$，定义 $x_i^*=\max\{\bar\sigma_{i1}(|x(0)|),\bar\sigma_{i2}(\|u\|_\infty)\}$。

考虑到时不变性和因果性，由式 (2.19) 可知

$$|x_i(t)| \leqslant \max\{\beta_i(|x_i(t_0)|, t-t_0), \gamma_{i(3-i)}\left(\|x_{3-i}\|_{[t_0,t]}\right), \gamma_i^u\left(\|u_i\|_\infty\right)\} \tag{2.29}$$

对所有 $0 \leqslant t_0 \leqslant t$ 都成立。取 $t_0 = t/2$，那么

$$\begin{aligned} |x_i(t)| &\leqslant \max\left\{\beta_i\left(\left|x_i\left(\frac{t}{2}\right)\right|, \frac{t}{2}\right), \gamma_{i(3-i)}\left(\|x_{3-i}\|_{[t/2,t]}\right), \gamma_i^u(\|u_i\|_\infty)\right\} \\ &\leqslant \max\left\{\beta_i\left(x_i^*, \frac{t}{2}\right), \gamma_{i(3-i)}\left(\|x_{3-i}\|_{[t/2,t]}\right), \gamma_i^u(\|u_i\|_\infty)\right\} \end{aligned} \tag{2.30}$$

进一步取 $x_i(t)$ 在 $[t/2, t]$ 上的最大值可得

$$\begin{aligned} &\|x_i\|_{[t/2,t]} \\ \leqslant & \max_{t/2\leqslant\tau\leqslant t}\left\{\beta_i\left(\left|x_i\left(\frac{\tau}{2}\right)\right|, \frac{\tau}{2}\right), \gamma_{i(3-i)}\left(\|x_{3-i}\|_{[\tau/2,\tau]}\right), \gamma_i^u\left(\|u_i\|_\infty\right)\right\} \\ \leqslant & \max\left\{\beta_i\left(x_i^*, \frac{t}{4}\right), \gamma_{i(3-i)}\left(\|x_{3-i}\|_{[t/4,t]}\right), \gamma_i^u\left(\|u_i\|_\infty\right)\right\} \end{aligned} \tag{2.31}$$

将式 (2.31) 中的 $i$ 替换成 $3-i$ 并将其代入式 (2.30) 可得

$$\begin{aligned} |x_i(t)| \leqslant \max\Bigg\{ & \beta_i\left(x_i^*, \frac{t}{2}\right), \gamma_{i(3-i)} \circ \beta_{3-i}\left(x_{3-i}^*, \frac{t}{4}\right), \\ & \gamma_{i(3-i)} \circ \gamma_{(3-i)i}\left(\|x_i\|_{[t/4,t]}\right), \gamma_{i(3-i)} \circ \gamma_{3-i}^u\left(\|u_{3-i}\|_\infty\right), \\ & \gamma_i^u(\|u_i\|_\infty)\Bigg\} \end{aligned} \tag{2.32}$$

注意到 $x_i^* = \max\{\bar{\sigma}_{i1}(|x(0)|), \bar{\sigma}_{i2}(\|u\|_\infty)\}$。由式 (2.32) 可得

$$\begin{aligned} |x_i(t)| \leqslant \max\{ & \bar{\beta}_i(|x(0)|, t), \gamma_{i(3-i)} \circ \gamma_{(3-i)i}\left(\|x_i\|_{[t/4,t]}\right), \\ & \bar{\gamma}_i^u(\|u\|_\infty)\} \end{aligned} \tag{2.33}$$

对所有 $t \geqslant 0$ 都成立，其中

$$\bar{\beta}_i(s,t) = \max\left\{\beta_i\left(\bar{\sigma}_{i1}(s), \frac{t}{2}\right), \gamma_{i(3-i)} \circ \beta_{3-i}\left(\bar{\sigma}_{(3-i)1}(s), \frac{t}{4}\right)\right\} \tag{2.34}$$

$$\begin{aligned} \bar{\gamma}_i^u(s) = \max\Big\{ & \gamma_i^u(s), \beta_i\left(\bar{\sigma}_{i2}(s), 0\right), \gamma_{i(3-i)} \circ \gamma_{3-i}^u(s), \\ & \gamma_{i(3-i)} \circ \beta_{3-i}\left(\bar{\sigma}_{(3-i)2}(s), 0\right)\Big\} \end{aligned} \tag{2.35}$$

显然，$\bar{\beta}_i \in \mathcal{KL}$，$\bar{\gamma}_i^u \in \mathcal{K}$。

根据引理 2.1，存在一个 $\hat{\beta}_i \in \mathcal{KL}$ 使得

$$|x_i(t)| \leqslant \max\left\{\hat{\beta}_i(|x(0)|, t), \bar{\gamma}_i^u(\|u\|_\infty)\right\} \tag{2.36}$$

对所有 $t \geqslant 0$ 都成立。既然式 (2.36) 对任意初始状态 $x(0)$ 及任意可测且局部本质有界的 $u$ 都成立，那么所讨论的关联系统的输入到状态稳定性得证。

需要指出的是，根据定理 1.5，定理 2.1 也可以通过证明关联系统的一致有界输入有界状态稳定性和渐近增益性质来证明。

如果 $\gamma_{12}$ 和 $\gamma_{21}$ 中有一个是零函数，那么如上关联系统就简化为级联系统，这类系统自动满足小增益条件。如果进一步有 $u_1 = u_2 = 0$，那么定理 2.1 就简化为文献 [10] 中用于判断级联系统的渐近稳定性的引理 4.7。另外，如果 $\gamma_1^u = \gamma_2^u = 0$ 并且 $x_2$ 子系统满足 $\beta_2 = 0$，那么定理 2.1 所考虑的恰恰是本章开始的鲁棒稳定的情况。

需要指出的是，文献 [14] 给出的小增益定理能够处理更一般的、子系统之间通过输出 (未必是状态) 相互关联的情况。考虑如下关联系统：

$$\dot{x}_i = f_i(x_i, y_{3-i}, u_i) \tag{2.37}$$

$$y_i = h_i(x_i) \tag{2.38}$$

式中，对于 $i = 1, 2$，$x_i \in \mathbb{R}^{n_i}$ 是状态；$u_i \in \mathbb{R}^{m_i}$ 是输入；$y_i \in \mathbb{R}^{l_i}$ 是输出；$f_i, h_i$ 是局部利普希茨函数且满足 $f_i(0,0,0) = 0$，$h_i(0) = 0$。

假设每个子系统都具有零偏差无界能观性，并且以 $y_{3-i}, u_i$ 为输入，以 $y_i$ 为输出时各子系统都是输入到状态稳定的。具体地说，存在 $\alpha_i^O \in \mathcal{K}_\infty, \beta_i \in \mathcal{KL}, \gamma_{i(3-i)} \in \mathcal{K}$ 和 $\gamma_i^u \in \mathcal{K}$，满足

$$|x_i(t)| \leqslant \alpha_i^O\left(|x_i(0)| + \|y_{3-i}\|_{[0,t]} + \|u_i\|_{[0,t]}\right) \tag{2.39}$$

$$|y_i(t)| \leqslant \max\{\beta_i(|x_i(0)|, t), \gamma_{i(3-i)}(\|y_{3-i}\|_{[0,t]}), \gamma_i^u(\|u_i\|_{[0,t]})\} \tag{2.40}$$

对所有 $t \in [0, T_{\max})$ 都成立。其中，$T_{\max}$ 满足 $0 < T_{\max} \leqslant \infty$，其表示 $(x_1(t), x_2(t))$ 在 $[0, T_{\max})$ 上有定义。

**定理 2.2** 考虑由式 (2.37) 和式 (2.38) 所定义的关联系统，假设满足式 (2.39) 和式 (2.40)，如果

$$\gamma_{12} \circ \gamma_{21} < \mathrm{Id} \tag{2.41}$$

那么此关联系统是无界能观且输入到输出稳定的。

定理 2.2 并没有假设各个子系统的正向完备性。如果满足小增益条件，那么整个关联系统的正向完备性能够通过各子系统的输入到输出稳定性和无界能观性来保证。相关讨论请见文献 [14]。

## 2.2　基于李雅普诺夫函数描述的非线性小增益定理

李雅普诺夫函数在非线性系统的分析与设计中有不可取代的地位。有了输入到状态稳定性的李雅普诺夫描述，就可以通过构造输入到状态稳定李雅普诺夫函数来判断非线性系统是否是输入到状态稳定的。本节介绍文献 [63] 给出的基于李雅普诺夫的非线性小增益定理。具体说来，如果一个关联系统能够满足基于李雅普诺夫的非线性小增益条件，那么就可以使用其子系统的李雅普诺夫函数来为这个关联系统整体构造一个李雅普诺夫函数。

对于由式 (2.17) 和式 (2.18) 所定义的关联系统，假设每个子系统 $i(i=1,2)$ 都有一个连续可微的输入到状态稳定李雅普诺夫函数 $V_i:\mathbb{R}^{n_i}\to\mathbb{R}_+$ 满足：

(1) 存在 $\underline{\alpha}_i,\overline{\alpha}_i\in\mathcal{K}_\infty$ 使得

$$\underline{\alpha}_i(|x_i|)\leqslant V_i(x_i)\leqslant\overline{\alpha}_i(|x_i|)\tag{2.42}$$

对所有 $x_i$ 都成立；

(2) 存在 $\chi_{i(3-i)},\chi_i^u\in\mathcal{K}$ 及一个连续且正定的 $\alpha_i$ 使得

$$\begin{aligned}&V_i(x_i)\geqslant\max\{\chi_{i(3-i)}(V_{3-i}(x_{3-i})),\chi_i^u(|u_i|)\}\\&\Rightarrow\nabla V_i(x_i)f_i(x,u_i)\leqslant-\alpha_i(V_i(x_i))\end{aligned}\tag{2.43}$$

对所有 $x$ 和 $u_i$ 都成立。

定理 2.3 给出了基于李雅普诺夫的非线性小增益定理。

**定理 2.3**　考虑由式 (2.17) 和式 (2.18) 所定义的关联系统，并假设其每个子系统都有一个输入到状态稳定李雅普诺夫函数 $V_i$ 满足式 (2.42) 和式 (2.43)。如果满足小增益条件

$$\chi_{12}\circ\chi_{21}<\mathrm{Id}\tag{2.44}$$

那么该关联系统是输入到状态稳定的。

**证明**　通过对由式 (2.17) 和式 (2.18) 所定义的关联系统构造一个输入到状态稳定李雅普诺夫函数 $V$ 来证明定理 2.3。

对于 $\chi_{12},\chi_{21}\in\mathcal{K}$，如果其满足小增益条件 (2.44)，那么可以找到一个在 $(0,\infty)$ 上连续可导的 $\sigma\in\mathcal{K}_\infty$ 满足

$$\sigma>\chi_{21},\quad\sigma^{-1}>\chi_{12}\tag{2.45}$$

之所以如此是因为对于满足条件 (2.44) 的 $\chi_{12}, \chi_{21} \in \mathcal{K}$，存在一个 $\hat{\chi}_{12} \in \mathcal{K}_\infty$ 满足 $\hat{\chi}_{12} > \chi_{12}$ 且 $\hat{\chi}_{12} \circ \chi_{21} < \mathrm{Id}$。然后，一定能找到一个在 $(0, \infty)$ 上连续可导的 $\sigma \in \mathcal{K}_\infty$ 满足

$$\chi_{21} < \sigma < \hat{\chi}_{12}^{-1} \tag{2.46}$$

从而保证条件 (2.45) 成立。关于这样的 $\sigma$ 的存在性，请见文献 [63]。

定义

$$V(x) = \max\{\sigma(V_1(x_1)), V_2(x_2)\} \tag{2.47}$$

并证明其就是关联系统的一个李雅普诺夫函数。显而易见，$V$ 作为 $x$ 的函数是正定且径向无界的。并且，由于 $\sigma$ 在 $(0, \infty)$ 上连续可导，$V$ 在 $\mathbb{R}^n \backslash \{0\}$ 上是局部利普希茨的。因此，$V$ 几乎处处可导。

令 $f(x, u) = [f_1^{\mathrm{T}}(x, u_1), f_2^{\mathrm{T}}(x, u_2)]^{\mathrm{T}}$。在如下过程中，证明存在一个 $\chi \in \mathcal{K}$ 和一个连续且正定的 $\alpha$，使得

$$V(x) \geqslant \chi(|u|) \Rightarrow \nabla V(x) f(x, u) \leqslant -\alpha(V(x)) \tag{2.48}$$

对几乎所有 $x$ 和 $u$ 都成立。

为此，定义如图 2.3 所示的三个集合:

$$A = \{(x_1, x_2) : V_2(x_2) < \sigma(V_1(x_1))\} \tag{2.49}$$

$$B = \{(x_1, x_2) : V_2(x_2) > \sigma(V_1(x_1))\} \tag{2.50}$$

$$O = \{(x_1, x_2) : V_2(x_2) = \sigma(V_1(x_1))\} \tag{2.51}$$

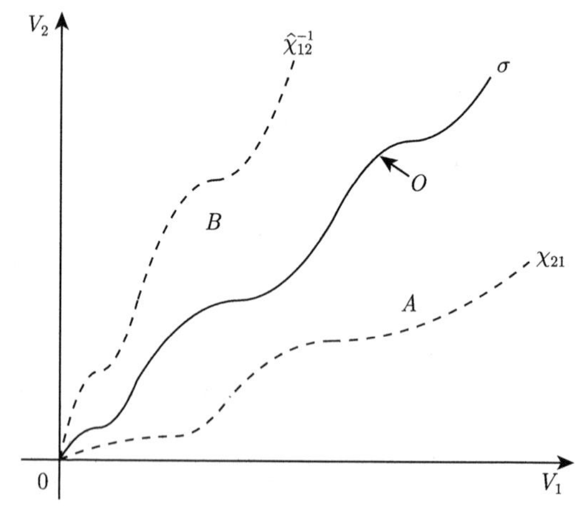


图 2.3　集合 $A$、$B$、$O$ 的定义

任意给定 $p = (p_1, p_2) \neq (0, 0)$ 和 $v = (v_1, v_2)$，考虑如下三种情形。

情形 1: $p \in A$。

在这种情形下，存在 $p$ 的一个邻域使得 $V(x) = \sigma(V_1(x_1))$。那么，

$$\nabla V(p)f(p,v) = \frac{\partial \sigma(V_1(p_1))}{\partial V_1(p_1)} \nabla V_1(p_1) f_1(p, v_1) \tag{2.52}$$

对于 $p \in A$，有 $V_2(p_2) < \sigma(V_1(p_1))$，并且根据 $\sigma$ 的定义，$V_1(p_1) > \chi_{12}(V_2(p_2))$。那么，由式 (2.43) 可得

$$\nabla V_1(p_1) f_1(p, v_1) \leqslant -\alpha_1(v_1(p_1)) \tag{2.53}$$

式中，$V_1(p_1) \geqslant \sigma \circ \chi_1^u(|v_1|)$。所以，对于 $p \in A$，只要 $V(p) \geqslant \hat{\chi}_1^u(|v_1|)$ 就有

$$\nabla V(p) f(p,v) \leqslant -\hat{\alpha}_1(V(p)) \tag{2.54}$$

其中，

$$\hat{\chi}_1^u(s) = \sigma \circ \chi_1^u(s) \tag{2.55}$$

而 $\hat{\alpha}_1$ 是一个连续且正定的函数，且对所有 $s \leqslant 0$ 都满足

$$\hat{\alpha}_1(s) \leqslant \sigma^d(\sigma^{-1}(s))\alpha_1(\sigma^{-1}(s)) \tag{2.56}$$

其中，$\sigma^d(s) = \mathrm{d}\sigma(s)/\mathrm{d}s$。

情形 2: $p \in B$。

情形 2 跟情形 1 类似。可以证明，只要 $V(p) \geqslant \hat{\chi}_2^u(|v_2|)$，都有

$$\nabla V(p) f(p,v) \leqslant -\hat{\alpha}_2(V(p)) \tag{2.57}$$

式中，$\hat{\alpha}_2 = \alpha_2$，$\hat{\chi}_2^u = \chi_2^u$。

情形 3: $p \in O$。

首先，由于 $V$ 是局部利普希茨的，因此对几乎所有 $p$ 和所有 $v$，都有

$$\nabla V(p) f(p,v) = \left.\frac{\mathrm{d}}{\mathrm{d}t}\right|_{t=0} V(\varphi(t)) \tag{2.58}$$

式中，$\varphi(t) = [\varphi_1^{\mathrm{T}}(t), \varphi_2^{\mathrm{T}}(t)]^{\mathrm{T}}$ 是如下初值问题的解：

$$\dot{\varphi}(t) = f(\varphi(t), v), \quad \varphi(0) = p \tag{2.59}$$

在这种情形下，假设 $p=(p_1,p_2)\neq(0,0)$ 且

$$V_1(p_1)\geqslant\chi_1^u(|v_1|)\tag{2.60}$$

$$V_2(p_2)\geqslant\chi_2^u(|v_2|)\tag{2.61}$$

那么，与情形 1 和情形 2 类似，有

$$\nabla\sigma(V_1(p_1))f_1(p,v_1)\leqslant-\hat{\alpha}_1(V(p))\tag{2.62}$$

$$\nabla V_2(p_2)f_2(p,v_2)\leqslant-\hat{\alpha}_2(V(p))\tag{2.63}$$

式中，$\hat{\alpha}_1$ 和 $\hat{\alpha}_2$ 是连续且正定的函数。

既然 $p_1\neq 0$，$p_2\neq 0$，那么利用 $\sigma$、$V_1$ 和 $V_2$ 的连续可导性以及 $f$ 的连续性，就能保证 $p_1$ 和 $p_2$ 各存在邻域 $\mathcal{X}_1$ 和 $\mathcal{X}_2$，使得

$$\nabla\sigma(V_1(x_1))f_1(x,v_1)\leqslant-\hat{\alpha}_1(V(p))\tag{2.64}$$

$$\nabla V_2(x_2)f_2(x,v_2)\leqslant-\hat{\alpha}_2(V(p))\tag{2.65}$$

对所有 $x\in\mathcal{X}_1\times\mathcal{X}_2$ 都成立。另外，存在一个 $\delta>0$ 使得 $\varphi(t)\in\mathcal{X}_1\times\mathcal{X}_2$ 对所有 $0\leqslant t<\delta$ 都成立。

取一个 $\Delta t\in(0,\delta)$。若 $\varphi(\Delta t)\in A\bigcup O$，则

$$\begin{aligned}V(\varphi(\Delta t))-V(p)&=\sigma(V_1(\varphi_1(\Delta t)))-\sigma(V_1(p_1))\\&\leqslant-\frac{1}{2}\hat{\alpha}_1(V(p))\Delta t\end{aligned}\tag{2.66}$$

同理，若 $\varphi(\Delta t)\in B\bigcup O$，则

$$\begin{aligned}V(\varphi(\Delta t))-V(p)&=V_2(\varphi_2(\Delta t))-V_2(p_2)\\&\leqslant-\frac{1}{2}\hat{\alpha}_2(V(p))\Delta t\end{aligned}\tag{2.67}$$

因此，如果 $V$ 在 $p$ 处可导，那么

$$\nabla V(p)f(p,v)\leqslant-\alpha(V(p))\tag{2.68}$$

式中，$\alpha(s)=\min\{\hat{\alpha}_1(s)/2,\hat{\alpha}_1(s)/2\}$。需要注意的是，条件 (2.60) 和条件 (2.61) 均是由如下条件保证的:

$$V(p)\geqslant\max\{\hat{\chi}_1^u(|v_1|),\hat{\chi}_2^u(|v_2|)\}\tag{2.69}$$

同时考虑以上三种情形可得

$$V(p)\geqslant\max\{\hat{\chi}_1^u(|v_1|),\hat{\chi}_2^u(|v_2|)\}\Rightarrow\nabla V(p)f(p,v)\leqslant-\alpha(V(p))\tag{2.70}$$

既然 $V$ 几乎处处连续可导，那么性质 (2.70) 对几乎所有 $p$ 和所有 $v$ 都成立。

通过定义 $\chi(s)=\max\{\hat{\chi}_1^u(s),\hat{\chi}_2^u(s)\}$ 即可证明式 (2.48)。因此，$V$ 是所讨论的关联系统的一个输入到状态稳定李雅普诺夫函数。定理 2.3 得证。

事实上，既然所构造的输入到状态稳定李雅普诺夫函数不需要连续可导，那么在以上证明中对 $\sigma$ 的连续可导性也可以放宽。通过取一个在 $(0,\infty)$ 上局部利普希茨的 $\sigma\in\mathcal{K}_\infty$，同样可以证明定理 2.3。更一般地，即便 $V_1$ 和 $V_2$ 分别是在 $\mathbb{R}^{n_1}\backslash\{0\}$ 和 $\mathbb{R}^{n_2}\backslash\{0\}$ 上局部利普希茨的函数，以上构造输入到状态稳定李雅普诺夫函数的方法仍然有效。在如上构造的 $V$ 的基础上，可以利用文献 [20] 中的方法来进一步构造一个光滑的输入到状态稳定李雅普诺夫函数。

## 2.3　小增益控制设计

如果可以通过控制设计将一个系统转化为若干输入到状态稳定子系统相互关联的情况，那么就可以使用非线性小增益定理来分析闭环系统的稳定性。本节简要介绍一种基于**增益配置**[14,48,78,79] 的小增益控制设计方法，用于不确定非线性系统控制器设计。

### 2.3.1　增益配置

通过反馈设计对一个系统配置合适的增益是应用非线性小增益定理的关键一步。本节介绍增益配置技术的基本思想。考虑如下一阶系统：

$$\dot{\eta}=\phi(\eta,w_1,w_2)+\bar{\kappa} \tag{2.71}$$

式中，$\eta\in\mathbb{R}$ 是状态；$\bar{\kappa}\in\mathbb{R}$ 是控制输入；$w_1\in\mathbb{R}^{m_1},w_2\in\mathbb{R}^{m_2}$ 表示外部干扰输入。

假设存在 $\psi_\phi^\eta,\psi_\phi^{w_1},\psi_\phi^{w_2}\in\mathcal{K}_\infty$ 使得函数 $\phi:\mathbb{R}^{1+m_1+m_2}\to\mathbb{R}$ 满足

$$|\phi(\eta,w_1,w_2)|\leqslant\psi_\phi^\eta(|\eta|)+\sum_{i=1,2}\psi_\phi^{w_i}(|w_i|) \tag{2.72}$$

对所有 $\eta,w_1,w_2$ 都成立。

定义

$$V(\eta)=\alpha_V(|\eta|) \tag{2.73}$$

式中，$\alpha_V(s)=s^2/2$。期望找到一个如下形式的反馈控制律：

$$\bar{\kappa}=\kappa(\eta) \tag{2.74}$$

使得由式 (2.71) 和式 (2.74) 构成的闭环系统以 $w_1,w_2$ 为外部输入是输入到状态稳定的，并且式 (2.73) 所定义的 $V$ 是该闭环系统的一个输入到状态稳定李雅普诺夫

函数。不仅如此，对应于两个外部输入，还期望通过设计反馈控制律使闭环系统具有特定的输入到状态稳定增益 $\chi_\eta^{w_1}, \chi_\eta^{w_2} \in \mathcal{K}_\infty$。为进一步实现迭代控制设计，还要求控制律 $\kappa$ 是连续可导的。

对任意正的常数 $\epsilon, \ell$，可找到一个正的、非减的且在 $(0, \infty)$ 上连续可导的 $\nu : \mathbb{R}_+ \to \mathbb{R}_+$，使得

$$\nu(s)s \geqslant \psi_\phi^\eta(s) + \sum_{i=1,2} \psi_\phi^{w_i} \circ \left(\chi_\eta^{w_i}\right)^{-1} \circ \alpha_V(s) + \frac{\ell}{2}s \tag{2.75}$$

对所有 $s \geqslant \sqrt{2\epsilon}$ 都成立。原因是不等式 (2.75) 右侧是一个关于 $s$ 的 $\mathcal{K}_\infty$ 类函数。

定义

$$\kappa(r) = -\nu(|r|)r \tag{2.76}$$

式中，$r \in \mathbb{R}$。显然，$\kappa$ 是一个严格递减、径向无界的奇函数且在 $(-\infty, 0) \bigcup (0, \infty)$ 上连续可导。通过直接推导可得

$$\lim_{r \to 0^+} \frac{\mathrm{d}\kappa(r)}{\mathrm{d}r} = \lim_{r \to 0^+} \left( -\nu(r) - \frac{\mathrm{d}\nu(r)}{\mathrm{d}r} r \right) \tag{2.77}$$

$$\begin{aligned} \lim_{r \to 0^-} \frac{\mathrm{d}\kappa(r)}{\mathrm{d}r} &= \lim_{r \to 0^-} \left( -\nu(-r) + \frac{\mathrm{d}\nu(-r)}{\mathrm{d}(-r)} r \right) \\ &= \lim_{r' \to 0^+} \left( -\nu(r') - \frac{\mathrm{d}\nu(r')}{\mathrm{d}(r')} r' \right) \end{aligned} \tag{2.78}$$

这就是说，$\lim\limits_{r \to 0^+} \frac{\mathrm{d}\kappa(r)}{\mathrm{d}r} = \lim\limits_{r \to 0^-} \frac{\mathrm{d}\kappa(r)}{\mathrm{d}r}$。因此，$\kappa$ 在 $\mathbb{R}$ 上连续可导。

对于由式 (2.73) 所定义的 $V$，考虑如下情况：

$$V(\eta) \geqslant \max_{i=1,2} \{\chi_\eta^{w_i}(|w_i|), \epsilon\} \tag{2.79}$$

在这种情况下，对 $i = 1, 2$ 有 $|w_i| \leqslant \left(\chi_\eta^{w_i}\right)^{-1} \circ \alpha_V(|\eta|)$，并且 $|\eta| \geqslant \sqrt{2\epsilon}$。直接推导可知

$$\begin{aligned} & \nabla V(\eta)(\phi(\eta, w_1, w_2) + \kappa(\eta)) \\ = & \eta(\phi(\eta, w_1, w_2) + \bar{\kappa}) \\ = & \eta(\phi(\eta, w_1, w_2) - \nu(|\eta|)\eta) \\ \leqslant & |\eta||\phi(\eta, w_1, w_2)| - \nu(|\eta|)|\eta|^2 \\ \leqslant & |\eta| \left( \psi_\phi^\eta(|\eta|) + \sum_{i=1,2} \psi_\phi^{w_i}(|w_i|) - \nu(|\eta|)|\eta| \right) \\ \leqslant & -\frac{\ell}{2}|\eta|^2 = -\ell V(\eta) \end{aligned} \tag{2.80}$$

那么，对任意给定的 $\chi_\eta^{w_1},\chi_\eta^{w_2}\in\mathcal{K}_\infty$ 和正的常数 $\epsilon,\ell$，都能找到一个式 (2.76) 形式的连续可导、严格递减且径向无界的奇函数 $\kappa$ 使得 $V$ 满足

$$
\begin{aligned}
&V(\eta)\geqslant\max_{i=1,2}\{\chi_\eta^{w_i}(|w_i|),\epsilon\}\\
&\Rightarrow\nabla V(\eta)(\phi(\eta,w_1,w_2)+\kappa(\eta))\leqslant-\ell V(\eta)
\end{aligned}
\tag{2.81}
$$

对所有 $\eta,w_1,w_2$ 都成立。需要注意的是，即使 $w_1=w_2=0$，性质 (2.81) 也只能保证 $V(\eta(t))$ 最终收敛到满足 $V(\eta)\leqslant\epsilon$ 的区域。也就是说，只能保证实用稳定性。如果把 $\epsilon$ 也看作一个外部输入，那么闭环系统就是输入到状态稳定的，而 $V$ 就是一个输入到状态稳定李雅普诺夫函数。更准确地说，在这种情况下，闭环系统是输入到状态实用稳定的 (input-to-state practically stable, ISpS)。输入到状态实用稳定性的定义参见文献 [14]。有了增益配置技术，就可以把输入到状态稳定增益 $\chi_\eta^{w_1},\chi_\eta^{w_2}$ 设计成任意期望的 $\mathcal{K}_\infty$ 类函数。

值得指出的是，当系统的非线性动力学满足某种局部利普希茨条件时，上述增益配置方法所设计的控制器可以使闭环系统是输入到状态稳定的。具体地说，利用附录 A 中引理 A.8，如果 $\psi_\eta^\eta$ 以及 $\psi_\phi^{w_i}\circ\left(\chi_\phi^{w_i}\right)^{-1}\circ\alpha_V(i=1,2)$ 都是在任意紧致集上利普希茨的，那么就可以通过反馈设计使得式 (2.75) 成立并且 $\epsilon=0$。如果 $\psi_\phi^\eta$ 和 $\psi_\phi^{w_i}$ 都是在任意紧致集上利普希茨的，那么可以取 $\chi_\eta^{w_i}=\alpha_V\circ\left(\vartheta_\eta^{w_i}\right)^{-1}$ 或者 $\chi_\eta^{w_i}=\left(\vartheta_\eta^{w_i}\right)^{-1}\circ\alpha_V$，其中，$\vartheta_\eta^{w_i}\in\mathcal{K}_\infty$ 在任意紧致集上都是利普希茨的。

在后续各章中，将通过不断改进以上增益配置技术来解决不同的控制设计问题。

### 2.3.2　小增益控制设计的一个范例

文献 [78] 将非线性小增益定理应用到了一类包含动态不确定性的非线性系统的迭代控制设计中。本节通过考虑一个极大简化了的情况来说明在控制设计中搭配运用增益配置和小增益定理的基本思路。

考虑如下严格反馈形非线性系统 [6]：

$$
\dot{x}_i=x_{i+1}+\Delta_i(\bar{x}_i),\quad i=1,\cdots,n-1 \tag{2.82}
$$

$$
\dot{x}_n=u+\Delta_n(\bar{x}_n) \tag{2.83}
$$

式中，$[x_1,\cdots,x_n]^{\mathrm{T}}\in\mathbb{R}^n$ 是状态；$\bar{x}_i=[x_1,\cdots,x_i]^{\mathrm{T}}$；$u\in\mathbb{R}$ 是控制输入。假设对每个 $i=1,\cdots,n$ 都存在一个 $\psi_{\Delta_i}\in\mathcal{K}_\infty$ 使得

$$
|\Delta_i(\bar{x}_i)|\leqslant\psi_{\Delta_i}(|\bar{x}_i|) \tag{2.84}
$$

如下小增益设计的基本过程是通过迭代的方式将 $[x_1,\cdots,x_n]^{\mathrm{T}}$ 系统转化为一个新的、由输入到状态稳定的 $e_i$ 子系统所构成的 $[e_1,\cdots,e_n]^{\mathrm{T}}$ 系统。具体地，定义

状态变换

$$\begin{bmatrix} e_1 \\ e_2 \\ \vdots \\ e_n \end{bmatrix} = \begin{bmatrix} x_1 \\ x_2 - \kappa_1(e_1) \\ \vdots \\ x_n - \kappa_{n-1}(e_{n-1}) \end{bmatrix} \tag{2.85}$$

和控制律

$$u = \kappa_n(e_n) \tag{2.86}$$

式中，$\kappa_1, \cdots, \kappa_n : \mathbb{R} \to \mathbb{R}$ 都是合理选择的函数。

为每个 $e_i$ 子系统定义如下形式的候选输入到状态稳定李雅普诺夫函数：

$$V_{e_i}(e_i) = \alpha_V(|e_i|) \tag{2.87}$$

式中，$\alpha_V(s) = s^2/2$，其中 $s \in \mathbb{R}_+$。为方便后续的讨论，定义 $\bar{e}_i = [e_1, \cdots, e_i]^{\mathrm{T}}$，$e_{n+1} = x_{n+1} - \kappa_n(e_n) = u - \kappa_n(e_n)$。在如下设计过程中，依次将每个 $e_i$ 子系统设计成输入到状态稳定的。

1. 第一步：$e_1$ 子系统

显然，$e_1$ 子系统可写作

$$\dot{e}_1 = x_2 + \varDelta_1(e_1) \tag{2.88}$$

注意到 $e_2 = x_2 - \kappa_1(e_1)$。将其代入上式可得

$$\begin{aligned} \dot{e}_1 &= \kappa_1(e_1) + e_2 + \varDelta_1(e_1) \\ &:= \kappa_1(e_1) + \varDelta_1^*(\bar{e}_2) \end{aligned} \tag{2.89}$$

在满足条件 (2.84) 的前提下，根据 $\varDelta_1^*$ 的定义，存在 $\psi_{\varDelta_i^*}^{e_1}, \psi_{\varDelta_i^*}^{e_2} \in \mathcal{K}_\infty$ 使得 $|\varDelta_1^*(\bar{e}_2)| \leqslant \psi_{\varDelta_i^*}^{e_1}(|e_1|) + \psi_{\varDelta_i^*}^{e_2}(|e_2|)$。利用第 2.3.1 节介绍的增益配置技术，对任意给定的正的常数 $\epsilon_{e_1}, \ell_{e_1} > 0$ 和函数 $\gamma_{e_1}^{e_2} \circ \alpha_V \in \mathcal{K}_\infty$，都能找到一个连续可导、严格递减且径向无界的奇函数 $\kappa_1$，使得

$$\begin{aligned} &V_{e_1}(e_1) \geqslant \max\{\gamma_{e_1}^{e_2} \circ \alpha_V(|e_2|), \epsilon_{e_1}\} \\ &\Rightarrow \nabla V_{e_1}(e_1)(\kappa_1(e_1) + \varDelta_1^*(\bar{e}_2)) \leqslant -\ell_{e_1} V_{e_1}(e_1) \end{aligned} \tag{2.90}$$

于是，

$$\begin{aligned} &V_{e_1}(e_1) \geqslant \max\{\gamma_{e_1}^{e_2}(V_{e_2}(e_2)), \epsilon_{e_1}\} \\ &\Rightarrow \nabla V_{e_1}(e_1)(\kappa_1(e_1) + \varDelta_1^*(\bar{e}_2)) \leqslant -\ell_{e_1} V_{e_1}(e_1) \end{aligned} \tag{2.91}$$

**2. 迭代步: $e_i$ 子系统 $(i=2,\cdots,n)$**

假设 $\bar{e}_{i-1}$ 子系统已经被设计成如下形式:

$$\dot{e}_1=\kappa_1(e_1)+\Delta_1^*(\bar{e}_2) \tag{2.92}$$

$$\vdots$$

$$\dot{e}_{i-1}=\kappa_{i-1}(e_{i-1})+\Delta_{i-1}^*(\bar{e}_i) \tag{2.93}$$

式中，$\kappa_1,\cdots,\kappa_{i-1}$ 都是连续可导、严格递减且径向无界的奇函数。

为便于表示，定义 $\dot{\bar{e}}_{i-1}=F_{i-1}(\bar{e}_i)$。同时，还假设 $\bar{e}_{i-1}$ 子系统是输入到状态稳定的，并且具有满足如下条件的输入到状态稳定李雅普诺夫函数 $V_{\bar{e}_{i-1}}$:

$$\underline{\alpha}_{\bar{e}_{i-1}}(|\bar{e}_{i-1}|)\leqslant V_{\bar{e}_{i-1}}(\bar{e}_{i-1})\leqslant\overline{\alpha}_{\bar{e}_{i-1}}(|\bar{e}_{i-1}|) \tag{2.94}$$

$$\begin{aligned}&V_{\bar{e}_{i-1}}(\bar{e}_{i-1})\geqslant\max\{\gamma_{\bar{e}_{i-1}}^{e_i}(V_{e_i}(e_i)),\epsilon_{\bar{e}_{i-1}}\}\\ \Rightarrow&\nabla V_{\bar{e}_{i-1}}(\bar{e}_{i-1})F_{i-1}(\bar{e}_i)\leqslant-\alpha_{\bar{e}_{i-1}}(V_{\bar{e}_{i-1}}(\bar{e}_{i-1}))\quad\text{a.e.}\end{aligned} \tag{2.95}$$

式中，$\underline{\alpha}_{\bar{e}_{i-1}},\overline{\alpha}_{\bar{e}_{i-1}},\gamma_{\bar{e}_{i-1}}^{e_i}\in\mathcal{K}_\infty$；$\epsilon_{\bar{e}_{i-1}}$ 是一个正的常数；$\alpha_{\bar{e}_{i-1}}$ 是一个连续且正定的函数。

对 $e_i$ 求导可得

$$\begin{aligned}\dot{e}_i&=\dot{x}_i-\frac{\partial\kappa_{i-1}(e_{i-1})}{\partial e_{i-1}}\dot{e}_{i-1}\\&=x_{i+1}+\Delta_i(\bar{x}_i)-\frac{\partial\kappa_{i-1}(e_{i-1})}{\partial e_{i-1}}(\kappa_{i-1}(e_{i-1})+\Delta_{i-1}^*(\bar{e}_i))\end{aligned} \tag{2.96}$$

根据定义 (2.85)，$\bar{x}_i$ 可以用 $\bar{e}_i$ 来表示。还注意到 $e_{i+1}=x_{i+1}-\kappa_i(e_i)$。于是，就可以把 $e_i$ 子系统重新写成

$$\begin{aligned}\dot{e}_i&=\kappa_i(e_i)+e_{i+1}+\Delta_i(\bar{x}_i)-\frac{\partial\kappa_{i-1}(e_{i-1})}{\partial e_{i-1}}(\kappa_{i-1}(e_{i-1})+\Delta_{i-1}^*(\bar{e}_i))\\&:=\kappa_i(e_i)+\Delta_i^*(\bar{e}_{i+1})\end{aligned} \tag{2.97}$$

可以证明，存在 $\psi_{\Delta_i^*}^{\bar{e}_{i-1}},\psi_{\Delta_i^*}^{e_i},\psi_{\Delta_i^*}^{e_{i+1}}\in\mathcal{K}_\infty$ 使得

$$|\Delta_i^*(\bar{e}_{i+1})|\leqslant\psi_{\Delta_i^*}^{\bar{e}_{i-1}}(|\bar{e}_{i-1}|)+\psi_{\Delta_i^*}^{e_i}(|e_i|)+\psi_{\Delta_i^*}^{e_{i+1}}(|e_{i+1}|) \tag{2.98}$$

利用增益配置技术，对任意给定的常数 $\epsilon_{e_i},\ell_{e_i}>0$ 和函数 $\gamma_{e_i}^{\bar{e}_{i-1}}\circ\overline{\alpha}_{\bar{e}_{i-1}},\gamma_{e_i}^{e_{i+1}}\circ\alpha_V\in\mathcal{K}_\infty$，都能找到一个连续可导、严格递减且径向无界的奇函数 $\kappa_i$，使得

$$\begin{aligned}&V_{e_i}(e_i)\geqslant\max\{\gamma_{e_i}^{\bar{e}_{i-1}}\circ\overline{\alpha}_{\bar{e}_{i-1}}(|\bar{e}_{i-1}|),\gamma_{e_i}^{e_{i+1}}\circ\alpha_V(|e_{i+1}|),\epsilon_{e_i}\}\\ \Rightarrow&\nabla V_{e_i}(e_i)(\kappa_i(e_i)+\Delta_i^*(\bar{e}_{i+1}))\leqslant-\ell_{e_i}V_i(e_i)\end{aligned} \tag{2.99}$$

于是，

$$\begin{aligned}&V_{e_i}(e_i) \geqslant \max\{\gamma_{e_i}^{\bar{e}_{i-1}}(V_{\bar{e}_{i-1}}(\bar{e}_{i-1})), \gamma_{e_i}^{e_{i+1}}(V_{e_{i+1}}(e_{i+1})), \epsilon_{e_i}\}\\ \Rightarrow &\nabla V_{e_i}(e_i)(\kappa_i(e_i) + \Delta_i^*(\bar{e}_{i+1})) \leqslant -\ell_{e_i} V_i(e_i)\end{aligned} \tag{2.100}$$

将 $\bar{e}_i$ 子系统看成是由 $\bar{e}_{i-1}$ 子系统和 $e_i$ 子系统关联而成，如图 2.4 所示。为便于表示，定义 $\dot{\bar{e}}_i = F_i(\bar{e}_{i+1})$。根据 2.2 节中介绍的基于李雅普诺夫的非线性小增益定理，如果选择 $\gamma_{e_i}^{\bar{e}_{i-1}}$，使之满足

$$\gamma_{e_i}^{\bar{e}_{i-1}} \circ \gamma_{\bar{e}_{i-1}}^{e_i} < \mathrm{Id} \tag{2.101}$$

那么，$\bar{e}_i$ 子系统便是输入到状态稳定的。

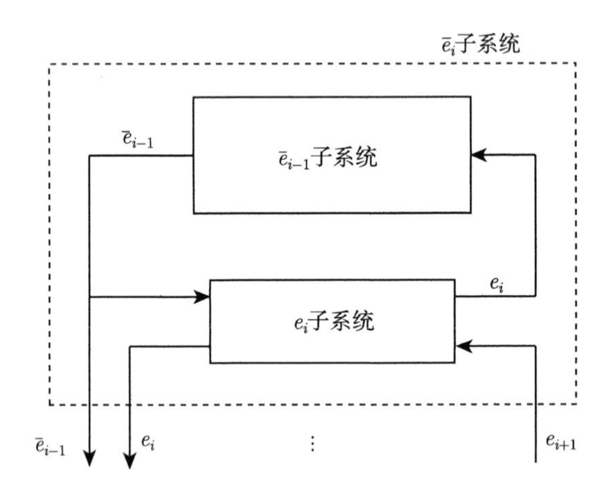


图 2.4　基于小增益的迭代控制设计

不仅如此，在满足以上小增益条件的前提下，还可以为 $\bar{e}_i$ 子系统构造如下输入到状态稳定李雅普诺夫函数 $V_{\bar{e}_i}$：

$$V_{\bar{e}_i}(\bar{e}_i) = \max\{\sigma_{\bar{e}_{i-1}}(V_{\bar{e}_{i-1}}(\bar{e}_{i-1})), V_{e_i}(e_i)\} \tag{2.102}$$

式中，$\sigma_{\bar{e}_{i-1}} \in \mathcal{K}_\infty$ 在 $(0,\infty)$ 上连续可导并且满足 $\sigma_{\bar{e}_{i-1}} > \gamma_{e_i}^{\bar{e}_{i-1}}$，$\sigma_{\bar{e}_{i-1}} \circ \gamma_{\bar{e}_{i-1}}^{e_i} < \mathrm{Id}$。

显然，存在 $\underline{\alpha}_{\bar{e}_i}, \overline{\alpha}_{\bar{e}_i}, \gamma_{\bar{e}_i}^{e_{i+1}} \in \mathcal{K}_\infty$，常数 $\epsilon_{\bar{e}_i} > 0$ 以及连续且正定的函数 $\alpha_{\bar{e}_i}$，使得

$$\underline{\alpha}_{\bar{e}_i}(|\bar{e}_i|) \leqslant V_{\bar{e}_i}(\bar{e}_i) \leqslant \overline{\alpha}_{\bar{e}_i}(|\bar{e}_i|), \tag{2.103}$$

$$\begin{aligned}&V_{\bar{e}_i}(\bar{e}_i) \geqslant \max\{\gamma_{\bar{e}_i}^{e_{i+1}}(V_{e_{i+1}}(e_{i+1})), \epsilon_{\bar{e}_i}\}\\ \Rightarrow &\nabla V_{\bar{e}_i}(\bar{e}_i) F_i(\bar{e}_{i+1}) \leqslant -\alpha_{\bar{e}_i}(V_{\bar{e}_i}(\bar{e}_i)) \quad \text{a.e.}\end{aligned} \tag{2.104}$$

当 $i=n$ 时，$x_{n+1}=u$。此时，取 $e_{n+1}=0$。这样就可以为 $\bar{e}_n$ 系统，即 $e$ 系统构造输入到状态稳定李雅普诺夫函数 $V_{\bar{e}_n}$，其满足式 (2.104)，其中，$i=n$，$e_{i+1}=0$。这样，如果把 $\epsilon_{e_i}$ 看作输入，那么以 $e$ 为状态的闭环系统就是输入到状态稳定的。通过增益配置设计，常数 $\epsilon_{e_i}>0$ 可以取得任意小。因此，通过上述控制设计，闭环系统状态 $e_i$ 最终可收敛到原点的任意小邻域中。

事实上，对于由式 (2.82) 和式 (2.83) 所定义的系统，如果 $\Delta_i$ 满足式 (2.84) 并且相应的 $\psi_{\Delta_i}\in\mathcal{K}_\infty$ 在任意紧致集上都是利普希茨的，那么通过设计 $\epsilon_{\bar{e}_n}=0$ 可以实现闭环系统状态的渐近收敛。具体地，可以选择 $\gamma_{(\cdot)}^{(\cdot)}$ 和 $\sigma_{(\cdot)}$ 使其逆函数在任意紧致集上都是利普希茨的。那么，对每个输入到状态稳定李雅普诺夫函数 $V_{\bar{e}_i}$，都能找到一个在任意紧致集上均利普希茨的 $\vartheta_{\bar{e}_i}\in\mathcal{K}_\infty$ 满足式 (2.103)，其中的 $\overline{\alpha}_{\bar{e}_i}$ 定义为

$$\overline{\alpha}_{\bar{e}_i}=\left(\vartheta_{\bar{e}_i}\right)^{-1}\circ\alpha_V \tag{2.105}$$

于是，对每个 $e_i$ 子系统进行设计时所用的 $\gamma_{e_i}^{\bar{e}_{i-1}}\circ\overline{\alpha}_{\bar{e}_{i-1}}$ 都能写成 $\left(\vartheta'_{\bar{e}_{i-1}}\right)^{-1}\circ\alpha_V$ 的形式，其中 $\vartheta'_{\bar{e}_{i-1}}=\vartheta_{\bar{e}_{i-1}}\circ\left(\gamma_{e_i}^{\bar{e}_{i-1}}\right)^{-1}$ 在任意紧致集上利普希茨。注意到 $\gamma_{e_i}^{\bar{e}_{i-1}}\circ\overline{\alpha}_{\bar{e}_{i-1}}$ 和 $\gamma_{e_i}^{e_{i+1}}\circ\alpha_V$ 分别对应于增益配置设计的公式 (2.75) 中的 $\chi_\phi^{w_1}$ 和 $\chi_\phi^{w_2}$。显然，以上设计满足 2.3.1 节末给出的实现 $\epsilon=0$ 的条件。

## 2.4　注　　记

小增益定理是关联系统分析和设计的重要工具。最初，小增益定理考虑基于输入/输出描述的、增益是线性的或者是仿射形的关联系统，参见早期文献 [4]、[24] 和近期文献 [80]、[81]。过去二十余年，关联非线性系统的稳定性分析和控制器设计问题得到了广泛的研究。在这一过程中，小增益定理也得以推广。文献 [25]、[26] 在输入/输出框架下给出了具有非仿射形增益的关联非线性系统的小增益定理。在 Sontag 关于输入到状态稳定性的原创工作 [13, 18, 49] 基础上，文献 [14] 首次给出了一般的非线性小增益定理。基于更一般的输入到输出稳定性的非线性小增益定理也在文献 [14] 中一并给出。文献 [14] 基于输入到状态稳定性的小增益定理与先前提出的小增益定理的一个本质区别在于，其明确刻画了系统初始状态对过渡过程的影响以及系统的有界输入有界输出稳定性。鉴于李雅普诺夫函数在非线性系统稳定性分析和控制器设计中的重要作用，文献 [63] 给出了基于李雅普诺夫函数描述的非线性小增益定理。以文献 [14] 的非线性小增益定理作为基本工具，文献 [14]、[78] 建立了不确定非线性系统的控制的小增益方法。与此同时，文献 [82] 研究了受饱和约束的非线性系统的小增益分析与控制器设计。输入到状态稳定性这一概念的一

个重要推广是积分输入到状态稳定性 (integral input-to-state stability iISS)[83]。非线性小增益定理也已经推广到了关联的积分输入到状态稳定系统[84-86]。非线性小增益定理还被进一步推广到具有时延的关联系统[64, 87, 88]。

作为非线性系统分析与设计的一个有效工具，非线性小增益定理已经被收录到非线性系统的多部经典教材，这其中包括文献 [10]、[65]。关于非线性小增益定理相关的近期重要进展，请参考文献 [21] 及其引用。

本章的主要内容涵盖了由常微分方程描述的连续时间关联系统的非线性小增益结果，而离散时间关联系统乃至混杂系统的小增益定理也已经较为完善了。这方面的结果参见文献 [45]、文献 [66]~ 文献 [70]。

非线性小增益定理的应用也十分广泛。比如，小增益定理在非线性系统的输出调节和鲁棒镇定方面的工作参见文献 [71]~文献 [75]。文献 [67]、[70]、[76] 将小增益定理应用于网络化控制器和量化控制器的设计。文献 [77] 通过进一步改进小增益定理解决了基于观测器的控制器设计中的稳定性问题。近期的鲁棒自适应动态规划的研究中也使用了小增益定理[89]。

# 第 3 章　多回路非线性小增益定理

第 2 章所介绍的小增益定理在非线性关联系统的稳定性分析、镇定、鲁棒自适应控制、观测器设计以及输出调节等问题中有着广泛的应用。尽管对于具有多个回路的关联系统仍然可以利用第 2 章所介绍的小增益定理进行迭代设计，我们仍期望能提炼出能更有效地处理包含多个子系统和多个回路的动态网络的小增益条件。

例 3.1 中的控制系统通过变换可以转化为包含三个输入到状态稳定子系统的关联系统，且系统结构中包含多个回路。

**例 3.1**　考虑在文献 [90] 中提到的轴流压气机偏微分方程模型的单模近似：

$$\dot{R} = \sigma R(-2\phi - \phi^2 - R), \quad R(t) \geqslant 0 \tag{3.1}$$

$$\dot{\phi} = -\psi - \frac{3}{2}\phi + \frac{1}{2} - \frac{1}{2}(\phi+1)^3 - 3(\phi+1)R \tag{3.2}$$

$$\dot{\psi} = \frac{1}{\beta^2}(\phi + 1 - v) \tag{3.3}$$

式中，$\phi$ 和 $\psi$ 分别表示质量偏差流和压力与设定值之间的偏差；$R$ 是失速状态的非负量；控制输入 $v$ 是通过节流阀的流量；$\sigma, \beta$ 是正的常数。在此系统中，$\psi$ 和 $R$ 是不可测量的。控制目标是使系统稳定且变量 $\phi$ 渐近收敛到原点。

为了便于讨论，记 $z = R$，$x_1 = \phi$，$x_2 = -\psi$，$y = x_1$ 和 $u = v/\beta^2$，那么上述系统就可重新表示为

$$\dot{z} = g(z, x_1) \tag{3.4}$$

$$\dot{x}_1 = f_1(x_1, z) + x_2 \tag{3.5}$$

$$\dot{x}_2 = f_2(x_1) + u \tag{3.6}$$

$$y = x_1 \tag{3.7}$$

文献 [91] 利用 $y$ 和 $u$ 设计了一个状态为 $\hat{x}_2$ 的降阶观测器，对不可测状态 $x_2$ 进行估计，状态估计误差就是 $\hat{x}_2 - x_2$。该设计能够保证估计误差系统以 $z$ 作为输入时是输入到状态稳定的。通过设计一个控制律 $u = u(y, \hat{x}_2)$ 使得 $(x_1, x_2)$ 子系统以 $\hat{x}_2 - x_2$ 和 $z$ 作为输入时是输入到状态稳定的。同时，可以证明 $z$ 子系统以 $x_1$ 作为输入时也是输入到状态稳定的。因此，闭环系统是由三个输入到状态稳定的子系统相互关联而成的一个动态网络。系统的结构如图 3.1 所示。

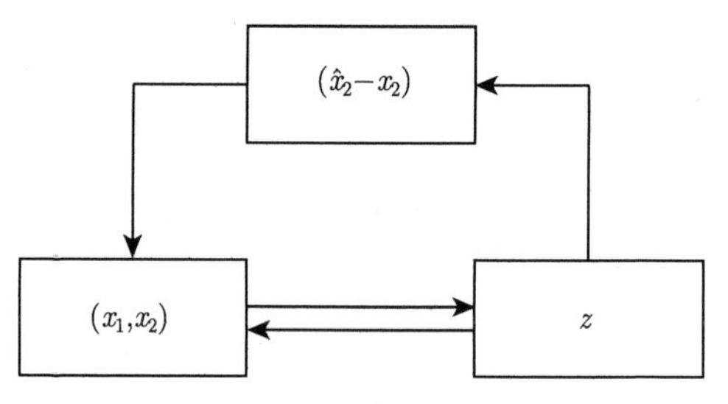


图 3.1　例 3.1 中闭环系统的框图

为说明小增益定理在处理更一般的动态网络时的意义，考虑由三个子系统组成的一个非线性动态网络：

$$\dot{x}_i = f_i(x) \tag{3.8}$$

式中，$i = 1, 2, 3$；$x_i \in \mathbb{R}^{n_i}$ 是第 $i$ 子系统的状态；$x = [x_1^{\mathrm{T}}, x_2^{\mathrm{T}}, x_3^{\mathrm{T}}]^{\mathrm{T}}$；$f_i : \mathbb{R}^{n_1+n_2+n_3} \to \mathbb{R}^{n_i}$ 是局部利普希茨函数并满足 $f_i(0) = 0$。

假设每个 $x_i$ 子系统都有一个正定且径向无界的输入到状态稳定李雅普诺夫函数 $V_i$ 满足

$$V_i(x_i) \geqslant \max_{j \neq i}\{\gamma_{ij}(V_j(x_j))\} \Rightarrow \nabla V_i(x_i) f_i(x) \leqslant -\alpha_i(V_i(x_i)) \tag{3.9}$$

对所有 $x$ 都成立，其中 $\gamma_{ij} \in \mathcal{K} \bigcup \{0\}$ 表示输入到状态稳定增益，$\alpha_i$ 是正定的连续函数。

我们考虑所有输入到状态稳定增益中只有 $\gamma_{12}, \gamma_{13}, \gamma_{21}, \gamma_{32}, \gamma_{31}$ 非零的情况。

以子系统作为节点，非零增益所对应的子系统之间的关联作为有向连接，动态网络的增益关联结构可以用一个有向图表示，在本书中称作增益有向图。因为此处的增益有向图描述的是李雅普诺夫函数之间的关系，所以图中每一个 $x_i$ 子系统都用它的输入到状态稳定李雅普诺夫函数 $V_i$ 表示。如图 3.2 所示是一个动态网络的增益有向图。

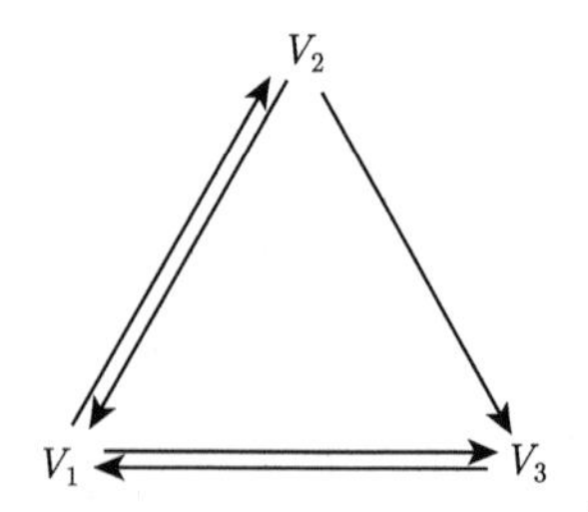


图 3.2　动态网络 (3.8) 的增益有向图

我们可以两次运用第 2 章中介绍的小增益定理对动态网络的稳定性进行分析。首先，把动态网络分成两部分：以 $x_3$ 作为输入的 $(x_1, x_2)$ 子系统和以 $(x_1, x_2)$ 作为输入的 $x_3$ 子系统。其中 $(x_1, x_2)$ 子系统是输入到状态稳定的，因为它满足小增益条件：

$$\gamma_{12} \circ \gamma_{21} < \mathrm{Id} \tag{3.10}$$

构造 $(x_1, x_2)$ 子系统的输入到状态稳定李雅普诺夫函数：

$$V_{(1,2)}(x_1, x_2) = \max\{V_1(x_1), \sigma(V_2(x_2))\} \tag{3.11}$$

式中，$\sigma$ 是 $\mathcal{K}_\infty$ 函数，其在 $(0, \infty)$ 上是连续可微的且满足

$$\sigma > \gamma_{12}, \quad \sigma^{-1} > \gamma_{21} \tag{3.12}$$

那么，

$$\begin{aligned} & V_{(1,2)}(x_1, x_2) \geqslant \gamma_{13}(V_3(x_3)) \\ \Rightarrow & \nabla V_{(1,2)}(x_1, x_2) f_{(1,2)}(x) \leqslant -\alpha_{(1,2)}(V_{(1,2)}(x_1, x_2)) \quad \text{a.e.} \end{aligned} \tag{3.13}$$

式中，$f_{(1,2)}(x) := [f_1^{\mathrm{T}}(x), f_2^{\mathrm{T}}(x)]^{\mathrm{T}}$；$\alpha_{(1,2)}$ 是连续且正定函数。

由式 (3.9) 可知，$V_{(1,2)}(x_1, x_2)$ 对 $V_3(x_3)$ 的影响可以表示为

$$\begin{aligned} & V_3(x_3) \geqslant \gamma_{3(1,2)}(V_{(1,2)}(x_1, x_2)) \\ \Rightarrow & \nabla V_3(x_3) f_3(x) \leqslant -\alpha_3(V_3(x_3)) \end{aligned} \tag{3.14}$$

其中，对于 $s \geqslant 0$，$\gamma_{3(1,2)}(s) := \max\{\gamma_{31}(s), \gamma_{32} \circ \sigma^{-1}(s)\}$。

那么，考虑由 $(x_1, x_2)$ 子系统和 $x_3$ 子系统所组成的关联系统。如果它满足小增益条件 $\gamma_{13} \circ \gamma_{3(1,2)} < \mathrm{Id}$，或等价地满足

$$\gamma_{13} \circ \gamma_{31} < \mathrm{Id} \tag{3.15}$$

$$\gamma_{13} \circ \gamma_{32} \circ \sigma^{-1} < \mathrm{Id} \tag{3.16}$$

那么这个动态网络在原点处就是渐近稳定的。条件 (3.16) 是否满足依赖于 $\sigma$ 的选取，但 $\sigma$ 又受到 $\sigma > \gamma_{12}$ 和 $\sigma^{-1} > \gamma_{21}$ 的约束。注意到，式 (3.10) 能够保证一定存在一个满足约束条件的 $\sigma$。通过选择 $\sigma$ 使 $\sigma^{-1} > \gamma_{21}$ 且 $\sigma^{-1}$ 又足够接近 $\gamma_{21}$。那么式 (3.16) 可由下式保证：

$$\gamma_{13} \circ \gamma_{32} \circ \gamma_{21} < \mathrm{Id} \tag{3.17}$$

如果式 (3.10)、式 (3.15) 和式 (3.17) 同时成立，也就是说在增益有向图中沿着每一个简单环的输入到状态稳定增益组成的复合函数均小于恒等函数，那么上述动态网络在原点处就是渐近稳定的。这就是**多回路非线性小增益条件**。

对动态网络研究感兴趣的读者自然会有如下疑问：

(1) 多回路小增益条件是否适用于由输入到状态稳定的子系统组成的、更具一般性的动态网络？

(2) 对于满足多回路小增益条件的动态网络，如何构造输入到状态稳定李雅普诺夫函数？

本章分别介绍定义在连续时间和离散时间的动态网络的多回路小增益定理。为了使结果更容易理解，主要考虑输入到状态稳定的系统，同时也将结果推广到输入到输出稳定以及包含时滞的情形。

## 3.1 连续时间动态网络

考虑如下包含 $N$ 个子系统的动态网络：

$$\dot{x}_i = f_i(x, u_i), \quad i = 1, \cdots, N \tag{3.18}$$

式中，$x = \left[x_1^{\mathrm{T}}, \cdots, x_N^{\mathrm{T}}\right]^{\mathrm{T}}$；$x_i \in \mathbb{R}^{n_i}$ 是子系统的状态；$u_i \in \mathbb{R}^{m_i}$ 是外部输入；$f_i : \mathbb{R}^{n+m_i} \to \mathbb{R}^{n_i}$ 是局部利普希茨函数且满足 $f_i(0,0) = 0$，其中 $n = \sum_{j=1}^{N} n_j$。外部输入 $u = \left[u_1^{\mathrm{T}}, \cdots, u_N^{\mathrm{T}}\right]^{\mathrm{T}} \in \mathbb{R}^m (m = \sum_{i=1}^{N} m_i)$ 是可测且局部本质有界的。为便于讨论，定义 $f(x,u) = [f_1^{\mathrm{T}}(x,u_1), \cdots, f_N^{\mathrm{T}}(x,u_N)]^{\mathrm{T}}$。

假设对 $i = 1, \cdots, N$，每个 $x_i$ 子系统都具有一个连续可微的输入到状态稳定李雅普诺夫函数 $V_i : \mathbb{R}^{n_i} \to \mathbb{R}_+$ 满足以下条件：

(1) 存在 $\underline{\alpha}_i, \overline{\alpha}_i \in \mathcal{K}_\infty$ 使得

$$\underline{\alpha}_i(|x_i|) \leqslant V_i(x_i) \leqslant \overline{\alpha}_i(|x_i|) \tag{3.19}$$

对所有 $x_i$ 都成立；

(2) 存在 $\gamma_{ij} \in \mathcal{K} \bigcup \{0\}$ $(j = 1, \cdots, N; j \neq i)$ 和 $\gamma_{ui} \in \mathcal{K} \bigcup \{0\}$ 使得

$$\begin{aligned} & V_i(x_i) \geqslant \max_{j \neq i} \{\gamma_{ij}(V_j(x_j)), \gamma_{ui}(|u_i|)\} \\ & \Rightarrow \nabla V_i(x_i) f_i(x, u_i) \leqslant -\alpha_i(V_i(x_i)) \end{aligned} \tag{3.20}$$

对所有 $x$ 和 $u_i$ 都成立，其中 $\alpha_i$ 是一个连续且正定的函数。

对于用耗散形式表示的系统，条件 (2) 也可以改写为以下形式：

(2′) 存在 $\alpha_i' \in \mathcal{K}_\infty$，$\sigma_{ij}' \in \mathcal{K}\bigcup\{0\}(j=1,\cdots,N;j\neq i)$ 和 $\sigma_{ui}' \in \mathcal{K}\bigcup\{0\}$ 使得

$$\nabla V_i(x_i)f_i(x,u_i) \leqslant -\alpha_i'(V_i(x_i)) + \max\left\{\sigma_{ij}'(V_j(x_j)), \sigma_{ui}'(|u_i|)\right\} \tag{3.21}$$

对所有 $x$ 和所有 $u_i$ 都成立。对于连续时间系统，由于条件 (2) 和条件 (2′) 两种形式的输入到状态稳定李雅普诺夫函数描述是等价的，在下面的讨论中仅仅考虑由条件 (2) 表示的情况。

以各个子系统作为节点，非零的增益关联作为有向连接，动态网络的增益关联结构可以用有向图表示，称之为增益有向图。借助于增益有向图，图论中的路径、可达性和简单环等概念就可以用来描述动态网络中的增益关联的性质。在图中每一个 $x_i$ 子系统用各自的李雅普诺夫函数 $V_i$ 来表示。

定理 3.1 给出了连续时间动态网络基于输入到状态稳定李雅普诺夫函数的多回路小增益定理。

**定理 3.1**　*考虑连续时间动态网络 (3.18)，其每个 $x_i$ 子系统都有一个连续可微的输入到状态稳定李雅普诺夫函数 $V_i$ 满足式 (3.19) 和式 (3.20)。如果对于增益有向图中的每一个简单环 $(V_{i_1}, V_{i_2}, \cdots, V_{i_r}, V_{i_1})$ 下式成立：*

$$\gamma_{i_1i_2} \circ \gamma_{i_2i_3} \circ \cdots \circ \gamma_{i_ri_1} < \mathrm{Id} \tag{3.22}$$

*式中，$r=2,\cdots,N$ 和 $1 \leqslant i_j \leqslant N$，且若 $j \neq j'$，则 $i_j \neq i_{j'}$，那么此动态网络以 $x$ 为状态、$u$ 为输入是输入到状态稳定的。*

条件 (3.22) 可以解释为在增益有向图中沿着每个简单环的输入到状态稳定增益的复合函数是小于恒等函数的。下面将通过构造输入到状态稳定李雅普诺夫函数来证明定理 3.1，这样为动态网络构造输入到状态稳定李雅普诺夫函数的问题也一并得到解决。

### 3.1.1　构造输入到状态稳定李雅普诺夫函数的基本思路

第 2 章介绍了动态网络 (3.18) 包含两个子系统 (即 $N=2$) 情形下的小增益定理。在此情况下，如果 $\gamma_{12} \circ \gamma_{21} < \mathrm{Id}$，那么动态网络是输入到状态稳定的，并且其输入到状态稳定李雅普诺夫函数可构造如下：

$$V(x) = \max\{V_1(x_1), \sigma(V_2(x_2))\} \tag{3.23}$$

式中，$\sigma \in \mathcal{K}_\infty$ 在 $(0,\infty)$ 上连续可微且满足

$$\sigma > \gamma_{12}, \quad \sigma^{-1} > \gamma_{21} \tag{3.24}$$

由于 $\gamma_{12}\circ\gamma_{21}<\mathrm{Id}\Leftrightarrow\gamma_{21}\circ\gamma_{12}<\mathrm{Id}$，并两次利用引理 A.1(见附录 A)，可以找到在 $(0,\infty)$ 上连续可微的函数 $\hat{\gamma}_{12},\hat{\gamma}_{21}\in\mathcal{K}_\infty$ 并满足 $\hat{\gamma}_{12}>\gamma_{12}$，$\hat{\gamma}_{21}>\gamma_{21}$ 和 $\hat{\gamma}_{12}\circ\hat{\gamma}_{21}<\mathrm{Id}$。因此，用 $\hat{\gamma}_{12},\hat{\gamma}_{21}$ 代替 $\gamma_{12},\gamma_{21}$(如图 3.3 所示)，小增益条件仍然成立。

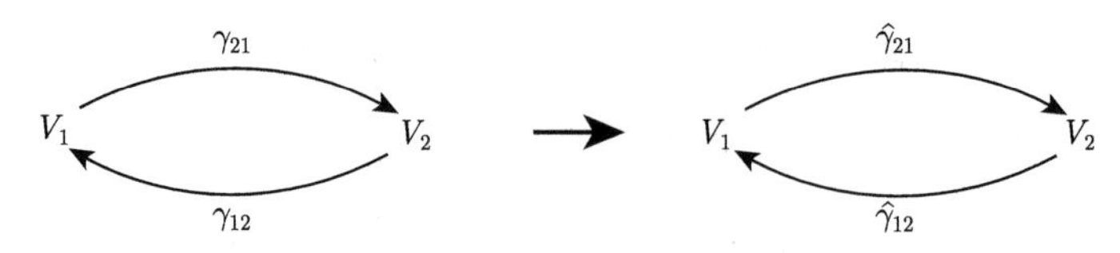


图 3.3　输入到状态稳定增益的微调

如果选取 $\sigma=\hat{\gamma}_{12}$，那么条件 (3.24) 就得以满足，并且输入到状态稳定李雅普诺夫函数可构造为

$$V(x)=\max\{V_1(x_1),\hat{\gamma}_{12}(V_2(x_2))\}\tag{3.25}$$

由于 $\hat{\gamma}_{12}$ 是微调之后的输入到状态稳定增益 $\gamma_{12}$，$\hat{\gamma}_{12}(V_2(x_2))$ 可以看成是 $V_2$ 通过微调后的增益 $\hat{\gamma}_{12}$ 对 $V_1$ 的“潜在影响”。

### 3.1.2　一类多回路动态网络的输入到状态稳定李雅普诺夫函数

基于潜在影响的思想，本节给出为满足多回路小增益条件的动态网络构造输入到状态稳定李雅普诺夫函数的方法。

考虑满足多回路小增益条件 (3.22) 的动态网络 (3.18)。对 $i^*=1,\cdots,N$ 有

$$\gamma_{i^*i_2}\circ\gamma_{i_2i_3}\circ\cdots\circ\gamma_{i_ri^*}<\mathrm{Id}\tag{3.26}$$

对 $r=2,\cdots,N$，$1\leqslant i_j\leqslant N$，$i_j\neq i^*$(若 $j\neq j'$，则 $i_j\neq i_{j'}$) 都成立。根据引理 A.1，如果 $\gamma_{i^*i_2}\neq 0$，那么存在 $\hat{\gamma}_{i^*i_2}\in\mathcal{K}_\infty$，其在 $(0,\infty)$ 上连续可微并满足 $\hat{\gamma}_{i^*i_2}>\gamma_{i^*i_2}$，且用 $\hat{\gamma}_{i^*i_2}$ 代替 $\gamma_{i^*i_2}$ 时，条件 (3.26) 仍然成立。

对所有 $\gamma_{i^*i_2}(i^*=1,\cdots,N$、$i_2\neq i^*)$ 重复此过程，则可找到 $\hat{\gamma}_{(\cdot)}$ 满足如下三个条件：

(1) 如果 $\gamma_{(\cdot)}\in\mathcal{K}$，$\hat{\gamma}_{(\cdot)}\in\mathcal{K}_\infty$ 且 $\hat{\gamma}_{(\cdot)}>\gamma_{(\cdot)}$；如果 $\gamma_{(\cdot)}=0$，那么 $\hat{\gamma}_{(\cdot)}=0$。

(2) $\hat{\gamma}_{(\cdot)}$ 上在区间 $(0,\infty)$ 上是连续可微的。

(3) 对 $r=2,\cdots,N$，

$$\hat{\gamma}_{i_1i_2}\circ\cdots\circ\hat{\gamma}_{i_ri_1}<\mathrm{Id}\tag{3.27}$$

对所有 $1\leqslant i_j\leqslant N$ 都成立，其中若 $j\neq j'$，则 $i_j\neq i_{j'}$。

通过上面的方法，动态网络的非零增益可以用 $\hat{\gamma}_{(\cdot)}$ 代替，$\hat{\gamma}_{(\cdot)}$ 是在区间 $(0,\infty)$ 上连续可微的 $\mathcal{K}_\infty$ 函数，它仍然满足多回路小增益条件。显然，替换非零增益不影响增益有向图。

在本节所研究的动态网络中，子系统 $p$ 受到所有其他子系统的潜在影响可以描述为

$$\mathbb{V}^{[p]} = \bigcup_{j=1,\cdots,N} \mathbb{V}_j^{[p]}(x) \tag{3.28}$$

式中，

$$\mathbb{V}_j^{[p]}(x) = \left\{\hat{\gamma}_{i_1^{[p]} i_2^{[p]}} \circ \cdots \circ \hat{\gamma}_{i_{j-1}^{[p]} i_j^{[p]}} \left(V_{i_j^{[p]}}\left(x_{i_j^{[p]}}\right)\right)\right\}$$

其中，对于 $j=1,\cdots,N$；$i_1^{[p]}=p$，$i_k^{[p]} \in \{1,\cdots,N\}$，$k\in\{1,\cdots,j\}$，如果 $k\neq k'$，则 $i_k^{[p]} \neq i_{k'}^{[p]}$。显然，$\mathbb{V}_j^{[p]}(x)$ 中的每一个元素都对应于增益有向图里以 $V_p$ 为终点的一个简单路径。

与之相对应，外部输入 $u=\left[u_1^{\mathrm{T}},\cdots,u_N^{\mathrm{T}}\right]^{\mathrm{T}}$ 对子系统 $p$ 的潜在影响可描述为

$$\mathbb{U}^{[p]} = \bigcup_{j=1,\cdots,N} \mathbb{U}_j^{[p]} \tag{3.29}$$

式中，

$$\mathbb{U}_j^{[p]} = \left\{\hat{\gamma}_{i_1^{[p]} i_2^{[p]}} \circ \cdots \circ \hat{\gamma}_{i_{j-1}^{[p]} i_j^{[p]}} \circ \gamma_{u i_j^{[p]}}\left(|u_{i_{j-1}^{[p]}}|\right)\right\} \tag{3.30}$$

其中，$j=1,\cdots,N$。

定义

$$V_\Pi(x) = \max \mathbb{V}_\Pi(x) = \max\left(\bigcup_{p\in\Pi} \mathbb{V}^{[p]}(x)\right) \tag{3.31}$$

式中，$\Pi \subseteq \{1,\cdots,N\}$ 满足 $\bigcup\limits_{p\in\Pi}(\mathcal{RS}(p)) = \{1,\cdots,N\}$，其中，$\mathcal{RS}$ 表示能够沿有向图中的路径到达节点 $p$ 的所有其他节点的集合)。

容易验证 $\max\left(\bigcup\limits_{p\in\Pi}\mathbb{V}^{[p]}\right)$ 对于 $\max\{V_1,\cdots,V_N\}$ 是正定且径向无界，因此其对 $x$ 也是正定且径向无界的。也就是说，存在 $\underline{\alpha},\overline{\alpha}\in\mathcal{K}_\infty$ 使得 $\underline{\alpha}(|x|) \leqslant V_\Pi(x) \leqslant \overline{\alpha}(|x|)$ 对所有 $x$ 都成立。由 $V_\Pi$ 的表达式可知，其在 $\mathbb{R}^n\backslash\{0\}$ 上是局部利普希茨的。由 Rademacher 定理 (参见文献 [19] 第 216 页) 可得 $V_\Pi$ 几乎处处可导的。

相应地，记

$$u_\Pi = \max \mathbb{U}_\Pi = \max\left(\bigcup_{p\in\Pi}\mathbb{U}^{[p]}\right) \tag{3.32}$$

容易验证，存在 $\gamma^u\in\mathcal{K}_\infty$ 使得 $u_\Pi \leqslant \gamma^u(|u|)$ 对所有的 $u$ 都成立。

在下述第 3.1.3 节首先将说明所考虑的动态网络在以 $u_\Pi$ 作为新输入时，$V_\Pi(x)$ 是其输入到状态稳定李雅普诺夫函数 (这里并不要求 $V_\Pi(x)$ 的连续可微性)，参见式 (3.54)。接下来再证明该动态网络以 $u$ 为输入时是输入到状态稳定的，参见式 (3.55)。

### 3.1.3 连续时间动态网络多回路小增益定理的证明

在下述证明中，仅考虑 $V_\Pi(x) \geqslant u_\Pi$ 且 $x \neq 0$ 的情形。直观地讲，如果 $V_\Pi$ 在时间轴上是单调递减的，那么它就是动态网络的输入到状态稳定李雅普诺夫函数。$V_\Pi = \max \mathbb{V}_\Pi$ 的递减特性是由 $\mathbb{V}_\Pi$ 中所有取 $V_\Pi$ 值的元素的递减特性所决定的。

$\mathbb{V}_\Pi$ 中的元素可以看作是通过相应子系统的输入到状态稳定李雅普诺夫函数沿着特定简单路径一次复合相应的输入到状态稳定增益所定义的。为便于表示，记 $a$ 为取 $V_\Pi$ 值的子系统所对应的简单路径，并记 $A$ 为所有 $a$ 的集合。考虑增益有向图中一个特定简单环 $m^a := (V_{i_j^a}, \cdots, V_{i_2^a}, V_{i_1^a})$。在图 3.4 中用粗箭头标记了此简单回路。根据 $V_\Pi$ 的定义，对于特定的 $x$，

$$\hat{\gamma}_{i_1^a i_2^a} \circ \cdots \circ \hat{\gamma}_{i_{k-1}^a i_k^a} \circ \cdots \circ \hat{\gamma}_{i_{j-1}^a i_j^a} \left( V_{i_j^a} \left( x_{i_j^a} \right) \right) = V_\Pi(x) \tag{3.33}$$

对于所有 $a \in A$ 都成立。其中，$i_k^a \in \{1, \cdots, N\}$，$k \in \{1, \cdots, j\}$(若 $k \neq k'$，则 $i_k^a \neq i_{k'}^a$)。

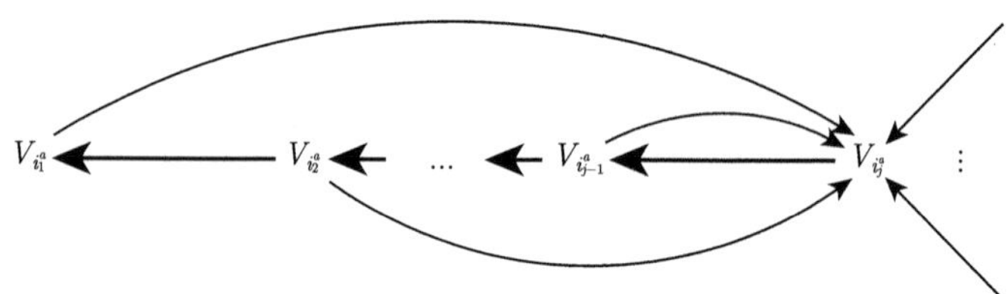


图 3.4 以 $V_{i_1^a}$ 为终点的包括 $j$ 个子系统的简单路径 $m^a$

在满足多回路小增益条件 (3.22) 的情况下，如下将应用性质 (3.33) 研究 $V_{i_j^a}$ 同其他子系统的李雅普诺夫函数的关系。

第一种情况：$l \in \{i_1^a, \cdots, i_{j-1}^a\}$ 时，$V_{i_j^a}$ 和 $V_l$ 的关系。

如果 $j \geqslant 2$，那么对所有 $k = 1, \cdots, j-1$，性质 (3.33) 可以推出

$$\begin{aligned}&\hat{\gamma}_{i_1^a i_2^a} \circ \cdots \circ \hat{\gamma}_{i_{k-1}^a i_k^a} \left( V_{i_k^a}(x_{i_k^a}) \right) \\ \leqslant &\hat{\gamma}_{i_1^a i_2^a} \circ \cdots \circ \hat{\gamma}_{i_{k-1}^a i_k^a} \circ \cdots \circ \hat{\gamma}_{i_{j-1}^a i_j^a} \left( V_{i_j^a}(x_{i_j^a}) \right)\end{aligned} \tag{3.34}$$

消去 $\hat{\gamma}_{i_1^a i_2^a} \circ \cdots \circ \hat{\gamma}_{i_{k-1}^a i_k^a}$，可得

$$V_{i_k^a}(x_{i_k^a}) \leqslant \hat{\gamma}_{i_k^a i_{k+1}^a} \circ \cdots \circ \hat{\gamma}_{i_{j-1}^a i_j^a} \left( V_{i_j^a}(x_{i_j^a}) \right) \tag{3.35}$$

$V_{i_k^a}$ 代表简单路径 $m^a$ 上所有子系统的李雅普诺夫函数。式 (3.35) 给出了 $V_{i_k^a}$ 和 $V_{i_j^a}$ 的关系。如果 $j=1$，那么仅有一个对应于 $V_{i_1^a}$ 的子系统在简单路径 $m^a$ 上。

条件 (3.27) 意味着增益有向图中沿着每一个简单环的修正增益 $\hat{\gamma}_{(\cdot)}$ 复合函数小于 Id。特别地，对于简单路径 $m^a$ 上的子系统，下式成立：

$$\hat{\gamma}_{i_j^a i_k^a} \circ \hat{\gamma}_{i_k^a i_{k+1}^a} \circ \cdots \circ \hat{\gamma}_{i_{j-1}^a i_j^a} < \text{Id} \tag{3.36}$$

那么，式 (3.35) 可简化为

$$\begin{aligned} \hat{\gamma}_{i_j^a i_k^a}\left(V_{i_k^a}(x_{i_k^a})\right) &\leqslant \hat{\gamma}_{i_j^a i_k^a} \circ \hat{\gamma}_{i_k^a i_{k+1}^a} \circ \cdots \circ \hat{\gamma}_{i_{j-1}^a i_j^a}\left(V_{i_j^a}(x_{i_j^a})\right) \\ &< V_{i_j^a}(x_{i_j^a}) \end{aligned} \tag{3.37}$$

对所有 $k=1,\cdots,j-1$ 都成立。等价地，

$$V_{i_j^a}(x_{i_j^a}) > \hat{\gamma}_{i_j^a l}\left(V_l(x_l)\right) \tag{3.38}$$

对所有 $l \in \{i_1^a,\cdots,i_{j-1}^a\}$ 都成立。

第二种情况：$l \in \{1,\cdots,N\}\backslash\{i_1^a,\cdots,i_j^a\}$ 时，$V_{i_j^a}$ 和 $V_l$ 的关系。

首先考虑 $j \leqslant N-1$ 的情况。对于每一个 $l \in \{1,\cdots,N\}\backslash\{i_1^a,\cdots,i_j^a\}$，如果 $\hat{\gamma}_{i_{j-1}^a l} \neq 0$，那么 $\hat{\gamma}_{i_1^a i_2^a} \circ \cdots \circ \hat{\gamma}_{i_{j-2}^a i_{j-1}^a} \circ \hat{\gamma}_{i_{j-1}^a l}\left(V_l(x_l)\right)$ 属于 $\mathbb{V}_{\Pi}(x)$；否则 $\hat{\gamma}_{i_1^a i_2^a} \circ \cdots \circ \hat{\gamma}_{i_{j-2}^a i_{j-1}^a} \circ \hat{\gamma}_{i_{j-1}^a l}\left(V_l(x_l)\right)=0$。因此，如果 $j \leqslant N-1$，那么

$$\begin{aligned} &\hat{\gamma}_{i_1^a i_2^a} \circ \cdots \circ \hat{\gamma}_{i_{j-2}^a i_{j-1}^a}\left(V_{i_{j-1}^a}(x_{i_{j-1}^a})\right) \\ \geqslant &\hat{\gamma}_{i_1^a i_2^a} \circ \cdots \circ \hat{\gamma}_{i_{j-2}^a i_{j-1}^a} \circ \hat{\gamma}_{i_{j-1}^a l}\left(V_l(x_l)\right) \end{aligned} \tag{3.39}$$

对所有 $l \in \{1,\cdots,N\}\backslash\{i_1^a,\cdots,i_j^a\}$ 都成立。通过消除等式两边相同项，上式可以简化为

$$V_{i_j^a}(x_{i_j^a}) \geqslant \hat{\gamma}_{i_j^a l}\left(V_l(x_l)\right) \tag{3.40}$$

如果 $j=N$，那么动态网络的所有子系统都在简单路径 $m^a$ 上。

性质 (3.38) 和性质 (3.40) 一并可推出

$$\begin{aligned} V_{i_j^a}(x_{i_j^a}) &\geqslant \max_{l \in \{1,\cdots,N\}\backslash\{i_j^a\}}\left\{\hat{\gamma}_{i_j^a l}\left(V_l(x_l)\right)\right\} \\ &\geqslant \max_{l \in \{1,\cdots,N\}\backslash\{i_j^a\}}\left\{\gamma_{i_j^a l}\left(V_l(x_l)\right)\right\} \end{aligned} \tag{3.41}$$

根据输入 $u_{\Pi}$ 的定义，可以保证

$$V_{\Pi}(x) \geqslant u_{\Pi} \Rightarrow V_{i_j^a}(x) \geqslant \hat{\gamma}_{u i_j^a}(|u_{i_j^a}|) \tag{3.42}$$

对每一个 $a \in A$，如果条件 (3.41) 和条件 (3.42) 成立，那么由式 (3.20) 给出的输入到状态稳定李雅普诺夫函数的性质可得

$$\nabla V_{i_j^a}(x_{i_j^a}) f_{i_j^a}(x, u_{i_j^a}) \leqslant -\alpha_{i_j^a}\left(V_{i_j^a}(x_{i_j^a})\right) \leqslant -\hat{\alpha}_{i_j^a}\left(V_\Pi(x)\right) \tag{3.43}$$

式中，$\hat{\alpha}_{i_j^a} := \alpha_{i_j^a} \circ \hat{\gamma}^{-1}_{i_{j-1}^a i_j^a} \circ \cdots \circ \hat{\gamma}^{-1}_{i_1^a i_2^a}$。上式中第二个不等式的推导利用了式 (3.33)。

定义

$$\hat{\gamma}_{m^a} = \hat{\gamma}_{i_1^a i_2^a} \circ \cdots \circ \hat{\gamma}_{i_{j-1}^a i_j^a} \tag{3.44}$$

$$V_{m^a}(x_{i_j^a}) = \hat{\gamma}_{m^a}\left(V_{i_j^a}(x_{i_j^a})\right) \tag{3.45}$$

对每一个 $a \in A$，既然 $\hat{\gamma}_{i_1^a i_2^a} \circ \cdots \circ \hat{\gamma}_{i_{j-1}^a i_j^a} \in \mathcal{K}_\infty$ 且 $\hat{\gamma}_{(\cdot)}$ 在 $(0, \infty)$ 上是连续可微的，那么结合式 (3.43) 可知存在一个连续且正定的函数 $\hat{\alpha}_{m^a}$，使得如果 $V_\Pi(x) \neq 0$ 且 $V_\Pi(x) \geqslant u_\Pi$，那么

$$\begin{aligned}\nabla V_{m^a}(x_{m^a}) f_{i_j^a}(x, u_{i_j^a}) &= \hat{\gamma}'_{m^a}\left(V_{i_j^a}(x_{i_j^a})\right) \nabla V_{i_j^a}(x_{i_j^a}) f_{i_j^a}(x, u_{i_j^a}) \\ &\leqslant -\left(\hat{\gamma}'_{m^a} \circ \hat{\gamma}^{-1}_{m^a}\left(V_{Pi}(x)\right)\right) \hat{\alpha}_{i_j^a}\left(V_\Pi(x)\right) \\ &\leqslant -\hat{\alpha}_{m^a}\left(V_\Pi(x)\right)\end{aligned} \tag{3.46}$$

性质 (3.46) 意味着 $\mathbb{V}_\Pi(x)$ 中取值为 $V_\Pi(x)$ 的所有元素都是减小的。接下来的推导过程给出了 $V_\Pi(x)$ 递减性质的证明。

用 $N_A$ 表示 $A$ 的元素个数。考虑两种情况：$N_A = 1$ 和 $N_A \geqslant 2$。

第一种情形：$N_A = 1$。在 $x$ 的邻域内，$V_\Pi$ 的递减性取决于 $V_{m^a}$，即 $V_{i_j^a}$。由式 (3.46) 可知，只要 $V_\Pi(x) \geqslant u_\Pi$，就有

$$\nabla V_\Pi(x) f(x, u) = \nabla V_{m^a}(x_{m^a}) f_{i_j^a}(x, u_{i_{j-1}^a}) \leqslant -\hat{\alpha}_{m^a}\left(V_\Pi(x)\right) \tag{3.47}$$

第二种情形：$N_A \geqslant 2$。由于 $x \neq 0$，那么对所有 $a \in A$ 都有 $x_{i_j^a} \neq 0$。由 $\hat{\gamma}_{(\cdot)}$ 和 $V_{i_j^a}$ 的连续可微性以及 $f_{i_j^a}$ 的连续性可知，对于特定的 $u_{i_j^a}$，$\nabla V_{m^a}(x_{m^a}) f_{i_j^a}(x, u_{i_j^a})$ 关于 $x$ 是连续的，并且存在一个 $x$ 的邻域 $\mathcal{X} = \mathcal{X}_1 \times \cdots \times \mathcal{X}_N$，使得

$$\nabla V_{m^a}(x_{m^a}) f_{i_j^a}(\xi, u_{i_j^a}) \leqslant -\frac{1}{2}\hat{\alpha}_{m^a}\left(V_\Pi(x)\right) \tag{3.48}$$

对所有 $\xi \in \mathcal{X}$ 和所有 $a \in A$ 都成立；

对于局部利普希茨函数 $V_\Pi$，下式几乎处处成立：

$$\nabla V_\Pi(x) f(x, u) = \left.\frac{\mathrm{d}}{\mathrm{d}t}\right|_{t=0} V_\Pi(\phi(t)) \tag{3.49}$$

式中，$\phi(t) = [\phi_1^{\mathrm{T}}(t), \cdots, \phi_N^{\mathrm{T}}(t)]^{\mathrm{T}}$ 是如下初值问题的解：

$$\dot{\phi}(t) = f(\phi(t), u), \quad \phi(0) = x \tag{3.50}$$

由于 $\phi(t)$ 对 $t$ 的连续性，存在一个 $\bar{\delta} > 0$，使得当 $0 \leqslant t \leqslant \bar{\delta}$ 时 $\phi(t) \in \mathcal{X}$，并且对于 $\mathbb{V}_\Pi$ 中的任何简单路径 $m^b$，只要 $b \notin A$，都有 $V_{m^b}(\phi_{i_j^b}(t)) < \max\{V_{m^a}(\phi_{i_j^a}(t)) : a \in A\}$ 对所有 $t \in [0, \bar{\delta})$ 成立。

对于任意 $t \in (0, \bar{\delta})$，不管 $V_\Pi(\phi(t))$ 取 $\left\{V_{m^a}(\phi_{i_j^a}(t)) : a \in A\right\}$ 中哪个元素，都存在一个连续的且正定的函数 $\hat{\alpha}_A$，使得

$$\frac{V_\Pi(\phi(t)) - V_\Pi(x)}{t} \leqslant -\hat{\alpha}_A\left(V_\Pi(x)\right) \tag{3.51}$$

比如，取 $\hat{\alpha}_A(s) = \min\limits_{a \in A}\{\hat{\alpha}_{m^a}(s)/3\}$，其中 $s \in \mathbb{R}_+$。

因此，只要 $V_\Pi$ 是对 $x$ 可微的，就有

$$\nabla V_\Pi(x) f(x, u) \leqslant -\hat{\alpha}_A\left(V_\Pi(x)\right) \tag{3.52}$$

综合式 (3.47) 和式 (3.52)，如果 $V_\Pi$ 对 $x$ 可微，那么

$$V_\Pi(x) \geqslant u_\Pi \Rightarrow \nabla V_\Pi(x) f(x, u) \leqslant -\hat{\alpha}_A\left(V_\Pi(x)\right) \tag{3.53}$$

注意，对于不同的 $x$，$V_\Pi(x)$ 可能是 $\mathbb{V}_\Pi(x)$ 中不同的元素的值，并且集合 $A$ 也可能变化。定义 $\alpha_\Pi(s)$ 为所有可能的 $\hat{\alpha}_A(s)$ 的最小项。那么，$\alpha_\Pi$ 是一个连续且正定的函数。对于任意 $x$，如果 $V_\Pi$ 对 $x$ 可微，那么

$$V_\Pi(x) \geqslant u_\Pi \Rightarrow \nabla V_\Pi(x) f(x, u) \leqslant -\alpha_\Pi\left(V_\Pi(x)\right) \tag{3.54}$$

由于 $V_\Pi$ 几乎处处可微，式 (3.54) 处处成立。式 (3.32) 中 $u_\Pi$ 的定义说明 $u_\Pi \leqslant \gamma^u(|u|)$ 对所有 $u$ 都成立，其中 $\gamma^u \in \mathcal{K}_\infty$。于是，由式 (3.54) 可直接得到

$$V_\Pi(x) \geqslant \gamma^u(|u|) \Rightarrow \nabla V_\Pi(x) f(x, u) \leqslant -\alpha_\Pi\left(V_\Pi(x)\right) \tag{3.55}$$

这就证明了 $V_\Pi$ 是所讨论的动态网络的输入到状态稳定李雅普诺夫函数。连续时间动态网络的多回路小增益定理得证。

以上所构造的输入到状态稳定李雅普诺夫函数 $V_\Pi$ 不是连续可微的。利用文献 [20] 的结果，可以基于 $V_\Pi$ 进一步构造光滑的输入到状态稳定李雅普诺夫函数。

为了简化讨论，上述证明假设子系统的输入到状态稳定李雅普诺夫函数是连续可微的。对于李雅普诺夫函数是几乎处处连续可微且满足式 (3.20) 的系统，这

种构造方式依然是有效的。在这种情况下，可以证明构造的 $V_{\Pi}$ 几乎处处满足式 (3.54)。不仅如此，修正增益 $\hat{\gamma}_{(\cdot)}$ 也不要求在 $(0,\infty)$ 上连续可微。输入到状态稳定李雅普诺夫函数 $V_{\Pi}$ 仍然能使用几乎处处可微的 $\hat{\gamma}_{(\cdot)}$ 构造。

**例 3.2**　考虑 $N=3$ 的动态网络 (3.8)。在没有外部输入时，通过定理 3.1 可知它满足多回路小增益条件，且在原点处是渐近稳定的。对于图 3.2 所示的增益有向图，$\mathcal{RS}(i)=\{1,2,3\}$，其中 $i=1,2,3$。可以通过选取不同的 $\Pi$ 来构造不同的输入到状态稳定李雅普诺夫函数 $V_{\Pi}$。例如，

$$\begin{aligned}V_{\{1\}}(x) =&\max\{V_1(x_1),\hat{\gamma}_{12}(V_2(x_2)),\hat{\gamma}_{13}\circ\hat{\gamma}_{32}(V_2(x_2)),\\&\hat{\gamma}_{13}(V_3(x_3))\}\end{aligned}\tag{3.56}$$

$$V_{\{2\}}(x) =\max\{V_2(x_2),\hat{\gamma}_{21}(V_1(x_1)),\hat{\gamma}_{21}\circ\hat{\gamma}_{13}(V_3(x_3))\}\tag{3.57}$$

在 $V_{\{1\}}(x)$ 的定义中，有两项依赖于 $V_2(x_2)$，这是因为从 $V_2$ 到 $V_1$ 有两条简单路径。

**例 3.3**　如果动态网络的增益有向图不连通，那么就找不到一个所有其他子系统都能到达的子系统。此时，为了构造一个正定且径向无界的 $V_{\Pi}$，$\Pi$ 包含的元素个数必须大于一。考虑如图 3.5 所示的一个动态网络的增益有向图。

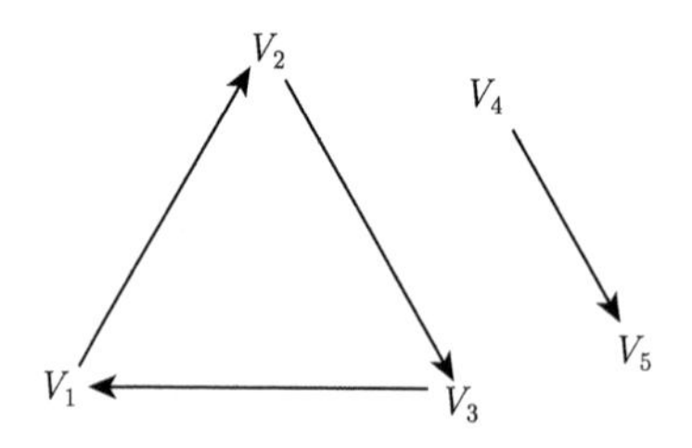


图 3.5　非连通的增益有向图

考虑到 $\mathcal{RS}(1)\bigcup\mathcal{RS}(5)=\{1,2,3,4,5\}$，选取 $\Pi=\{1,5\}$，构造输入到状态稳定李雅普诺夫函数如下：

$$V_{\Pi}(x)=\max\big\{V_1(x_1),\hat{\gamma}_{13}(V_3(x_3)),\hat{\gamma}_{13}\circ\hat{\gamma}_{32}(V_2(x_2)),V_5(x_5),\hat{\gamma}_{54}(V_4(x_4))\big\}\tag{3.58}$$

式中，$\hat{\gamma}_{(\cdot)}$ 是经适当修正的输入到状态稳定增益。观察可知，$\max\{V_1(x_1),\hat{\gamma}_{13}(V_3(x_3)),\hat{\gamma}_{13}\circ\hat{\gamma}_{32}(V_2(x_2))\}$ 和 $\max\{V_5(x_5),\hat{\gamma}_{54}(V_4(x_4))\}$ 分别是 $(x_1,x_2,x_3)$ 子系统 (图 3.5 中动态网络的左侧孤立部分) 和 $(x_4,x_5)$ 子系统 (图 3.5 中动态网络的右侧孤立部分) 的李雅普诺夫函数。事实上，对于一个不连通的动态网络，其李雅普诺夫函数可以直接定义为各个孤立部分的李雅普诺夫函数的最大值。当然也可定义为所有孤立部分的李雅普诺夫函数经过 $\mathcal{K}_{\infty}$ 类函数“加权”后的最大值。

在 $\Pi=\{1,5\}$ 的情形下，定义

$$u_\Pi=\max\{u_1,\hat{\gamma}_{13}\circ\gamma_{u3}(u_3),\hat{\gamma}_{13}\circ\hat{\gamma}_{32}\circ\gamma_{u2}(u_2),u_5,\hat{\gamma}_{54}\circ\gamma_{u4}(u_4)\} \tag{3.59}$$

那么，存在一个连续且正定的函数 $\alpha_\Pi$，使得

$$V_\Pi(x)\geqslant u_\Pi\Rightarrow\nabla V_\Pi(x)f(x,u)\leqslant-\alpha_\Pi(V_\Pi(x)),\quad \text{a.e.} \tag{3.60}$$

为分析外部输入对每一个子系统的影响，首先可以把基于李雅普诺夫函数的输入到状态稳定性转化为基于轨迹的输入到状态稳定性：对于任意初始状态 $x(0)=x_0$，

$$V_\Pi(x(t))\leqslant\max\left\{\beta(V_\Pi(x_0),t),\|u_\Pi\|_{[0,t]}\right\} \tag{3.61}$$

式中，$\beta\in\mathcal{KL}$。以 $x_2$ 子系统为例。从 $V_\Pi$ 定义可知，$V_2(x_2)\leqslant\hat{\gamma}_{32}^{-1}\circ\hat{\gamma}_{13}^{-1}(V_\Pi(x))$ 对所有 $x$ 都成立，外部输入对 $x_2$ 子系统的影响的大小可由如下以 $V_2(x_2)$ 作为输出的输入到输出稳定性性质进行估计：对任意初始状态 $x(0)=x_0$，

$$V_2(x_2(t))\leqslant\max\{\hat{\gamma}_{32}^{-1}\circ\hat{\gamma}_{13}^{-1}\left(\beta(V_\Pi(x_0),t)\right),\hat{\gamma}_{32}^{-1}\circ\hat{\gamma}_{13}^{-1}\left(\|u_\Pi\|_{[0,t]}\right)\} \tag{3.62}$$

注意到 $u_\Pi$ 的定义 (3.59)，式 (3.62) 意味着 $x_2$ 子系统还受到 $u_4$ 和 $u_5$ 的影响。然而，由于不连通的系统结构，$u_4$ 和 $u_5$ 不会对 $x_2$ 子系统产生影响。为了更精确，可以只用孤立的 $(x_1,x_2,x_3)$ 子系统的李雅普诺夫函数来估计 $u_1,u_2$ 和 $u_3$ 对 $x_2$ 子系统的影响。

### 3.1.4　动力学非连续的动态网络

文献 [92] 将输入到状态稳定性和输入到状态稳定李雅普诺夫函数的概念推广到了动力学非连续的系统 (简称非连续系统)，并且借助微分包含给出了关联非连续系统的一种扩展菲利波夫 (Filippov) 解 [93, 94]。基于扩展菲利波夫解的概念，非线性小增益定理也已经被推广至非连续系统。基于文献 [92] 的结果，我们将非连续动态网络的各个子系统用微分包含表示，并在此基础上给出非连续动态网络的多回路小增益定理：

$$\dot{x}_i\in F_i(x,u_i),\quad i=1,\cdots,N \tag{3.63}$$

式中，$F_i:\mathbb{R}^{n+m_i}\rightsquigarrow\mathbb{R}^{n_i}$ 是一个凸、紧致且上半连续的集值映射并满足 $0\in F_i(0,0)$，其他相关自变量的定义与式 (3.18) 相同。

假设式 (3.63) 中的每一个 $x_i$ 子系统有一个输入到状态稳定李雅普诺夫函数 $V_i$，其满足式 (3.19) 并且只要 $\nabla V_i$ 存在就有

$$V_i(x_i) \geqslant \max_{j=1,\cdots,N;j\neq i} \{\gamma_{ij}(V_j(x_j)), \gamma_i^u(|u_i|)\}$$
$$\Rightarrow \max_{f_i \in F_i(x,u_i)} \nabla V_i(x_i) f_i \leqslant -\alpha_i(V_i(x_i)) \tag{3.64}$$

显然，式 (3.20) 是对式 (3.64) 做相应修正得到的。

对于非连续动态网络，有这样一个多回路小增益结果：如果满足式 (3.22) 给出的多回路小增益条件，那么非连续动态网络就是输入到状态稳定的，并且可以构造同式 (3.31) 类似的输入到状态稳定李雅普诺夫函数 $V_\Pi$ 使得只要 $\nabla V_\Pi$ 存在就有

$$V_\Pi(x) \geqslant u_\Pi \Rightarrow \max_{f \in F(x,u)} \nabla V_\Pi(x) f \leqslant -\alpha_\Pi(V_\Pi(x)) \tag{3.65}$$

式中，$F(x,u) = [F_1^{\mathrm{T}}(x,u_1), \cdots, F_N^{\mathrm{T}}(x,u_N)]^{\mathrm{T}}$。性质 (3.65) 是性质 (3.54) 的推广。

### 3.1.5 由输入到输出稳定的子系统构成的动态网络

对应于定理 2.2，本节介绍由输入到输出稳定的子系统所组成的动态网络的多回路小增益定理。同时也简要讨论一种处理时滞的小增益思想。

考虑一个形式如下式所示的动态网络：

$$\dot{x}_1 = f_1(x_1, y_2, y_3, \cdots, y_n, u_1) \tag{3.66}$$

$$\dot{x}_2 = f_2(x_2, y_1, y_3, \cdots, y_n, u_2) \tag{3.67}$$

$$\vdots$$

$$\dot{x}_n = f_n(x_n, y_1, y_2, \cdots, y_{n-1}, u_n) \tag{3.68}$$

其输出映射为

$$y_i = h_i(x_i), \quad i = 1, \cdots, n \tag{3.69}$$

对每个子系统 $i$，$x_i \in \mathbb{R}^{n_i}$ 是状态，$u_i \in \mathbb{R}^{m_i}$ 是外部输入，$y_i \in \mathbb{R}^{l_i}$ 代表输出，$f_i$ 和 $h_i$ 是局部利普希茨的函数。记 $x = [x_1^{\mathrm{T}}, \cdots, x_n^{\mathrm{T}}]^{\mathrm{T}}$，$y = [y_1^{\mathrm{T}}, \cdots, y_n^{\mathrm{T}}]^{\mathrm{T}}$ 和 $u = [u_1^{\mathrm{T}}, \cdots, u_n^{\mathrm{T}}]^{\mathrm{T}}$。将 $u$ 看作时间的函数，假设 $u$ 是可测且局部本质有界的。

假设每个子系统 $i$ 都是零偏差无界能观的，并且以 $y_j$ 和 $u_i$ 作为输入、$y_i$ 作为输出时是输入到输出稳定的。特别地，存在 $\alpha_i^O \in \mathcal{K}_\infty$，$\beta_i \in \mathcal{KL}$，$\gamma_{ij} \in \mathcal{K}$ 和 $\gamma_i^u \in \mathcal{K}$，

使得

$$|x_i(t)| \leqslant \alpha_i^O \left( |x_i(0)| + \sum_{j\neq i} \|y_j\|_{[0,t]} + \|u_i\|_{[0,t]} \right) \tag{3.70}$$

$$|y_i(t)| \leqslant \max_{j\neq i}\{\beta_i(|x_i(0)|,t), \gamma_{ij}(\|y_j\|_{[0,t]}), \gamma_i^u(\|u_i\|_\infty)\} \tag{3.71}$$

对所有的 $t \in [0, T_{\max})$ 都成立。其中，$[0, T_{\max})$ 是 $(x_1(t), \cdots, x_n(t))$ 的右极大存在区间，并且，$0 < T_{\max} \leqslant \infty$。

定理 3.2 给出了由输入到输出稳定的子系统所组成的动态网络的多回路小增益定理。

**定理 3.2**　*考虑由式 (3.66)～式 (3.69) 描述的动态网络。假设满足式 (3.70) 和式 (3.71)。如果多回路小增益条件 (3.22) 成立，那么该动态网络是无界能观且输入到输出稳定的。*

文献 [95] 提出了针对子系统是输出拉格朗日输入到输出稳定 (output-Lagrange input-to-output stable, OLIOS) 的动态网络的多回路小增益定理，并给出了基于数学归纳法的证明。该证明利用了输出拉格朗日输入到输出稳定性等价于一致有界输入有界状态性质加输出渐近增益性质。但是针对仅仅具有无界能观和输入到输出稳定性的系统，这种证明方法似乎不能直接使用。文献 [21] 给出了一个证明，这个证明可以看成是文献 [14] 和文献 [95] 中两种方法的结合。

针对具有关联时滞的动态网络，多回路小增益条件仍然有效。这一问题在文献 [21] 和文献 [96] 中有所研究。考虑一个动态网络：

$$\dot{x}_1(t) = f_1(x_1(t), y_2(t-\tau_{12}), y_3(t-\tau_{13}), \cdots, y_n(t-\tau_{1n}), u_1(t)) \tag{3.72}$$

$$\dot{x}_2(t) = f_2(x_2(t), y_1(t-\tau_{21}), y_3(t-\tau_{23}), \cdots, y_n(t-\tau_{2n}), u_2(t)) \tag{3.73}$$

$$\vdots$$

$$\begin{aligned}\dot{x}_n(t) = {} & f_n(x_n(t), y_1(t-\tau_{n1}), y_2(t-\tau_{n2}), \cdots, \\ & y_{n-1}(t-\tau_{n(n-1)}), u_n(t))\end{aligned} \tag{3.74}$$

其输出映射的定义见式 (3.69)，式 (3.74) 中 $\tau_{ij} : \mathbb{R}_+ \to [0, \theta]$ 表示从第 $j$ 个子系统到第 $i$ 个子系统的关联时滞 $(i \neq j)$，常数 $\theta \geqslant 0$ 表示时滞上界。针对时滞系统的无界能观和输入到输出稳定性的类似定义可以参考文献 [96]。

直观地说，

$$|y_i(t-\tau_{ji})| \leqslant \|y_i\|_{[-\theta,\infty)} \tag{3.75}$$

因此，可以考虑把时滞环节看作具有单位增益的子系统，如图 3.6 所示。因此，当存在时滞时，多回路小增益结果依然有效。

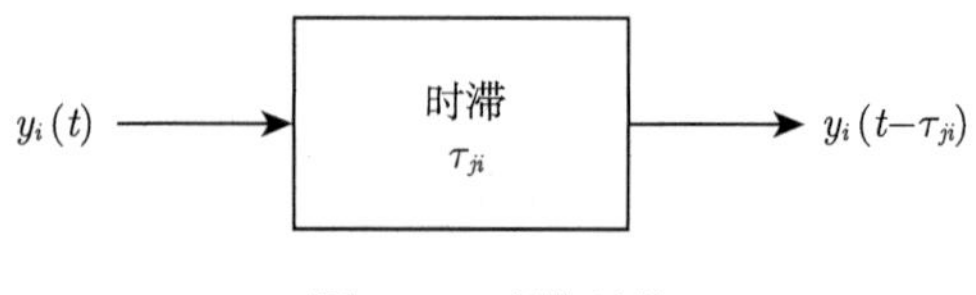


图 3.6 时滞环节

定理 3.3 给出了包含时滞的动态网络的多回路小增益定理。

**定理 3.3** 考虑由式 (3.72)~式 (3.74) 所定义的动态网络，其输出映射为式 (3.69)。假设当不存在时滞 (即 $\theta=0$) 时，每个子系统 $i$ 满足式 (3.70) 和式 (3.71)($i=1,\cdots,n$)。当 $\theta\geqslant 0$ 时，如果满足多回路小增益条件 (3.22)，那么该动态网络是无界能观且输入到输出稳定的。

## 3.2 离散时间动态网络

离散时间系统理论在基于计算机的控制工程应用中十分重要。本节将第 3.1 节中介绍的多回路非线性小增益定理推广至离散时间动态网络。由于离散时间系统具有一些与连续时间系统不同的性质，此推广并非显然。

对应于第 3.1 节中所研究的连续时间动态网络，本节动态网络包含 $N$ 个离散时间子系统，其形式如下：

$$x_i(T+1)=f_i(x(T),u_i(T)),\quad i=1,\cdots,N \tag{3.76}$$

式中，$x=[x_1^{\mathrm{T}},\cdots,x_N^{\mathrm{T}}]^{\mathrm{T}}$；$x_i\in\mathbb{R}^{n_i}$ 代表状态；$u_i\in\mathbb{R}^{n_{ui}}$ 代表外部输入；$f_i$ : $\mathbb{R}^{n+n_{ui}}\to\mathbb{R}^{n_i}$ 是连续函数，其中 $n:=\sum\limits_{i=1}^{N}n_i$。$T$ 在 $\mathbb{Z}_+$ 中取值。假设 $f_i(0,0)=0$。同时假设外部输入 $u=[u_1^{\mathrm{T}},\cdots,u_N^{\mathrm{T}}]^{\mathrm{T}}$ 是有界的。记 $f(x,u)=[f_1^{\mathrm{T}}(x,u_1),\cdots,f_N^{\mathrm{T}}(x,u_N)]^{\mathrm{T}}$。

离散时间系统的输入到状态稳定李雅普诺夫函数有两种表示形式：耗散形式和增益裕度形式。如下首先给出耗散形式。

对 $i=1,\cdots,N$，每一个 $x_i$ 子系统都有一个连续的输入到状态稳定李雅普诺夫函数 $V_i:\mathbb{R}^{n_i}\to\mathbb{R}_+$，其满足：

(1) 存在 $\underline{\alpha}_i,\overline{\alpha}_i\in\mathcal{K}_\infty$，使得

$$\underline{\alpha}_i(|x_i|)\leqslant V_i(x_i)\leqslant\overline{\alpha}_i(|x_i|) \tag{3.77}$$

对所有 $x_i$ 都成立。

(2) 存在 $\alpha_i \in \mathcal{K}_\infty$，$\sigma_{ij} \in \mathcal{K}\bigcup\{0\}$ 和 $\sigma_{ui} \in \mathcal{K}\bigcup\{0\}$，使得

$$\begin{aligned}&V_i(f_i(x,u_i)) - V_i(x_i)\\ \leqslant& -\alpha_i(V_i(x_i)) + \max_{j\neq i}\{\sigma_{ij}(V_j(x_j)), \sigma_{ui}(|u_i|)\}\end{aligned} \tag{3.78}$$

对所有 $x, u_i$ 都成立。

不失一般性地，假设 $(\mathrm{Id} - \alpha_i) \in \mathcal{K}$。若 $(\mathrm{Id} - \alpha_i) \notin \mathcal{K}$，则总能找到一个 $\alpha_i' < \alpha_i$ 满足 $(\mathrm{Id} - \alpha_i') \in \mathcal{K}$。当用 $\alpha_i'$ 代替 $\alpha_i$ 时，式 (3.78) 仍然成立。

取

$$\hat{\gamma}_{ij} = \alpha_i^{-1} \circ (\mathrm{Id} - \rho_i)^{-1} \circ \sigma_{ij} \tag{3.79}$$

作为 $V_j$ 到 $V_i$ 的输入到状态稳定增益。式 (3.79) 中，$\rho_i$ 是一个连续且正定的函数并满足 $(\mathrm{Id} - \rho_i) \in \mathcal{K}_\infty$。

相应地，从外部输入 $u_i$ 到 $V_i$ 的输入到状态稳定增益定义为

$$\hat{\gamma}_{ui} = \alpha_i^{-1} \circ (\mathrm{Id} - \rho_i)^{-1} \circ \sigma_{ui} \tag{3.80}$$

输入到状态稳定李雅普诺夫函数的增益裕度表达形式可以通过修改性质 (2) 获得：存在一个连续且正定的函数 $\alpha_i'$，以及 $\gamma_{ij}', \gamma_{ui}' \in \mathcal{K}\bigcup\{0\}$ 使得

$$\begin{aligned}&V_i(x_i) \geqslant \max_{j\neq i}\left\{\gamma_{ij}'(V_j(x_j)), \gamma_{ui}'(|u_i|)\right\}\\ \Rightarrow& V_i(f_i(x,u_i)) - V_i(x_i) \leqslant -\alpha_i'(V_i(x_i))\end{aligned} \tag{3.81}$$

对所有 $x, u_i$ 都成立。相比于在 3.1 节所讨论的连续时间系统，离散时间系统的轨迹可能“跳出”式 (3.81) 中增益裕度所确定的区域。这就意味着式 (3.81) 中的 $\gamma_{ij}'$ 和 $\gamma_{ui}'$ 并不是准确的输入到状态稳定增益。考虑如下例 3.4。

**例 3.4**　考虑如下离散时间系统：

$$z(T+1) = g(z(T), |w(T)|) \tag{3.82}$$

式中，$z \in \mathbb{R}$ 代表状态；$w \in \mathbb{R}^m$ 代表外部输入；$g : \mathbb{R}^{m+1} \to \mathbb{R}$ 是连续函数，如图 3.7 所示。定义 $V_z(z) = |z|$，总能找到一个足够小的 $\delta > 0$，使得

$$V_z(z) \geqslant (1+\delta)|w| \Rightarrow V_z(g(z,|w|)) - V_z(z) \leqslant -\alpha_z(V_z(z)) \tag{3.83}$$

式中，$\alpha_z$ 是连续且正定的函数。那么，$(1+\delta)$ 是如式 (3.81) 中所定义的“输入到状态稳定增益”。

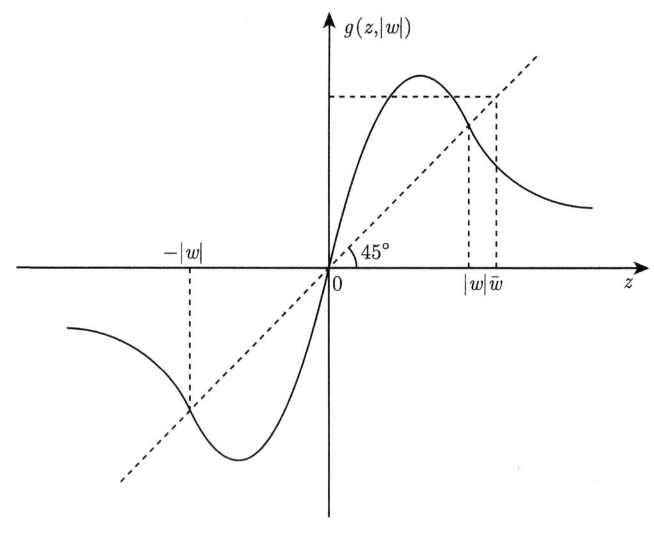


图 3.7　关于离散时间系统增益裕度特性的例子 ($\bar{w}=(1+\delta)|w|$)

但是，从图 3.7 可知，即使 $V_z(z)\leqslant(1+\delta)|w|$，$V_z(g(z,|w|))>(1+\delta)|w|$ 也是有可能的。这就意味着离散时间非线性系统的状态可能会跳出增益裕度定义的区域。针对这一问题，寻找一个 $\alpha_g\in\mathcal{K}$，使得只要 $|z|\leqslant\alpha_g(|w|)$ 就有 $|g(z,|w|)|\leqslant\alpha_g(|w|)$，并将输入到状态稳定增益定义为 $\gamma_w(s)=\max\{(1+\delta)s,\alpha_g(s)\}$。那么，就可以避免“跳出”现象:

$$V_z(z)\geqslant\gamma_w(|w|)\Rightarrow V_z(g(z,|w|))-V_z(z)\leqslant-\alpha_z(V_z(z)) \tag{3.84}$$

$$V_z(z)\leqslant\gamma_w(|w|)\Rightarrow V_z(g(z,|w|))\leqslant\gamma_w(|w|) \tag{3.85}$$

结合例 3.4 的思想，为了解决“跳出”问题，将增益裕度形式 (3.81) 进一步修正为

$$\begin{aligned}&V_i(x_i)\leqslant\max_{j\neq i}\left\{\gamma'_{ij}(V_j(x_j)),\gamma'_{ui}(|u_i|)\right\}\\&\Rightarrow V_i(f_i(x,u_i))\leqslant(\mathrm{Id}-\delta'_i)\left(\max_{j\neq i}\left\{\gamma'_{ij}(V_j(x_j)),\gamma'_{ui}(|u_i|)\right\}\right)\end{aligned} \tag{3.86}$$

式中，$\delta'_i$ 是连续且正定的函数，其满足 $(\mathrm{Id}-\delta'_i)\in\mathcal{K}_\infty$。

综合式 (3.81) 和式 (3.86)，增益裕度形式可以由性质 (1) 和如下性质 (2′) 更精炼地刻画:

(2′) 存在 $\hat{\gamma}_{ij}\in\mathcal{K}\bigcup\{0\}$ 和 $\hat{\gamma}_{ui}\in\mathcal{K}\bigcup\{0\}$，使得

$$\begin{aligned}&V_i(f_i(x,u_i))\leqslant(\mathrm{Id}-\delta_i)\left(\max_{j\neq i}\left\{\hat{\gamma}_{ij}(V_j(x_j)),V_i(x_i),\hat{\gamma}_{ui}(|u_i|)\right\}\right)\\&\forall x,\ u_i\end{aligned} \tag{3.87}$$

式中，$\delta_i$ 是正定的连续函数，满足 $(\mathrm{Id}-\delta_i)\in\mathcal{K}_\infty$。

如下定理 3.4 和定理 3.5 分别给出了耗散形式和增益裕度形式的离散时间动态网络的多回路小增益结论。

**定理 3.4**　考虑离散时间动态网络 (3.76)，其每一个 $x_i$ 子系统具有一个连续的输入到状态稳定李雅普诺夫函数 $V_i$ 满足式 (3.77) 和式 (3.78)。如果存在一个满足 $(\mathrm{Id}-\rho_i)\in\mathcal{K}_\infty$ 的正定的连续函数 $\rho_i$，使得对每一个简单环 $(V_{i_1},V_{i_2},\cdots,V_{i_r},V_{i_1})$，增益式 (3.79) 都满足

$$\hat{\gamma}_{i_1i_2}\circ\hat{\gamma}_{i_2i_3}\circ\cdots\circ\hat{\gamma}_{i_ri_1}<\mathrm{Id}\tag{3.88}$$

式中，$r=2,\cdots,N$；$1\leqslant i_j\leqslant N$(若 $j\neq j'$，则 $i_j\neq i_{j'}$)。那么该动态网络以 $x$ 作为状态、$u$ 作为输入是输入到状态稳定的。

**定理 3.5**　考虑离散时间动态网络 (3.76)，其每一个 $x_i$ 子系统具有一个连续的输入到状态稳定李雅普诺夫函数 $V_i$ 满足式 (3.77) 和式 (3.87)。如果增益有向图的每个简单环 $(V_{i_1},V_{i_2},\cdots,V_{i_r},V_{i_1})$ 都满足

$$\hat{\gamma}_{i_1i_2}\circ\hat{\gamma}_{i_2i_3}\circ\cdots\circ\hat{\gamma}_{i_ri_1}<\mathrm{Id}\tag{3.89}$$

式中，$r=2,\cdots,N$；$1\leqslant i_j\leqslant N$(若 $j\neq j'$，则 $i_j\neq i_{j'}$)。那么动态网络以 $x$ 作为状态、$u$ 作为输入是输入到状态稳定的。

离散时间动态网络的输入到状态稳定李雅普诺夫函数的构造类似于 3.1.2 节中连续时间动态网络输入到状态稳定李雅普诺夫函数的构造。不同之处是对离散时间动态网络构造的输入到状态稳定李雅普诺夫函数只要求是连续的。

定理 3.4 和定理 3.5 的证明分别在第 3.2.1 节和第 3.2.2 节给出。

### 3.2.1　耗散形式描述的离散时间动态网络的多回路小增益定理的证明

在连续时间动态网络的证明中，只考虑了 $\mathbb{V}_\Pi$ 中最大元素的行为。但是，对于离散时间动态网络，需要考虑 $\mathbb{V}_\Pi$ 中所有元素的运动行为。记 $V_\Pi^*(x^*(T))$ 为 $\mathbb{V}_\Pi$ 在 $T$ 时刻的最大元素。那么，$V_\Pi(x(T+1))-V_\Pi(x(T))$ 不仅仅是由最大元素决定的，而是由 $\mathbb{V}_\Pi$ 中所有元素决定的。这是离散时间系统和连续时间系统的另一个不同之处。

由 $\mathbb{V}_\Pi$ 的定义可知，$\mathbb{V}_\Pi(x)$ 中每一个元素都对应于增益有向图中一个简单路径。考虑 $\mathbb{V}_\Pi(x)$ 中对应于简单路径 $n^a=(V_{i_j^a},\cdots,V_{i_2^a},V_{i_1^a})$ 的任意特定元素，如图 3.4 所示。由 $V_\Pi$ 和 $u_\Pi$ 的定义可知

$$\hat{\gamma}_{i_1^ai_2^a}\circ\cdots\circ\hat{\gamma}_{i_{k-1}^ai_k^a}\circ\cdots\circ\hat{\gamma}_{i_{j-1}^ai_j^a}(V_{i_j^a}(x_{i_j^a}))\leqslant V_\Pi(x)\tag{3.90}$$

$$\hat{\gamma}_{i_1^ai_2^a}\circ\cdots\circ\hat{\gamma}_{i_{j-1}^ai_j^a}\circ\hat{\gamma}_{ui_j^a}(|u_{i_j^a}|)\leqslant u_\Pi\tag{3.91}$$

首先研究 $V_\Pi$ 和各个子系统的输入到状态稳定李雅普诺夫函数之间的关系。考虑接下来的两种情况。

第一种情况：当 $l \in \{i_1^a, i_2^a, \cdots, i_{j-1}^a\}$ 时，$V_\Pi$ 与 $V_l$ 的关系。

如果 $j=1$，那么简单环 $n^a$ 仅仅包含第 $i_1^a$ 个子系统。如果 $j \geqslant 2$，那么对所有的 $k \in \{1, \cdots, j-1\}$，都有

$$\hat{\gamma}_{i_1^a i_2^a} \circ \cdots \circ \hat{\gamma}_{i_{k-1}^a i_k^a}(V_{i_k^a}(x_{i_k^a})) \leqslant V_\Pi(x) \tag{3.92}$$

在满足多回路小增益条件的情况下，

$$\hat{\gamma}_{i_k^a i_{k+1}^a} \circ \cdots \circ \hat{\gamma}_{i_{j-1}^a i_j^a} \circ \hat{\gamma}_{i_j^a i_k^a} < \mathrm{Id} \tag{3.93}$$

对所有的 $k \in \{1, \cdots, j-1\}$ 都成立。

那么，由式 (3.92) 和式 (3.93) 可得

$$\hat{\gamma}_{i_1^a i_2^a} \circ \cdots \circ \hat{\gamma}_{i_{k-1}^a i_k^a} \circ \hat{\gamma}_{i_k^a i_{k+1}^a} \circ \cdots \circ \hat{\gamma}_{i_{j-1}^a i_j^a} \circ \hat{\gamma}_{i_j^a i_k^a}(V_{i_k^a}(x_{i_k^a})) \leqslant V_\Pi(x) \tag{3.94}$$

对所有的 $k \in \{1, \cdots, j-1\}$ 都成立。等价地，

$$\hat{\gamma}_{i_1^a i_2^a} \circ \cdots \circ \hat{\gamma}_{i_{j-1}^a i_j^a} \circ \hat{\gamma}_{i_j^a l}(V_l(x_l)) \leqslant V_\Pi(x) \tag{3.95}$$

对所有 $l \in \{i_1^a, i_2^a, \cdots, i_{j-1}^a\}$ 都成立。

第二种情况：当 $l \in \{1, \cdots, N\} \backslash \{i_1^a, i_2^a, \cdots, i_{j-1}^a\}$ 时，$V_\Pi$ 与 $V_l$ 的关系。

如果 $j=N$，那么简单环 $n^a$ 包含动态网络的所有子系统。如果 $j \leqslant N-1$，那么对所有的 $l \in \{1, \cdots, N\} \backslash \{i_1^a, i_2^a, \cdots, i_j^a\}$，直接可得

$$\hat{\gamma}_{i_1^a i_2^a} \circ \cdots \circ \hat{\gamma}_{i_{j-1}^a i_j^a} \circ \hat{\gamma}_{i_j^a l}(V_l(x_l)) \leqslant V_\Pi(x) \tag{3.96}$$

原因是 $\hat{\gamma}_{i_1^a i_2^a} \circ \cdots \circ \hat{\gamma}_{i_{j-1}^a i_j^a} \circ \hat{\gamma}_{i_j^a l}(V_l(x_l))$ 是 $\mathbb{V}_\Pi$ 的一个元素。

根据 $\hat{\gamma}_{i_j^a l}$ 的定义，性质 (3.95) 和 (3.96) 可以等价表示为

$$(\mathrm{Id} - \rho_{i_j^a}) \circ \alpha_{i_j^a} \circ \hat{\gamma}^{-1}_{i_{j-1}^a i_j^a} \circ \cdots \circ \hat{\gamma}^{-1}_{i_1^a i_2^a}(V_\Pi(x)) \geqslant \max_{l \neq i_j^a} \left\{ \sigma_{i_j^a l}(V_l(x_l)) \right\} \tag{3.97}$$

基于式 (3.97) 中 $V_\Pi$ 和各个子系统李雅普诺夫函数之间的关系，可以证明 $V_\Pi$ 是离散时间动态网络的输入到状态稳定李雅普诺夫函数，且满足式 (3.87) 中定义的修正的增益裕度特性。考虑如下两种情况。

第一种情况：$V_\Pi(x) \geqslant u_\Pi$。

由式 (3.91) 可得

$$\hat{\gamma}_{ui_j^a}(|u_{i_j^a}|) \leqslant \hat{\gamma}_{i_{j-1}^a i_j^a}^{-1} \circ \cdots \circ \hat{\gamma}_{i_1^a i_2^a}^{-1}(V_\Pi(x)) \tag{3.98}$$

即

$$\sigma_{ui_j^a}(|u_{i_j^a}|) \leqslant (\mathrm{Id} - \rho_{i_j^a}) \circ \alpha_{i_j^a} \circ \hat{\gamma}_{i_{j-1}^a i_j^a}^{-1} \circ \cdots \circ \hat{\gamma}_{i_1^a i_2^a}^{-1}(V_\Pi(x)) \tag{3.99}$$

结合式 (3.78)、式 (3.90)、式 (3.97) 和式 (3.99) 有

$$\begin{aligned}
V_{i_j^a}(f_{i_j^a}(x, u_{i_j^a})) \leqslant & (\mathrm{Id} - \alpha_{i_j^a})(V_{i_j^a}(x_{i_j^a})) \\
& + \max_{l \neq i_j^a}\left\{\sigma_{i_j^a l}(V_l(x_l)), \sigma_{ui_j^a}(|u_{i_j^a}|)\right\} \\
\leqslant & (\mathrm{Id} - \alpha_{i_j^a}) \circ \hat{\gamma}_{i_{j-1}^a i_j^a}^{-1} \circ \cdots \circ \hat{\gamma}_{i_1^a i_2^a}^{-1}(V_\Pi(x)) \\
& + (\mathrm{Id} - \rho_{i_j^a}) \circ \alpha_{i_j^a} \circ \hat{\gamma}_{i_{j-1}^a i_j^a}^{-1} \circ \cdots \circ \hat{\gamma}_{i_1^a i_2^a}^{-1}(V_\Pi(x)) \\
= & \hat{\gamma}_{i_{j-1}^a i_j^a}^{-1} \circ \cdots \circ \hat{\gamma}_{i_1^a i_2^a}^{-1}(V_\Pi(x)) \\
& - \rho_{i_j^a} \circ \alpha_{i_j^a} \circ \hat{\gamma}_{i_{j-1}^a i_j^a}^{-1} \circ \cdots \circ \hat{\gamma}_{i_1^a i_2^a}^{-1}(V_\Pi(x))
\end{aligned} \tag{3.100}$$

以 $V_{i_j^a}(x_{i_j^a})$ 为 $s$，$\hat{\gamma}_{i_{j-1}^a i_j^a}^{-1} \circ \cdots \circ \hat{\gamma}_{i_1^a i_2^a}^{-1}(V_\Pi(x))$ 为 $s'$，$\rho_{i_j^a} \circ \alpha_{i_j^a}$ 为 $\alpha$,$\hat{\gamma}_{i_1^a i_2^a} \circ \cdots \circ \hat{\gamma}_{i_{j-1}^a i_j^a}$ 为 $\chi$，应用引理 A.3，那么存在一个正定的连续函数 $\tilde{\alpha}_{n^a}$，使得

$$\begin{aligned}
& \hat{\gamma}_{i_1^a i_2^a} \circ \cdots \circ \hat{\gamma}_{i_{j-1}^a i_j^a}(V_{i_j^a}(f_{i_j^a}(x, u_{i_j^a}))) - V_\Pi(x) \\
\leqslant & -\tilde{\alpha}_{n^a} \circ \hat{\gamma}_{i_{j-1}^a i_j^a}^{-1} \circ \cdots \circ \hat{\gamma}_{i_1^a i_2^a}^{-1}(V_\Pi(x)) \\
\leqslant & -\bar{\alpha}_{n^a}(V_\Pi(x))
\end{aligned} \tag{3.101}$$

即

$$\hat{\gamma}_{i_1^a i_2^a} \circ \cdots \circ \hat{\gamma}_{i_{j-1}^a i_j^a}(V_{i_j^a}(f_{i_j^a}(x, u_{i_j^a}))) \leqslant (\mathrm{Id} - \bar{\alpha}_{n^a})(V_\Pi(x)) \tag{3.102}$$

式中，$\bar{\alpha}_{n^a}$ 正定且满足 $(\mathrm{Id} - \bar{\alpha}_{n^a}) \in \mathcal{K}_\infty$。

第二种情况：$V_\Pi(x) < u_\Pi$。

性质 (3.91) 可以写成如下形式：

$$\sigma_{ui_j^a}(|u_{i_j^a}|) \leqslant (\mathrm{Id} - \rho_{i_j^a}) \circ \alpha_{i_j^a} \circ \hat{\gamma}_{i_{j-1}^a i_j^a}^{-1} \circ \cdots \circ \hat{\gamma}_{i_1^a i_2^a}^{-1}(u_\Pi) \tag{3.103}$$

由性质 (3.97) 可见

$$(\mathrm{Id} - \rho_{i_j^a}) \circ \alpha_{i_j^a} \circ \hat{\gamma}_{i_{j-1}^a i_j^a}^{-1} \circ \cdots \circ \hat{\gamma}_{i_1^a i_2^a}^{-1}(u_\Pi) \geqslant \max_{l \neq i_j^a}\left\{\sigma_{i_j^a l}(V_l(x_l))\right\} \tag{3.104}$$

结合式 (3.78)、式 (3.90)、式 (3.103) 和式 (3.104) 有

$$\begin{aligned}V_{i_j^a}(f_{i_j^a}(x,u_{i_j^a})) &\leqslant (\mathrm{Id}-\alpha_{i_j^a})(V_{i_j^a}(x_{i_j^a}))\\&\quad+\max_{l\neq i_j^a}\left\{\sigma_{i_j^a l}(V_l(x_l)),\sigma_{ui_j^a}(|u_{i_j^a}|)\right\}\\&\leqslant (\mathrm{Id}-\alpha_{i_j^a})\circ\hat{\gamma}^{-1}_{i_{j-1}^a i_j^a}\circ\cdots\circ\hat{\gamma}^{-1}_{i_1^a i_2^a}(u_\Pi)\\&\quad+(\mathrm{Id}-\rho_{i_j^a})\circ\alpha_{i_j^a}\circ\hat{\gamma}^{-1}_{i_{j-1}^a i_j^a}\circ\cdots\circ\hat{\gamma}^{-1}_{i_1^a i_2^a}(u_\Pi)\\&=\hat{\gamma}^{-1}_{i_{j-1}^a i_j^a}\circ\cdots\circ\hat{\gamma}^{-1}_{i_1^a i_2^a}(u_\Pi)\\&\quad-\rho_{i_j^a}\circ\alpha_{i_j^a}\circ\hat{\gamma}^{-1}_{i_{j-1}^a i_j^a}\circ\cdots\circ\hat{\gamma}^{-1}_{i_1^a i_2^a}(u_\Pi)\end{aligned}\tag{3.105}$$

应用引理 A.3，与情况 1 类似，可以得到

$$\hat{\gamma}_{i_1^a i_2^a}\circ\cdots\circ\hat{\gamma}_{i_{j-1}^a i_j^a}(V_{i_j^a}(f_{i_j^a}(x,u_{i_j^a})))-u_\Pi\leqslant-\bar{\alpha}_{n^a}(u_\Pi)\tag{3.106}$$

即

$$\hat{\gamma}_{i_1^a i_2^a}\circ\cdots\circ\hat{\gamma}_{i_{j-1}^a i_j^a}(V_{i_j^a}(V_{i_j^a}(f_{i_j^a}(x,u_{i_j^a}))))\leqslant(\mathrm{Id}-\bar{\alpha}_{n^a})(u_\Pi)\tag{3.107}$$

注意到 $\hat{\gamma}_{i_1^a i_2^a}\circ\cdots\circ\hat{\gamma}_{i_{j-1}^a i_j^a}(V_{i_j^a}(x_{i_j^a}))$ 是 $\mathbb{V}_\Pi(x)$ 中的任意元素。$\mathbb{V}_\Pi(x)$ 的所有元素中最小的记为 $\bar{\alpha}_{n^a}$。那么，$\bar{\alpha}_\Pi$ 是正定的连续函数，其满足 $(\mathrm{Id}-\bar{\alpha}_\Pi)\in\mathcal{K}_\infty$。根据情况 1 和情况 2 的讨论有

$$V_\Pi(f(x,u))\leqslant(\mathrm{Id}-\bar{\alpha}_\Pi)(\max\{V_\Pi(x),u_\Pi\})\tag{3.108}$$

它也具有式 (3.87) 所定义的修正增益裕度形式。

在定理 3.4 的证明中，所定义的 $V_\Pi$ 具有增益裕度的形式。与文献 [45] 中的注记 3.3 和文献 [97] 内命题 2.6 的证明相似，也可以基于 $V_\Pi$ 来构造耗散形式下的输入到状态稳定李雅普诺夫函数。应用这些方法的前提是，式 (3.108) 中的 $\alpha_\Pi$ 是 $\mathcal{K}_\infty$ 函数。这个问题已在文献 [98] 的引理 2.8 中解决。

### 3.2.2 增益裕度形式描述的离散时间动态网络的多回路小增益定理的证明

针对增益裕度形式离散时间动态网络，对于 $V_\Pi$，性质 (3.90) 和性质 (3.91) 仍然成立。

与定理 3.4 的证明类似，考虑 $\mathbb{V}_\Pi(x)$ 中的任意一个元素，并记这个元素对应的简单路径为 $n^a=(V_{i_j^a},\cdots,V_{i_2^a},V_{i_1^a})$。与式 (3.95) 和式 (3.96) 类似，最终可以得到

$$\hat{\gamma}_{i_j^a l}(V_l(x_l))\leqslant\hat{\gamma}^{-1}_{i_{j-1}^a i_j^a}\circ\cdots\circ\hat{\gamma}^{-1}_{i_1^a i_2^a}(V_\Pi(x))\tag{3.109}$$

式中，$l\in\{1,\cdots,N\}\backslash\{i_j^a\}$。

当式 (3.95)、式 (3.96) 和式 (3.109) 都满足时，由式 (3.87) 可以得到

$$V_{i_j^a}(f_{i_j^a}(x,u_{i_j^a})) \leqslant (\mathrm{Id}-\delta_{i_j^a})\circ\hat{\gamma}_{i_{j-1}^a i_j^a}^{-1}\circ\cdots\circ\hat{\gamma}_{i_1^a i_2^a}^{-1} \times(\max\{V_\Pi(x),u_\Pi\}) \tag{3.110}$$

利用引理 A.4(见附录 A)，将 $\hat{\gamma}_{i_{j-1}^a i_j^a}^{-1}\circ\cdots\circ\hat{\gamma}_{i_1^a i_2^a}^{-1}$ 看成 $\chi$，将 $\delta_{i_j^a}$ 看成 $\varepsilon$，那么存在一个满足 $(\mathrm{Id}-\bar{\delta}_{i_j^a})\in\mathcal{K}_\infty$ 的正定的连续函数 $\bar{\delta}_{i_j^a}$，使得下式成立：

$$V_{i_j^a}(f_{i_j^a}(x,u_{i_j^a})) \leqslant \hat{\gamma}_{i_{j-1}^a i_j^a}^{-1}\circ\cdots\circ\hat{\gamma}_{i_1^a i_2^a}^{-1} \times(\mathrm{Id}-\bar{\delta}_{i_j^a})(\max\{V_\Pi(x),u_\Pi\}) \tag{3.111}$$

即

$$\hat{\gamma}_{i_1^a i_2^a}\cdots\circ\hat{\gamma}_{i_{j-1}^a i_j^a}(V_{i_j^a}(f_{i_j^a}(x,u_{i_j^a}))) \leqslant(\mathrm{Id}-\bar{\delta}_{i_j^a})(\max\{V_\Pi(x),u_\Pi\}) \tag{3.112}$$

定义 $\bar{\delta}(s)=\min\limits_{i\in\{1,\cdots,N\}}\{\bar{\delta}_i(s)\}$，其中 $s\geqslant 0$。这里的 $\bar{\delta}$ 是正定的连续函数且满足 $(\mathrm{Id}-\bar{\delta})\in\mathcal{K}_\infty$。由于 $n^a$ 对应于 $\mathbb{V}_\Pi(x)$ 里的任意一个元素，因此

$$V_\Pi(f(x,u))\leqslant(\mathrm{Id}-\bar{\delta})(\max\{V_\Pi(x),u_\Pi\}) \tag{3.113}$$

定理 3.5 得证。

下面的例子给出了一个离散时间动态网络的输入到状态稳定李雅普诺夫函数的构造过程。

**例 3.5**　考虑形如式 (3.76) 的一个离散时间动态网络，其中 $N=3$。这个动态网络中各个子系统的动力学定义为如下形式：

$$f_1(x,u_1)=0.6x_1+\max\{0.36x_2^3,3.2x_3^3,u_1\} \tag{3.114}$$

$$f_2(x,u_2)=0.4x_2+\max\{0.6x_1^{1/3},1.2x_3,u_2\} \tag{3.115}$$

$$f_3(x,u_3)=0.2x_3+\max\{0.36x_1^{1/3},0.36x_2,u_3\} \tag{3.116}$$

每个子系统都是输入到状态稳定的，且具有输入到状态稳定李雅普诺夫函数 $V_i(x_i)=|x_i|$，这些输入到状态稳定李雅普诺夫函数满足如下耗散形式：

$$V_i(f_i(x,u_i))-V_i(x_i)=-\alpha_i(V_i(x_i)) +\max_{j\neq i}\{\sigma_{ij}(V_j(x_j)),\sigma_{ui}(u_i)\} \tag{3.117}$$

式中，

$$\begin{cases}\alpha_1(s)=0.4s, & \sigma_{12}(s)=0.36s^3, & \sigma_{13}(s)=3.2s^3, & \sigma_{u1}(s)=s\\ \alpha_2(s)=0.6s, & \sigma_{21}(s)=0.6s^{1/3}, & \sigma_{23}(s)=1.2s, & \sigma_{u2}(s)=s\\ \alpha_3(s)=0.8s, & \sigma_{31}(s)=0.36s^{1/3}, & \sigma_{32}(s)=0.36s, & \sigma_{u1}(s)=s\end{cases} \tag{3.118}$$

令 $\rho_1(s)=\rho_2(s)=\rho_3(s)=0.02s$，定义

$$\begin{cases}\hat{\gamma}_{12}(s)=0.9184s^3, & \hat{\gamma}_{13}(s)=8.1633s^3\\ \hat{\gamma}_{21}(s)=1.0204s^{1/3}, & \hat{\gamma}_{23}(s)=2.0408s\\ \hat{\gamma}_{31}(s)=0.4592s^{1/3}, & \hat{\gamma}_{32}(s)=0.4592s\end{cases} \tag{3.119}$$

将 $\hat{\gamma}_{(\cdot)}$ 看成各个子系统的输入到状态稳定增益。动态网络的增益有向图如图 3.8 所示。

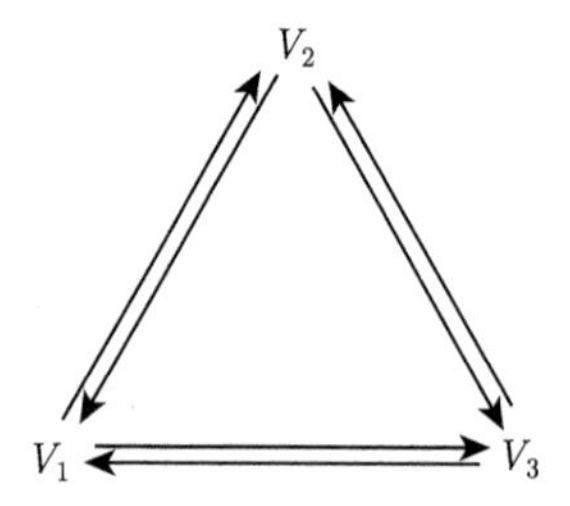


图 3.8 例 3.5 的动态网络增益有向图

显然，该动态网络满足多回路小增益条件：

$$\begin{cases}\hat{\gamma}_{12}\circ\hat{\gamma}_{21}<\mathrm{Id}, \quad \hat{\gamma}_{23}\circ\hat{\gamma}_{32}<\mathrm{Id}, \quad \hat{\gamma}_{31}\circ\hat{\gamma}_{13}<\mathrm{Id}\\ \hat{\gamma}_{12}\circ\hat{\gamma}_{23}\circ\hat{\gamma}_{31}<\mathrm{Id}, \quad \hat{\gamma}_{13}\circ\hat{\gamma}_{32}\circ\hat{\gamma}_{21}<\mathrm{Id}\end{cases} \tag{3.120}$$

因此，它是输入到状态稳定的。

在增益有向图中，$\mathcal{RS}(1)=\{1,2,3\}$。通过选择 $\Pi=\{1\}$，可以构造出动态网络的李雅普诺夫函数，如下式所示：

$$\begin{aligned}V_\Pi(x)&=\max\left\{\begin{array}{l}V_1(x_1),\hat{\gamma}_{12}(V_2(x_2)),\hat{\gamma}_{13}\circ\hat{\gamma}_{32}(V_2(x_2)),\\ \hat{\gamma}_{13}(V_3(x_3)),\hat{\gamma}_{12}\circ\hat{\gamma}_{23}(V_3(x_3))\end{array}\right\}\\ &=\max\{V_1(x_1),0.9184V_2^3(x_2),8.1633V_3^3(x_3)\}\end{aligned} \tag{3.121}$$

相应地，

$$\begin{aligned}u_\Pi&=\max\left\{\begin{array}{l}\sigma_{u1}(u_1),\hat{\gamma}_{12}\circ\sigma_{u2}(u_2),\hat{\gamma}_{13}\circ\hat{\gamma}_{32}\circ\sigma_{u2}(u_2),\\ \hat{\gamma}_{13}\circ\sigma_{u3}(u_3),\hat{\gamma}_{12}\circ\hat{\gamma}_{23}\circ\sigma_{u3}(u_3)\end{array}\right\}\\ &=\max\{2.5|u_1|,4.2516|u_2|^3,15.9439|u_3|^3\}\end{aligned} \tag{3.122}$$

图 3.9 所示为当初始条件为 $x(0)=[0.6,0.87,0.42]^{\mathrm{T}}$、输入为 $u(T)=[0.1\sin(9T),0.1\sin(11T),0.1\sin(17T)]^{\mathrm{T}}$ 时，$V_\Pi$ 和 $u_\Pi$ 的变化曲线。

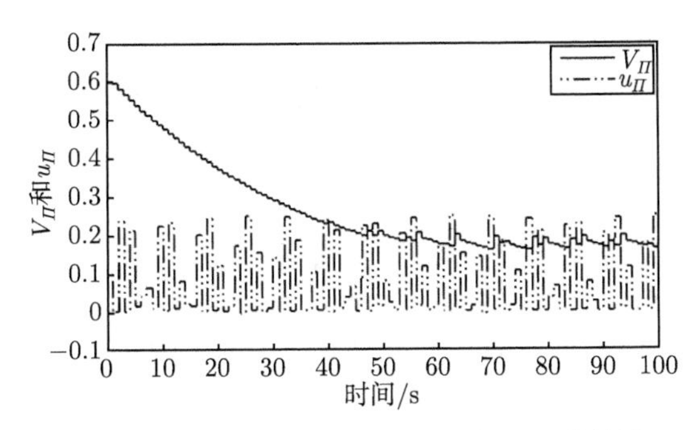


图 3.9　例 3.5 动态网络中 $V_\Pi$ 和 $u_\Pi$ 的轨迹

从图 3.9 可知，$V_\Pi$ 最终收敛到一个由 $|u_\Pi|$ 的幅值所确定的原点邻域。这与结论式 (3.108) 的结果相符。

## 3.3　注　　记

非线性小增益定理近期的一些代表性推广工作包括文献 [21]、[64]、[95] 和文献 [99]~文献 [102] 等。文献 [103] 是首次将单回路的非线性小增益定理推广到多回路的情形，其主要考虑的是离散时间的输入到状态稳定关联系统。之后，文献 [100]、[101]、[104] 针对“加”形关联的动态网络提出了矩阵小增益判据。而文献 [95]、[102] 则基于输入到输出稳定性给出了更一般的多回路小增益定理。该结果所对应的李雅普诺夫描述参见文献 [105]、[106]。需要指出的是，矩阵小增益条件需要判断非线性函数矩阵不等式，这在实际问题中通常难以实现。而根据本章的讨论，多回路小增益条件可以通过直接判断各个子系统增益的大小来较容易地判定。

小增益方法也已经被应用于同时包含连续时间动力学和离散时间动力学的混杂系统，参见文献 [64]、[68]、[69]、[97] 和文献 [107]、[108]。文献 [109] 考虑的是时间触发脉冲的混杂系统，给出了一种基于逆驻留时间的方法来判断混杂系统的输入到状态稳定性。在文献 [97] 中，离散时间动力学是由状态触发的，该结果要求连续时间动力学和离散时间动力学同时具有稳定性才能保证混杂系统的稳定性。关于混杂系统的非线性小增益定理及其李雅普诺夫描述参见文献 [68]、[69]、[108]。这些结果对于研究量化控制、脉冲控制和网络化控制都具有十分重要的意义，参见文献 [107]、[109]。同时，文献 [92] 考虑了具有非连续动力学的非线性系统的输入到状态稳定性问题。而文献 [64]、[110] 通过利用向量李雅普诺夫函数将小增益的相关结果推广到了混杂动态网络。关于这一方向的近期系列成果，可参见文献 [111]。需要指出的是，文献 [68]、[69]、[110] 考虑的是混杂动态网络各个子系统的脉冲同时发生的情况。针对这一问题，文献 [112] 给出了各个子系统的脉冲非同步发生的混杂动态网络的一个多回路非线性小增益定理。针对包含时延的动态网络的多回路非线性小增益定理参见文献 [96]。

本章给出了连续时间、离散时间以及混杂动态网络的多回路非线性小增益定理。这些结果均是基于李雅普诺夫描述的。相关文献包括文献 [95]、[102]、[105]、[106]、[112]。

本章所考虑的连续时间动态网络是由常微分方程描述的。更具一般性的微分包含可以描述更一般的动力学非连续的系统。对于这类系统，多回路非线性小增益条件仍然有效。文献 [92] 将最初的非线性小增益定理推广到了动力学非连续的系统。这一思路同本章的思想相结合即可推出动力学非连续的动态网络的多回路非线性小增益定理。

对于混杂动态网络，本章仅仅考虑了时间触发的脉冲。文献 [69]、[110] 考虑了由状态触发脉冲的混杂系统的小增益定理，其基本工具包括混杂包含 [113] 和混杂系统的输入到状态稳定性刻画 [97]。在这些结果中，不同子系统的脉冲都是由相同的状态条件所触发的。然而，在实际系统中，不同子系统脉冲可能是在不同的条件下触发的。在本章结果的基础上，可以考虑进一步研究不同子系统具有不同脉冲触发条件的多回路非线性小增益定理。

另外，本章仅考虑了动态网络中所有子系统都是稳定的情况。众所周知，不稳定动力学之间的切换也可能实现稳定。这一现象常常使用驻留时间来描述 [109]。文献 [70] 将驻留时间的思想应用于关联的混杂系统的小增益定理。

# 第 4 章 测量反馈控制

直观地说，干扰不会影响线性系统的稳定性，但即使是很小的、有限时间衰减到零的干扰也可能会破坏一个原本稳定的非线性控制系统的稳定性。本章讨论的是受测量干扰影响的非线性系统的控制问题。我们将这一问题称作测量反馈控制问题。图 4.1 所示的是一个测量反馈控制系统的框图，其中 $u$ 是控制输入，$x$ 是状态，$w$ 代表测量误差，$x^m = x + w$ 是状态的测量值。

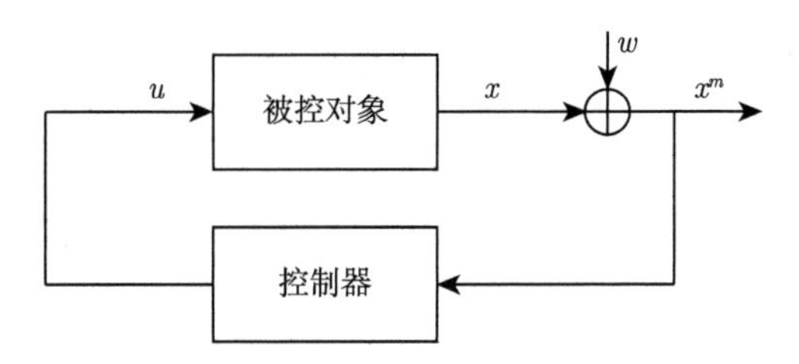


图 4.1 测量反馈控制系统的框图

例 4.1 说明，即使一个系统在没有测量误差时在原点处渐近稳定，也不能保证其受到测量误差影响时鲁棒稳定。

**例 4.1** 考虑如下系统:

$$\dot{x} = x^2 + u \tag{4.1}$$

式中，$x \in \mathbb{R}$ 是状态；$u \in \mathbb{R}$ 是控制输入。如果没有测量误差，那么可以设计一个基于反馈线性化的控制律 $u = -x^2 - 0.1x$。这样，闭环系统动力学就满足 $\dot{x} = -0.1x$，其在原点处是渐近稳定的。如果状态的测量值受加性的测量误差 $w$ 影响，那么所设计的反馈控制律就需要改为 $u = -(x+w)^2 - 0.1(x+w)$，而此时的闭环系统就是

$$\dot{x} = -(0.1 + 2w)x - w^2 - 0.1w \tag{4.2}$$

显然，此时闭环系统的稳定性与 $w$ 的值有关。比如，对满足 $0.1 + 2w < 0$ 和 $-w^2 - 0.1w > 0$ 的所有 $w$，对任意初始条件 $x(0) > 0$，系统的解 $x(t)$ 都是无界的。

为解决存在测量误差时非线性系统的控制问题，本章将介绍一种基于多回路非线性小增益定理的控制器设计方法。需要指出的是，本章所介绍的设计工具对于后续解决量化控制问题和分布式控制问题也是有帮助的。

## 4.1 静态状态测量反馈控制

本节首先介绍一种改进的增益配置方法，其基本思想是通过反馈控制的手段来实现一个系统的输入到状态镇定，同时使受控的闭环系统具有特定增益。

### 4.1.1 一种改进的增益配置方法

考虑系统

$$\dot{\eta} = \phi(\eta, w_1, \cdots, w_{n-2}) + \bar{\kappa} \tag{4.3}$$

$$\eta^m = \eta + w_{n-1} + \operatorname{sgn}(\eta)|w_n| \tag{4.4}$$

式中，$\eta \in \mathbb{R}$ 是状态；$\bar{\kappa} \in \mathbb{R}$ 是控制输入；$w_1, \cdots, w_n \in \mathbb{R}$ 表示外部干扰输入；函数 $\phi(\eta, w_1, \cdots, w_{n-2})$ 是局部利普希茨函数并满足

$$|\phi(\eta, w_1, \cdots, w_{n-2})| \leqslant \psi_\phi(|[\eta, w_1, \cdots, w_{n-2}]^{\mathrm{T}}|) \tag{4.5}$$

对所有 $\eta, w_1, \cdots, w_{n-2}$ 都成立，其中 $\psi_\phi \in \mathcal{K}_\infty$ 是已知的。此处，由式 (4.4) 所定义的 $\eta^m$ 可看作 $\eta$ 的测量值。过去的增益配置相关的文献通常考虑的是 $w_n = 0$ 的情况 [14, 48, 78, 79]。之所以在式 (4.4) 中引入 $\operatorname{sgn}(\eta)|w_n|$ 这个附加项，是因为在处理高维非线性系统的测量反馈控制问题时，不仅需要考虑正常的测量误差，还需处理由迭代设计所引起的子系统之间的相互影响，这种相互影响可转化为 $\operatorname{sgn}(\eta)|w_n|$ 的形式。这也是本节所介绍的方法被称作改进的增益配置方法的原因。

引理 4.1 指出，针对上述被控对象可以设计一个测量反馈控制律，使得闭环系统以干扰作为外部输入是输入到状态稳定的。为便于讨论，定义 $\alpha_V(s) = s^2/2$。

**引理 4.1** 考虑由式 (4.3) 和式 (4.4) 描述的系统。对于任意给定的 $0 < c < 1$、$\epsilon > 0$、$\ell > 0$、$\chi_\eta^{w_1}, \cdots, \chi_\eta^{w_{n-2}} \in \mathcal{K}_\infty$，可以找到一个连续可微、严格递减、径向无界的奇函数 $\kappa : \mathbb{R} \to \mathbb{R}$，使得

$$\bar{\kappa} = \kappa(\eta^m) \tag{4.6}$$

能够镇定闭环系统，并且 $V_\eta(\eta) = \alpha_V(|\eta|)$ 是闭环系统的一个输入到状态稳定李雅普诺夫函数，其满足

$$\begin{aligned} V_\eta(\eta) \geqslant & \max_{k=1,\cdots,n-2} \left\{ \chi_\eta^{w_k}(|w_k|), \alpha_V\left(\frac{|w_{n-1}|}{c}\right), \epsilon \right\} \\ \Rightarrow & \nabla V_\eta(\eta)(\phi(\eta, w_1, \cdots, w_{n-2}) + \kappa(\eta^m)) \leqslant -\ell V_\eta(\eta) \end{aligned} \tag{4.7}$$

对所有 $\eta, w_1, \cdots, w_n$ 都成立。如果进一步假设 $\psi_\phi$ 是局部利普希茨的，且每个 $\chi_\eta^{w_k} (k = 1, \cdots, n-2)$ 都能保证 $\left(\chi_\eta^{w_k}\right)^{-1} \circ \alpha_V$ 是局部利普希茨的，那么就能找到一个合适的 $\kappa$ 使得式 (4.7) 中的 $\epsilon = 0$。

**证明**　当满足式 (4.5) 时，可找到 $\psi_\phi^\eta, \psi_\phi^{w_1}, \cdots, \psi_\phi^{w_{n-2}} \in \mathcal{K}_\infty$ 使得

$$|\phi(\eta, w_1, \cdots, w_{n-2})| \leqslant \psi_\phi^\eta(|\eta|) + \sum_{k=1}^{n-2} \psi_\phi^{w_k}(|w_k|) \tag{4.8}$$

由于 $\psi_\phi^\eta(s) + \sum\limits_{k=1}^{n-2} \psi_\phi^{w_k} \circ \left(\chi_\eta^{w_k}\right)^{-1} \circ \alpha_V(s) + \ell s/2$ 是关于 $s$ 的一个 $\mathcal{K}_\infty$ 类函数，因此对于任意 $0 < c < 1$ 和 $\epsilon > 0$ 都能找到一个 $\nu: \mathbb{R}_+ \to \mathbb{R}_+$，其在 $(0, \infty)$ 上是正的、非减的、连续可微的，并能保证

$$(1-c)\nu((1-c)s)s \geqslant \psi_\phi^\eta(s) + \sum_{k=1}^{n-2} \psi_\phi^{w_k} \circ \left(\chi_\eta^{w_k}\right)^{-1} \circ \alpha_V(s) + \frac{\ell}{2}s \tag{4.9}$$

对所有 $s \geqslant \sqrt{2\epsilon}$ 都成立。

在此基础上定义

$$\kappa(r) = -\nu(|r|)r \tag{4.10}$$

式中，$r \in \mathbb{R}$。显然，$\kappa$ 是连续可微、严格递减、径向无界的奇函数。

对于 $V_\eta(\eta) = \alpha_V(|\eta|) = |\eta|^2/2$，考虑如下情形：

$$V_\eta(\eta) \geqslant \max_{k=1,\cdots,n-2} \left\{ \chi_\eta^{w_k}(|w_k|), \alpha_V\left(\frac{|w_{n-1}|}{c}\right), \epsilon \right\} \tag{4.11}$$

此时有

$$|w_k| \leqslant \left(\chi_\eta^{w_k}\right)^{-1} \circ \alpha_V(|\eta|), \quad k = 1, \cdots, n-2 \tag{4.12}$$

$$|w_{n-1}| \leqslant c\alpha_V^{-1}(V_\eta(\eta)) = c|\eta| \tag{4.13}$$

$$|\eta| \geqslant \sqrt{2\epsilon} \tag{4.14}$$

注意到式 (4.4) 中 $\eta^m$ 的定义。根据 $0 < c < 1$ 和性质 (4.13)，当 $\eta \neq 0$ 时有

$$\operatorname{sgn}(\eta^m) = \operatorname{sgn}(\eta) \tag{4.15}$$

$$|\eta^m| \geqslant (1-c)|\eta| \tag{4.16}$$

在满足式 (4.11) 的情况下，利用式 (4.8)～ 式 (4.10) 和式 (4.12)～ 式 (4.16)，有

$$\begin{aligned}
&\nabla V_\eta(\eta)(\phi(\eta, w_1, \cdots, w_{n-2}) + \kappa(\eta^m)) \\
&= \eta(\phi(\eta, w_1, \cdots, w_{n-2}) - \nu(|\eta^m|)\eta^m) \\
&\leqslant |\eta||\phi(\eta, w_1, \cdots, w_{n-2})| - |\eta|\nu(|\eta^m|)|\eta^m|
\end{aligned}$$

$$
\begin{aligned}
&\leqslant |\eta|\Big(\psi_\phi^\eta(|\eta|)+\sum_{k=1}^{n-2}\psi_\phi^{w_k}(|w_k|)-(1-c)\nu((1-c)|\eta|)|\eta|\Big)\\
&\leqslant |\eta|\Big(\psi_\phi^\eta(|\eta|)+\sum_{k=1}^{n-2}\psi_\phi^{w_k}\circ\left(\chi_\eta^{w_k}\right)^{-1}\circ\alpha_V(|\eta|)-(1-c)\nu((1-c)|\eta|)|\eta|\Big)\\
&\leqslant -\frac{\ell}{2}|\eta|^2=-\ell V_\eta(\eta)
\end{aligned}\tag{4.17}
$$

如果进一步假设 $\psi_\phi$ 是局部利普希茨的，并且每个 $\chi_\eta^{w_k}(k=1,\cdots,n-2)$ 都能保证 $\left(\chi_\eta^{w_k}\right)^{-1}\circ\alpha_V$ 是局部利普希茨的，那么就可以找到一个合适的 $\nu$ 使得式 (4.9) 对所有 $s\geqslant 0$ 都成立。$\epsilon=0$ 的情形亦得证。

如果 $w_{n-1}$ 有界，那么可以使用集值映射来表示 $w_{n-1}$ 的影响。此时，由式 (4.3)、式 (4.4)、式 (4.6) 所组成的闭环系统可使用如下微分包含表示：

$$
\begin{aligned}
\dot\eta&\in\{\phi(\eta,w_1,\cdots,w_{n-2})+\kappa(\eta+a\bar w_{n-1}+\operatorname{sgn}(\eta)|w_n|):|a|\leqslant 1\}\\
&:=F(\eta,w_1,\cdots,w_{n-2},\bar w_{n-1},w_n)
\end{aligned}\tag{4.18}
$$

此处 $\bar w_{n-1}$ 是 $|w_{n-1}|$ 的一个上界。显然 $0\in F(0,\cdots,0)$。同时，性质 (4.7) 可导出如下性质：

$$
\begin{aligned}
&V_\eta(\eta)\geqslant\max_{k=1,\cdots,n-2}\left\{\chi_\eta^{w_k}(|w_k|),\alpha_V\left(\frac{|\bar w_{n-1}|}{c}\right),\epsilon\right\}\\
\Rightarrow&\max_{f\in F(\eta,w_1,\cdots,w_{n-2},\bar w_{n-1},w_n)}\nabla V_\eta(\eta)f\leqslant-\ell V_\eta(\eta)
\end{aligned}\tag{4.19}
$$

需要指出的是，从 $w_n$ 到 $\eta$ 的输入到状态稳定增益是零。同时，性质 (4.19) 表明，从 $w_{n-1}$ 到 $\eta$ 的输入到状态稳定增益是 $1/c$，而常数 $c$ 需满足 $0<c<1$。这就是说，测量误差的影响不能被无限制地抑制。实际上，即便系统 (4.3) 简化为一个线性系统，情况也是如此。参见例 4.2。

**例 4.2** 考虑一个一阶线性时不变系统，其可以看成由式 (4.3) 和式 (4.4) 表示的形式，并且 $w_1,\cdots,w_{n-2},w_n=0$,

$$
\phi(\eta,w_1,\cdots,w_{n-2})=a\eta \tag{4.20}
$$

式中，$a$ 是满足 $0<a\leqslant\bar a$ 的未知常数，但其上界 $\bar a>0$ 是已知的。考虑线性的测量反馈控制律 $u=-k\eta^m$，其中常数 $k>\bar a$。那么，可以得到如下闭环系统：

$$
\dot\eta=(a-k)\eta-kw_{n-1} \tag{4.21}
$$

其可由传递函数等价地表示为

$$
\frac{(\mathcal{L}\eta)(s)}{(\mathcal{L}w_{n-1})(s)}=\frac{-k}{s+(k-a)}=:G(s) \tag{4.22}
$$

式中，$\mathcal{L}$ 表示拉普拉斯变换；$s \in \mathbb{C}$ 是复频域算子。对于线性系统，在频域中可计算从 $w_{n-1}$ 到 $\eta$ 的最大增益为 $\sup\limits_{\omega^f \geqslant 0} |G(j\omega^f)| = k/(k-a)$。显然该增益比 1 大，并且可通过选择足够大的 $k$ 使该增益无限接近 1。这一结果同引理 4.1 的结果是一致的。

对于由标称系统和动态不确定性相互关联而成的系统 [79]，可以使用增益配置技术设计标称系统的控制律使标称系统是输入到状态稳定的并且具有特定的增益，进而通过满足小增益条件使整个关联系统稳定。参见例 4.3。

**例 4.3**　考虑非线性系统

$$\dot{z} = q(z, x) \tag{4.23}$$

$$\dot{x} = f(x, z) + u \tag{4.24}$$

$$x^m = x + w \tag{4.25}$$

式中，$[z, x]^{\mathrm{T}} \in \mathbb{R}^2$ 是状态；$u \in \mathbb{R}$ 是控制输入；$x$ 是可测量的输出；$x^m$ 是 $x$ 的测量值；$w \in \mathbb{R}$ 代表测量误差；$q, f : \mathbb{R}^2 \to \mathbb{R}$ 都是局部利普希茨的函数。对于这个系统，只有测量值 $x^m$ 可用于反馈控制器设计。在这个系统中，$z$ 子系统表示动态不确定性。

假设 $z$ 子系统以 $x$ 为输入的是输入到状态稳定的，且存在一个输入到状态稳定李雅普诺夫函数 $V_z : \mathbb{R} \to \mathbb{R}_+$，满足

$$\underline{\alpha}_z(|z|) \leqslant V_z(z) \leqslant \overline{\alpha}_z(|z|) \tag{4.26}$$

$$V_z(z) \geqslant \chi_z^x(|x|) \Rightarrow \nabla V_z(z) q(z, x) \leqslant -\alpha_z(V_z(z)) \tag{4.27}$$

对所有 $z, x$ 都成立，其中，$\underline{\alpha}_z, \overline{\alpha}_z \in \mathcal{K}_\infty$，$\chi_z^x \in \mathcal{K}$，$\alpha_z$ 是一个正定的连续函数。同时，假设存在一个 $\psi_f \in \mathcal{K}_\infty$，使得

$$|f(x, z)| \leqslant \psi_f(|[x, z]^{\mathrm{T}}|) \tag{4.28}$$

对所有的 $x, z$ 都成立。

根据引理 4.1，可以设计一个控制律 $u = \bar{u}(x^m)$，使得 $x$ 子系统是输入到状态稳定的，并且 $V_x(x) = \alpha_V(|x|) = x^2/2$ 是一个输入到状态稳定李雅普诺夫函数。特别地，对于任意给定的 $\chi_x^z \in \mathcal{K}_\infty$、正定连续函数 $\alpha_x$、常数 $\epsilon > 0$ 都可以设计控制律，使得 $V_x(x) = \alpha_V(|x|) = x^2/2$ 满足

$$\begin{aligned} & V_x(x) \geqslant \max\left\{ \chi_x^z(|z|), \alpha_V\left(\frac{|w|}{c}\right), \epsilon \right\} \\ \Rightarrow & \nabla V_x(x)(f(x, z) + \bar{u}(x^m)) \leqslant -\alpha_x(V_x(x)) \end{aligned} \tag{4.29}$$

对所有的 $x, z, w$ 都成立。也就是说，

$$\begin{aligned}&V_x(x) \geqslant \max\left\{\chi_x^z \circ \underline{\alpha}_z^{-1}(V_z(z)), \alpha_V\left(\frac{|w|}{c}\right), \epsilon\right\}\\&\Rightarrow \nabla V_x(x)(f(x,z)+\bar{u}(x^m)) \leqslant -\alpha_x(V_x(x))\end{aligned} \tag{4.30}$$

对所有的 $x, z, w$ 都成立。

使用性质 (4.27) 可得

$$V_z(z) \geqslant \chi_z^x \circ \alpha_V^{-1}(V_x(x)) \Rightarrow \nabla V_z(z) q(z,x) \leqslant -\alpha_z(V_z(z)) \tag{4.31}$$

上述设计将闭环系统转化成了一个由两个输入到状态稳定的子系统相互关联而成的系统。通过选择 $\chi_x^z$ 使其满足如下小增益条件即可保证闭环系统是输入到状态稳定的:

$$\chi_x^z \circ \underline{\alpha}_z^{-1} \circ \chi_z^x \circ \alpha_V^{-1} < \mathrm{Id} \tag{4.32}$$

使用基于李雅谱诺夫的非线性小增益定理，还可以为闭环系统构造一个李雅普诺夫函数，进而分析测量误差对 $x$ 收敛性的影响。

如果 $\psi_f$ 是局部利普希茨的，并且存在 $\chi_x^z \in \mathcal{K}_\infty$ 使得 $(\chi_x^z)^{-1} \circ \alpha_V$ 是局部利普希茨的且满足式 (4.32) 给出的小增益条件，那么式 (4.30) 中 $\epsilon$ 可取零。

### 4.1.2 高阶非线性系统的情形

迭代设计是高阶非线性系统控制器设计的一种重要方法。通过将增益配置和迭代设计相结合，本节介绍一种针对严格反馈形非线性不确定系统的测量反馈控制器设计方法。

考虑如下受测量误差影响的严格反馈形系统:

$$\dot{x}_i = x_{i+1} + \Delta_i(\bar{x}_i, d), \quad i = 1, \cdots, n-1 \tag{4.33}$$

$$\dot{x}_n = u + \Delta_n(\bar{x}_n, d) \tag{4.34}$$

$$x_i^m = x_i + w_i, \quad i = 1, \cdots, n \tag{4.35}$$

式中，$[x_1, \cdots, x_n]^{\mathrm{T}} := x \in \mathbb{R}^n$ 是状态；$u \in \mathbb{R}$ 是控制输入；$d \in \mathbb{R}^{n_d}$ 表示外部干扰输入；$x_i^m$ 是 $x_i$ 的测量值；$w_i$ 表示测量误差；$\bar{x}_i = [x_1, \cdots, x_i]^{\mathrm{T}}$；$\Delta_i$ 是未知的、局部利普希茨的函数。

对由式 (4.33)~ 式 (4.35) 所描述的系统做如下假设。

**假设 4.1** 对 $i = 1, \cdots, n$，存在已知的 $\psi_{\Delta_i} \in \mathcal{K}_\infty$ 使得

$$|\Delta_i(\bar{x}_i, d)| \leqslant \psi_{\Delta_i}(|[\bar{x}_i^{\mathrm{T}}, d^{\mathrm{T}}]^{\mathrm{T}}|) \tag{4.36}$$

对所有 $\bar{x}_i, d$ 都成立。

**假设 4.2**　存在常数 $\bar{d} \geqslant 0$ 使得

$$|\mathrm{d}(t)| \leqslant \bar{d} \tag{4.37}$$

对所有 $t \geqslant 0$ 都成立。

**假设 4.3**　对 $i = 1, \cdots, n$，存在常数 $\bar{w}_i > 0$ 使得

$$|w_i(t)| \leqslant \bar{w}_i \tag{4.38}$$

对所有 $t \geqslant 0$ 都成立。

如果由式 (4.33) 和式 (4.34) 所描述的系统不受测量误差的影响，即 $w_i = 0$，那么已有的小增益设计方法就可以解决其镇定问题 [78]。该结果还能够处理更复杂的带有动态不确定性的系统。

如果由式 (4.33) 和式 (4.34) 所描述的系统不受测量误差的影响，那么可以设计如下形式的镇定控制器：

$$x_1^* = \breve{\kappa}_1(x_1) \tag{4.39}$$

$$x_{i+1}^* = \breve{\kappa}_i(x_i - x_i^*), \quad i = 2, \cdots, n-1 \tag{4.40}$$

$$u = \breve{\kappa}_n(x_n - x_n^*) \tag{4.41}$$

式中，$u$ 是控制变量；$\breve{\kappa}_i$ 是合理选择的非线性函数。对于这种设计，可以通过定义如下形式的状态变换来分析闭环系统的稳定性：

$$e_1 = x_1 \tag{4.42}$$

$$e_i = x_i - \breve{\kappa}_{i-1}(e_{i-1}), \quad i = 2, \cdots, n \tag{4.43}$$

为保证新定义的状态变量连续可微，这里所选择的函数 $\breve{\kappa}_i$ 必须是连续可微的。

在存在测量误差的情况下，一个最直接的办法是使用 $x_i^m$ 来直接代替式 (4.39)~式 (4.41) 中的 $x_i$。那么就得到如下形式的测量反馈控制律：

$$x_1^* = \kappa_1(x_1^m) \tag{4.44}$$

$$x_{i+1}^* = \kappa_i(x_i^m - x_i^*), \quad i = 2, \cdots, n-1 \tag{4.45}$$

$$u = \kappa_n(x_n^m - x_n^*) \tag{4.46}$$

这种情况下，式 (4.42) 和式 (4.43) 就应改为

$$e_1 = x_1^m \tag{4.47}$$

$$e_i = x_i^m - \kappa_{i-1}(e_{i-1}), \quad i = 2, \cdots, n \tag{4.48}$$

显然，如果测量误差不可导，$e_i(i=2,\cdots,n)$ 就不可导，那么就不能使用 $e_i$ 作为闭环系统的状态来分析闭环系统的稳定性了。为了摆脱这一困扰，可以进一步假设测量误差连续可微。但这种假设对实际系统就过于苛刻了。

本节的目的是设计一种新的测量反馈控制器，其能够达成以下目的：

(1) 处理不可导甚至不连续的测量误差；

(2) 最大限度地降低测量误差对控制系统的影响。

### 4.1.3 迭代设计

本节介绍一种使用集值映射处理测量误差的方法。通过这种新的设计，闭环系统将转化为由微分包含表示的、多个子系统相互关联的形式。特别地，通过如下变换，以 $[x_1,\cdots,x_n]^{\mathrm{T}}$ 为状态的系统将转化为如下以 $[e_1,\cdots,e_n]^{\mathrm{T}}$ 为状态的系统：

$$e_1 = x_1 \tag{4.49}$$

$$e_i = \vec{d}(x_i, S_{i-1}(\bar{x}_{i-1})), \quad i=2,\cdots,n \tag{4.50}$$

此处 $S_i:\mathbb{R}^i \rightsquigarrow \mathbb{R}$ 是一个合理选择的集值映射。对任意 $z\in\mathbb{R}$ 和任意紧集 $\Omega\subset\mathbb{R}$，$\vec{d}$ 定义为

$$\vec{d}(z,\Omega) := z - \underset{z'\in\Omega}{\arg\min}\{|z-z'|\} \tag{4.51}$$

为便于表示，定义 $\bar{e}_i = [e_1,\cdots,e_i]^{\mathrm{T}}$, $W_i = [\bar{w}_1,\cdots,\bar{w}_i]^{\mathrm{T}}$, $x_{n+1} = u$。

1. 第一步：$e_1$ 子系统

对 $e_1$ 求导可得

$$\begin{aligned}\dot{e}_1 &= x_2 + \Delta_1(\bar{x}_1, d)\\ &= x_2 - e_2 + \Delta_1(\bar{x}_1, d) + e_2\end{aligned} \tag{4.52}$$

注意到 $e_2 = \vec{d}(x_2, S_1(\bar{x}_1))$，于是，

$$x_2 - e_2 \in S_1(\bar{x}_1) \tag{4.53}$$

定义集值映射 $S_1$ 为

$$S_1(\bar{x}_1) = \{\kappa_1(x_1 + a_1\bar{w}_1) : |a_1| \leqslant 1\} \tag{4.54}$$

式中，$\kappa_1:\mathbb{R}\to\mathbb{R}$ 是一个连续可微、严格递减、径向无界的奇函数。

由于 $\kappa_1$ 严格递减，$\max S_1(\bar{x}_1) = \kappa_1(x_1 - \bar{w}_1)$，$\min S_1(\bar{x}_1) = \kappa_1(x_1 + \bar{w}_1)$。集值映射 $S_1$ 和新的状态变量 $e_2$ 的定义如图 4.2 所示。

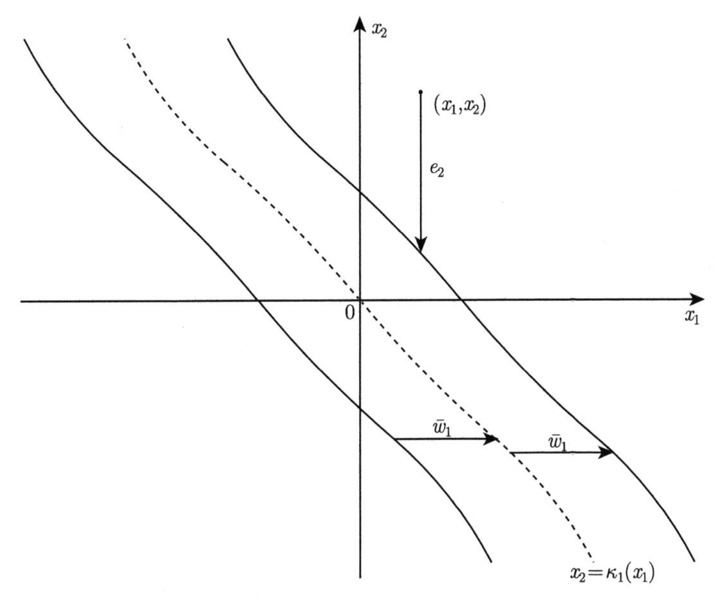


图 4.2　集值映射 $S_1$ 的边界和 $e_2$ 的定义

直观地说，如果 $x_2$ 是 $e_1$ 子系统的控制输入，可以考虑测量反馈控制律 $x_2 = \kappa_1(x_1 + w_1) = \kappa_1(e_1 + w_1)$。显然，这样的控制律所对应的函数是所设计的集值映射 $S_1$ 的一个选择。需要注意的是，这里所说的"选择"是一个数学概念。直观地说，对于具有相同定义域的一个函数和一个集值映射，如果对应于定义域中任意自变量的函数值都属于集值映射对应于该自变量的集合，那么该函数就是该集值映射的一个选择 [114]。

而事实上 $x_2$ 并不是 $e_1$ 子系统的控制输入。利用集值映射 $S_1$ 进行设计的好处就在于这样所定义的 $e_2$ 是几乎处处可导的。这样就解决了由测量误差不可导所导致的问题。

2. 迭代步：$e_i$ 子系统 $(i = 2, \cdots, n)$

为便于讨论，记 $S_0(\bar{x}_0) = \{0\}$。对 $k = 1, \cdots, i-1$，定义

$$S_k(\bar{x}_k) = \{\kappa_k(x_k - p_{k-1} + a_k\bar{w}_k) : p_{k-1} \in S_{k-1}(\bar{x}_{k-1}),\ |a_k| \leqslant 1\} \tag{4.55}$$

式中，$\kappa_k : \mathbb{R} \to \mathbb{R}$ 是一个连续可微、严格递减、径向无界的奇函数。

**引理 4.2**　考虑由式 (4.33)~ 式 (4.35) 所描述的系统，并假设其满足假设 4.1~ 假设 4.3。如果对 $k = 1, \cdots, i-1$，$S_k$ 均定义为式 (4.55)，那么当 $e_i \neq 0$ 时，$e_i$ 满足

$$\dot{e}_i = x_{i+1} + \phi_i^*(\bar{x}_i, d) \tag{4.56}$$

式中，

$$|\phi_i^*(\bar{x}_i, d)| \leqslant \psi_{\phi_i^*}(|[\bar{e}_i^{\mathrm{T}}, d^{\mathrm{T}}, W_{i-1}^{\mathrm{T}}]^{\mathrm{T}}|) \tag{4.57}$$

并且 $\psi_{\phi_i^*}$ 是一个已知的 $\mathcal{K}_\infty$ 类函数。如果对 $k=1,\cdots,i$，$\psi_{\Delta_k}$ 均是局部利普希茨的，那么就存在局部利普希茨的 $\psi_{\phi_i^*} \in \mathcal{K}_\infty$。

定义集值映射 $S_i$ 为

$$S_i(\bar{x}_i) = \{\kappa_i(x_i - p_{i-1} + a_i\bar{w}_i) : p_{i-1} \in S_{i-1}(\bar{x}_{i-1}), |a_i| \leqslant 1\} \tag{4.58}$$

式中，$\kappa_i$ 是一个连续可微、严格递减、径向无界的奇函数。

那么，$e_i$ 子系统就可写作

$$\dot{e}_i = x_{i+1} - e_{i+1} + \phi_i^*(\bar{x}_i, d) + e_{i+1} \tag{4.59}$$

由 $e_{i+1} = \vec{d}(x_{i+1}, S_i(\bar{x}_i))$ 的定义可知

$$x_{i+1} - e_{i+1} \in S_i(\bar{x}_i) \tag{4.60}$$

可以注意到，式 (4.54) 所定义的 $S_1(\bar{x}_1)$ 也具有式 (4.58) 的形式。在这种情况下，$S_0(\bar{x}_0) = \{0\}$，并且式 (4.52) 所定义的 $e_1$ 子系统也具有式 (4.59) 的形式。

3. 状态反馈控制律和闭环系统

设计如下测量反馈控制律：

$$p_1^* = \kappa_1(x_1^m), \tag{4.61}$$

$$p_i^* = \kappa_i(x_i^m - p_{i-1}^*), \quad i = 2, \cdots, n-1 \tag{4.62}$$

$$u = \kappa_n(x_n^m - p_{n-1}^*) \tag{4.63}$$

注意到 $x_i^m = x_i + w_i$。显然，

$$p_1^* \in S_1(\bar{x}_1) \Rightarrow \cdots \Rightarrow p_i^* \in S_i(\bar{x}_i) \Rightarrow \cdots \Rightarrow u \in S_n(\bar{x}_n) \tag{4.64}$$

也就是说，$e_{n+1} = 0$。

根据上述讨论，当 $e_i \neq 0$ 时，可以用微分包含表示 $e_i$ 子系统：

$$\begin{aligned}\dot{e}_i &\in \{p_i + \phi_i^*(\bar{x}_i, d) + e_{i+1} : p_i \in S_i(\bar{x}_i)\} \\ &:= F_i(\bar{x}_i, e_{i+1}, d)\end{aligned} \tag{4.65}$$

因此，由式 (4.33)∼ 式 (4.35) 所描述的被控对象和由式 (4.61)∼ 式 (4.63) 描述的控制律所构成的闭环系统可以转化为由多个微分包含表示的 $e_i$ 子系统所构成的动态网络。

再者，当 $e_i \neq 0$ 时，对于每个 $p_{i-1} \in S_{i-1}(\bar{x}_{i-1})$ 都有 $|x_i - p_{i-1}| > |e_i|$ 且 $\text{sgn}(x_i - p_{i-1}) = \text{sgn}(e_i)$。这表明 $\text{sgn}(x_i - e_i - p_{i-1}) = \text{sgn}(e_i)$。因此，$S_i(\bar{x}_i)$ 可改写为

$$S_i(\bar{x}_i) = \left\{\kappa_i(e_i + \text{sgn}(e_i)|w_{i0}| + a_i\bar{w}_i) : |a_i| \leqslant 1\right\} \tag{4.66}$$

式中，$w_{i0} = x_i - e_i - p_{i-1}$，其中 $p_{i-1} \in S_{i-1}(\bar{x}_{i-1})$。

由式 (4.65)、式 (4.66) 可知，每个 $e_i$ 子系统都具有式 (4.18) 的形式。这样的系统就可以使用 4.1.1 节所介绍的增益配置技术来保证输入到状态稳定性，并设计特定的增益以满足小增益条件。

顺便指出，如果没有测量误差，那么上述问题就简化为 2.3 节所考虑的情形。对于这种简化的情形，状态变换式 (4.49) 和式 (4.50) 就可简化为

$$e_1 = x_1 \tag{4.67}$$

$$e_i = x_i - \kappa_{i-1}(e_{i-1}), \quad i = 2, \cdots, n \tag{4.68}$$

而由式 (4.61)~ 式 (4.63) 所描述的控制律就可写为

$$p_1^* = \kappa_1(x_1) \tag{4.69}$$

$$p_i^* = \kappa_i(x_i - p_{i-1}^*), \quad i = 2, \cdots, n-1 \tag{4.70}$$

$$u = \kappa_n(x_n - p_{n-1}^*) \tag{4.71}$$

### 4.1.4　基于多回路非线性小增益定理的系统集成

定义

$$V_i(e_i) = \alpha_V(|e_i|) := \frac{1}{2}|e_i|^2 \tag{4.72}$$

为 $e_i$ 子系统的 (候选) 输入到状态稳定李雅普诺夫函数。为便于讨论，记 $V_{n+1}(e_{n+1}) = \alpha_V(|e_{n+1}|)$。

考虑 $e_i$ 子系统 (4.65)，其中 $S_i$ 定义为式 (4.66)。使用引理 4.1，对于任意给定的 $\epsilon_i > 0$、$\ell_i > 0$、$0 < c_i < 1$、$\gamma_{e_i}^{e_k}, \gamma_{e_i}^{w_k} \in \mathcal{K}_\infty$ $(k = 1, \cdots, i-1)$、$\gamma_{e_i}^{e_{i+1}}, \gamma_{e_i}^{d} \in \mathcal{K}_\infty$，可以找到一个连续可微、严格递减、径向无界的奇函数 $\kappa_i$，使得

$$\begin{aligned} V_i(e_i) \geqslant \max_{k=1,\cdots,i-1} &\left\{ \begin{array}{l} \gamma_{e_i}^{e_k} \circ \alpha_V(|e_k|), \gamma_{e_i}^{e_{i+1}} \circ \alpha_V(|e_{i+1}|), \\ \gamma_{e_i}^{w_k}(\bar{w}_k), \gamma_{e_i}^{w_i}(\bar{w}_i), \gamma_{e_i}^{d}(\bar{d}), \epsilon_i \end{array} \right\} \\ \Rightarrow \max_{f_i \in F_i(\bar{x}_i, e_{i+1}, d)} &\nabla V_i(e_i) f_i \leqslant -\ell_i V_i(e_i) \end{aligned} \tag{4.73}$$

因此，

$$V_i(e_i) \geqslant \max_{k=1,\cdots,i-1} \left\{ \begin{array}{l} \gamma_{e_i}^{e_k}(V_k(e_k)), \gamma_{e_i}^{e_{i+1}}(V_{i+1}(e_{i+1})), \\ \gamma_{e_i}^{w_k}(\bar{w}_k), \gamma_{e_i}^{w_i}(\bar{w}_i), \gamma_{e_i}^{d}(\bar{d}), \epsilon_i \end{array} \right\}$$
$$\Rightarrow \max_{f_i \in F_i(\bar{x}_i, e_{i+1}, d)} \nabla V_i(e_i) f_i \leqslant -\ell_i V_i(e_i) \tag{4.74}$$

式中，

$$\gamma_{e_i}^{w_i}(s) = \alpha_V\left(\frac{s}{c_i}\right) \tag{4.75}$$

记 $e = \bar{e}_n = [e_1, \cdots, e_n]^{\mathrm{T}}$。$e$ 系统的内部关联结构和子系统之间的增益关系如图 4.3 所示。

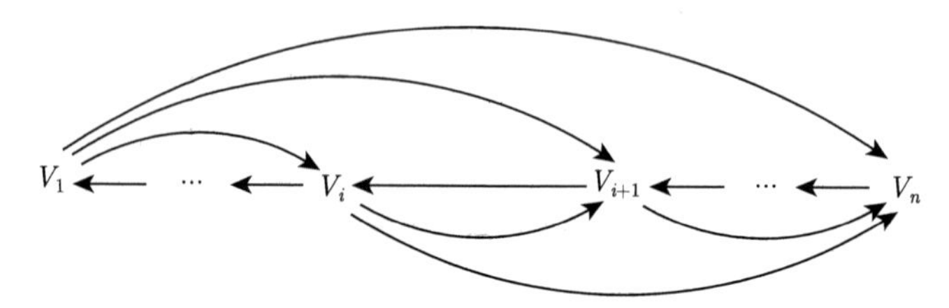


图 4.3　$e$ 系统的内部关联结构和增益关系

根据上述迭代设计，设计出 $\bar{e}_{i-1}$ 系统后，通过为 $e_i$ 子系统选择合适的集值映射 $S_i$，可以设计输入到状态稳定增益 $\gamma_{e_i}^{e_k}$，使得

$$\left.\begin{array}{r} \gamma_{e_1}^{e_2} \circ \gamma_{e_2}^{e_3} \circ \gamma_{e_3}^{e_4} \circ \cdots \circ \gamma_{e_{i-1}}^{e_i} \circ \gamma_{e_i}^{e_1} < \mathrm{Id} \\ \gamma_{e_2}^{e_3} \circ \gamma_{e_3}^{e_4} \circ \cdots \circ \gamma_{e_{i-1}}^{e_i} \circ \gamma_{e_i}^{e_2} < \mathrm{Id} \\ \vdots \\ \gamma_{e_{i-1}}^{e_i} \circ \gamma_{e_i}^{e_{i-1}} < \mathrm{Id} \end{array}\right\} \tag{4.76}$$

重复运用这一设计过程即可保证式 (4.76) 对所有的 $2 \leqslant i \leqslant n$ 都成立，从而使整个 $e$ 系统满足多回路小增益条件。

在满足小增益条件的基础上，使用基于李雅普诺夫的多回路非线性小增益定理就可以为 $e$ 系统构造一个输入到状态稳定李雅普诺夫函数：

$$V(e) = \max_{i=1,\cdots,n} \{\sigma_i(V_i(e_i))\} \tag{4.77}$$

式中，$\sigma_1(s) = s$；$\sigma_i(s) = \gamma_{e_1}^{e_2} \circ \cdots \circ \hat{\gamma}_{e_{i-1}}^{e_i}(s)$。$\hat{\gamma}_{(\cdot)}^{(\cdot)}$ 是 $\mathcal{K}_\infty$ 类函数，在 $(0, \infty)$ 上连续可微，略大于相应的 $\gamma_{(\cdot)}^{(\cdot)}$，而且还满足多回路小增益条件。

将 $w_i$、$\epsilon_i$ 和 $d$ 的影响表示为

$$\theta = \max_{i=1,\cdots,n}\left\{\sigma_i\left(\max_{k=1,\cdots,i}\left\{\gamma_{e_i}^{w_k}(\bar{w}_k), \gamma_{e_i}^{d}(\bar{d}), \epsilon_i\right\}\right)\right\} \tag{4.78}$$

于是，

$$V(e) \geqslant \theta \Rightarrow \max_{f\in F(x,e,d)} \nabla V(e) f \leqslant -\alpha(V(e)) \quad \text{a.e.} \tag{4.79}$$

式中，$F(x,e,d) = [F_1(\bar{x}_1, e_2, d), \cdots, F_n(\bar{x}_n, e_{n+1}, d)]^{\mathrm{T}}$；$\alpha$ 是连续的正定函数。

选择足够小的 $\gamma_{e_i}^{w_k}(i=2,\cdots,n;\ k=1,\cdots,i-1)$、$\gamma_{e_i}^{d}(i=1,\cdots,n)$、$\epsilon_i(i=1,\cdots,n)$、$\gamma_{e_i}^{e_{i+1}}(i=1,\cdots,n-1)$，可使 $\sigma_i(i=2,\cdots,n)$ 足够小。从而得到

$$\theta = \gamma_{e_1}^{w_1}(\bar{w}_1) = \alpha_V\left(\frac{\bar{w}_1}{c_1}\right) \tag{4.80}$$

进一步由式 (4.79) 可得

$$V(e) \geqslant \alpha_V\left(\frac{\bar{w}_1}{c_1}\right) \Rightarrow \max_{f\in F(x,e,d)} \nabla V(e) f \leqslant -\alpha(V(e)) \tag{4.81}$$

几乎处处成立。

性质 (4.81) 表明 $V(e)$ 最终收敛到 $V(e) \leqslant \alpha_V(\bar{w}/c_1)$ 区域内。进而，由 $e_1$、$V_1(e_1)$、$V(e)$ 的定义可知 $|x_1| = |e_1| = \alpha_V^{-1}(V_1(e_1)) \leqslant \alpha_V^{-1}(V(e))$。这表明 $x_1$ 最终收敛到 $|x_1| \leqslant \bar{w}_1/c_1$ 所定义的区域内。注意到只要常数 $c_1$ 可以在 $(0,1)$ 区间内任意选取，通过选取 $c_1$ 无限接近 1，$x_1$ 可以被控制到任意接近区域 $|x_1| \leqslant \bar{w}_1$ 的范围内。

根据上述设计，由于存在非零 $\epsilon_i$ 项，即使 $d \equiv 0$，$w_i \equiv 0(i=1,\cdots,n)$，也不能保证闭环系统的渐近稳定性。如果假设 4.1 中的 $\psi_{\Delta_i}$ 是在任意紧集上利普希茨的，那么这个问题就可以解决。在这种情况下，对于每一个 $e_i$ 子系统，可找到一个在任意紧集上是利普希茨的 $\psi_{\phi_i^*}$ 使得式 (4.57) 成立。然后，根据引理 4.1，对于 $k=1,\cdots,i-1$，选择 $\gamma_{e_i}^{e_k}$ 和 $\gamma_{e_i}^{d}$ 使得 $\left(\gamma_{e_i}^{e_k}\circ\alpha_V\right)^{-1}\circ\alpha_V$ 和 $\left(\gamma_{e_i}^{d}\right)^{-1}\circ\alpha_V$ 在任意紧集上是利普希茨的，从而使式 (4.73) 和式 (4.74) 中的 $\epsilon_i = 0$。如果 $d \equiv 0$ 且 $w_i \equiv 0(i=1,\cdots,n)$，那么就可实现渐近稳定。

定理 4.1 给出了一类非线性不确定系统测量反馈控制的主要结果。

**定理 4.1** 考虑由式 (4.33)~ 式 (4.35) 所描述的系统，其测量反馈控制律为式 (4.61)~ 式 (4.63)。如果满足假设 4.1~ 假设 4.3，那么闭环系统中的所有信号有界，并且状态 $x_1$ 渐近收敛到由 $|x_1| \leqslant \bar{w}_1$ 所定义的区域。如果系统无干扰，即 $d \equiv 0$ 且 $w_i \equiv 0(i=1,\cdots,n)$，并且假设 4.1 中 $\psi_{\Delta_i}(i=1,\cdots,n)$ 在任意紧集上是利普希茨的，那么就可以设计形如式 (4.61)~ 式 (4.63) 的控制律，使得 $x_1$ 渐近收敛于原点。

应该注意的是，本节中提出的设计也可以应用于具有动态不确定性的严格反馈形系统：

$$\dot{z} = g(z, x_1, d) \tag{4.82}$$

$$\dot{x}_i = x_{i+1} + \Delta_i(\bar{x}_i, z, d), \quad i = 1, \cdots, n-1 \tag{4.83}$$

$$\dot{x}_n = u + \Delta_n(\bar{x}_n, z, d) \tag{4.84}$$

$$x_i^m = x_i + w_i, \quad i = 1, \cdots, n \tag{4.85}$$

式中，$z$ 子系统表示动态不确定性，$z \in \mathbb{R}^m$。如果 $z$ 子系统以 $x_1$ 和 $d$ 为输入是输入到状态稳定的，那么利用本节所提出的方法仍可以将受控的 $x$ 子系统转化为一个输入到状态稳定的子系统，并且进一步使用多回路非线性小增益定理解决控制问题。

## 4.2 事件触发和自触发控制

事件触发控制系统本质上是一类采样控制系统。与传统的周期性采样相比，事件触发控制系统中采样时刻是由基于系统状态的事件发生器实时决定的。因此，事件触发控制为进一步提高采样控制系统的性能提供了可能 [115, 116]。

考虑如下一般形式的状态反馈事件触发控制系统：

$$\dot{x}(t) = f(x(t), u(t)) \tag{4.86}$$

$$u(t) = v(x(t_k)), \quad t \in [t_k, t_{k+1}), \ k \in \mathbb{S} \tag{4.87}$$

式中，$x \in \mathbb{R}^n$ 是系统状态；$u \in \mathbb{R}^m$ 是控制输入；$f : \mathbb{R}^n \times \mathbb{R}^m \to \mathbb{R}^n$ 和 $v : \mathbb{R}^n \to \mathbb{R}^m$ 是局部利普希茨函数，分别表示系统动力学和控制律；$t_k$ 表示采样时刻；$\mathbb{S} \subseteq \mathbb{Z}_+$ 表示全部采样时刻的集合。假设系统动力学满足 $f(0, v(0)) = 0$。采样时刻序列 $\{t_k\}_{k\in\mathbb{S}}$ 是由系统状态的实时测量值决定的。如果采样时刻有无限多个，那么 $\mathbb{S} = \mathbb{Z}_+$；否则 $\mathbb{S} = \{0, \cdots, k^*\}$，其中 $k^* \in \mathbb{Z}_+$ 代表最后一次采样的时刻。为便于标记，记 $t_{k^*+1} = \infty$。事件触发控制系统的框图如图 4.4 所示。

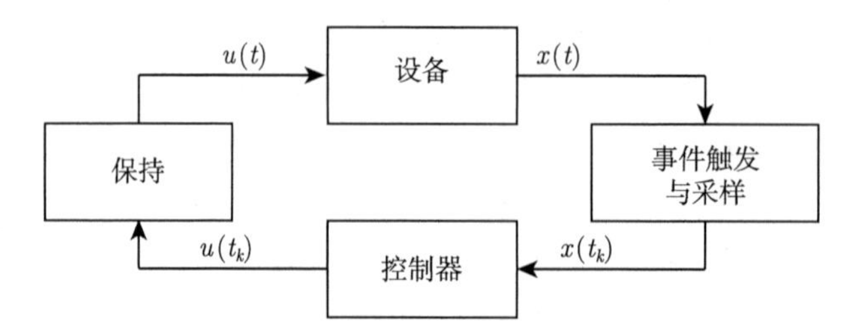


图 4.4 事件触发控制系统框图

定义

$$w(t)=x(t_k)-x(t),\quad t\in[t_k,t_{k+1}),\ k\in\mathbb{S} \tag{4.88}$$

表示由采样所引起的测量误差，那么

$$u(t)=v(x(t)+w(t)) \tag{4.89}$$

将式 (4.89) 式代入式 (4.86) 中可得

$$\begin{aligned}\dot{x}(t)&=f(x(t),v(x(t)+w(t)))\\&:=\bar{f}(x(t),x(t)+w(t))\end{aligned} \tag{4.90}$$

显然，事件触发控制问题与测量反馈控制问题有密切联系。但是，由基于事件触发的采样所造成的测量误差 $w$ 是可调的。代表性的事件触发控制的目标是通过实时调整 $w$ 使系统状态 $x(t)$ 收敛到平衡点 (原点)。

此系统的框图如图 4.5 所示。

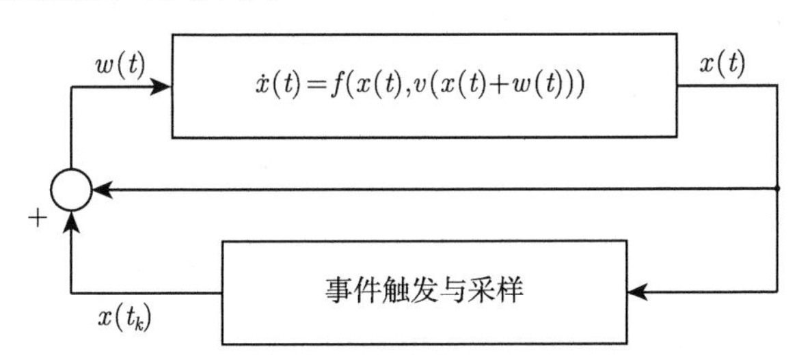


图 4.5　事件触发控制问题看作鲁棒控制问题

基于鲁棒控制的思想，事件触发控制设计方法包括如下两个步骤：

(1) 设计一个连续时间控制器，其能保证闭环系统在存在测量误差时是鲁棒稳定的；

(2) 设计一个合适的事件触发器，使得采样所引起的测量误差范围在受控系统的鲁棒裕度之内。

由于输入到状态稳定性与鲁棒稳定性的等价性，输入到状态稳定性被用来解决非线性系统事件触发控制问题。在文献 [115]、[117]、[118] 中，假设系统 (4.90) 以 $w$ 为输入是输入到状态稳定的，并且存在一个输入到状态稳定李雅普诺夫函数 $V:\mathbb{R}^n\to\mathbb{R}_+$，其满足

$$\nabla V(x)\bar{f}(x,x+w)\leqslant-\alpha(V(x))+\gamma(|w|) \tag{4.91}$$

对所有 $x,w$ 都成立，其中 $\alpha\in\mathcal{K}_\infty$，$\gamma\in\mathcal{K}$。在此基础上，设计事件触发器，使得

$$|w(t)|\leqslant\rho(V(x(t))) \tag{4.92}$$

式中，$\rho \in \mathcal{K}$ 并满足

$$\alpha^{-1} \circ \gamma \circ \rho < \mathrm{Id} \tag{4.93}$$

那么就能保证闭环系统的渐近稳定性。在此种情况下，$V$ 是闭环系统的一个李雅普诺夫函数。

理论上，当且仅当一个系统具有一个输入到状态稳定李雅普诺夫函数，该系统是输入到状态稳定的。但即使一个非线性系统已设计成输入到状态稳定的，要构造出一个输入到状态稳定李雅普诺夫函数也并非易事。值得注意的是，给定一个输入到状态稳定李雅普诺夫函数，可以很容易地确定系统的输入到状态稳定性。利用输入到状态稳定和鲁棒稳定性之间的关系，本节的研究表明，设计事件触发控制器并不需要已知一个输入到状态稳定李雅普诺夫函数。

为保证事件触发采样控制器能够物理实现，事件触发控制过程中必须避免无限快速采样，也就是需要保证采样间隔有一个正的下界，即 $\inf\limits_{k\in\mathbb{S}}(t_{k+1}-t_k) > 0$。Zeno 现象是无限快采样的一个特例，在此情况下 $\lim\limits_{k\to\infty} t_k < \infty$[119]。

### 4.2.1 事件触发控制的小增益条件

本节假设系统 (4.86) 具有一个测量反馈控制器，使得闭环系统 (4.90) 以测量误差作为输入是输入到状态稳定的。

**假设 4.4** *系统 (4.90) 以 $w$ 为输入是输入到状态稳定的，即存在函数 $\beta \in \mathcal{KL}$ 和 $\gamma \in \mathcal{K}$，使得对于任意初始状态 $x(0)$ 和任意分段连续、有界的 $w$，当 $t \geqslant 0$ 时，*

$$|x(t)| \leqslant \max\{\beta(|x(0)|, t), \gamma(\|w\|_\infty)\} \tag{4.94}$$

在满足假设 4.4 的前提下，根据输入到状态稳定性的鲁棒稳定性质，如果设计事件触发器使得 $|w(t)| \leqslant \rho(|x(t)|)$，并且其中 $\rho \in \mathcal{K}$ 满足

$$\rho \circ \gamma < \mathrm{Id} \tag{4.95}$$

那么系统状态 $x(t)$ 渐近收敛于原点。基于上述思想，本节中考虑的事件触发器可定义如下：如果 $x(t_k) \neq 0$，那么

$$t_{k+1} = \inf\{t > t_k : H(x(t), x(t_k)) = 0\} \tag{4.96}$$

式中，$H : \mathbb{R}^n \times \mathbb{R}^n \to \mathbb{R}$ 定义为

$$H(x, x') = \rho(|x|) - |x - x'| \tag{4.97}$$

本节针对一类一般的事件触发控制问题提出一个非线性小增益条件，其能够在保证不出现无限快采样的情况下实现闭环系统的渐近镇定。

如果 $x(t_k)=0$ 或者 $\{t>t_k:H(x(t),x(t_k))=0\}=\emptyset$，那么采样事件就不会发生，并认定此情况下 $t_{k+1}=\infty$。应注意到，在假设 $f(0,v(0))=0$ 情况下，如果 $x(t_k)=0$，那么 $u(t)=v(x(t_k))=0$，且在以后所有时间里系统状态都处在原点。

根据上述事件触发器，给定 $t_k$ 和 $x(t_k)\neq 0$，$t_{k+1}$ 是 $t_k$ 之后第一个满足下式的时刻:

$$\rho(|x(t_{k+1})|)-|x(t_{k+1})-x(t_k)|=0 \tag{4.98}$$

因为对于任意 $x(t_k)\neq 0$，$\rho(|x(t_k)|)-|x(t_k)-x(t_k)|>0$ 总成立，并且 $x(t)$ 在时间线上是连续的，所以上面提出的事件触发器能够保证

$$\rho(|x(t)|)-|x(t)-x(t_k)|\geqslant 0 \tag{4.99}$$

式中，$t\in[t_k,t_{k+1})$。注意到式 (4.88) 中给出的 $w(t)$ 的定义。性质 (4.99) 说明

$$|w(t)|\leqslant\rho(|x(t)|) \tag{4.100}$$

对所有 $t\in[t_k,t_{k+1})$ 成立。但尚不能保证式 (4.100) 对所有 $t\geqslant 0$ 都成立，因为 $\bigcup\limits_{k\in\mathbb{S}}[t_k,t_{k+1})$ 未必能覆盖整个时间线，即 $\bigcup\limits_{k\in\mathbb{S}}[t_k,t_{k+1})\neq\mathbb{R}_+$。

为保证事件触发采样机构的物理实现，必须避免无限快采样并保证采样间隔具有一个正的下界，即 $\inf\limits_{k\in\mathbb{S}}\{t_{k+1}-t_k\}>0$。

定理 4.2 基于输入到状态稳定增益 $\gamma$ 给出了一个关于 $\rho$ 的条件，此条件能够保证 $\inf\limits_{k\in\mathbb{S}}\{t_{k+1}-t_k\}>0$，并且事件触发控制的闭环系统在原点处是渐近稳定的。

**定理 4.2**　考虑事件触发控制系统 (4.90)，其中 $\bar{f}$ 是一个局部利普希茨的函数并且满足 $\bar{f}(0,0)=0$，$w$ 由式 (4.88) 定义。如果满足假设 4.4 且 $\gamma$ 在任意紧集上都是利普希茨的，那么能够找到一个 $\rho\in\mathcal{K}_\infty$ 使得 $\rho$ 满足式 (4.95)，且 $\rho^{-1}$ 在任意紧集上是利普希茨的。如果采样时刻由式 (4.96) 触发产生，那么对于任意特定的初始状态 $x(0)$，系统状态 $x(t)$ 满足

$$|x(t)|\leqslant\breve{\beta}(|x(0)|,t) \tag{4.101}$$

对所有 $t\geqslant 0$ 都成立，其中 $\breve{\beta}\in\mathcal{KL}$，并且采样间隔的下确界为一个正的常数。

**证明**　由于 $\gamma\in\mathcal{K}$ 在任意紧集上是利普希茨的，可找到一个 $\bar{\gamma}\in\mathcal{K}_\infty$ 在任意紧集上是利普希茨的且满足 $\bar{\gamma}>\gamma$。取 $\rho=\bar{\gamma}^{-1}$，可得 $\rho\circ\gamma=\bar{\gamma}\circ\gamma<\bar{\gamma}\circ\bar{\gamma}^{-1}<\mathrm{Id}$，并且 $\rho^{-1}=\bar{\gamma}$ 在任意紧集上是利普希茨的。

沿闭环系统的所有可能轨迹，针对时刻 $t_k(k\in\mathbb{S})$ 的状态 $x(t_k)$，作如下定义:

$$\varTheta_1(x(t_k))=\{x\in\mathbb{R}^n:|x-x(t_k)|\leqslant\rho\circ(\mathrm{Id}+\rho)^{-1}(|x(t_k)|)\} \tag{4.102}$$

$$\varTheta_2(x(t_k))=\{x\in\mathbb{R}^n:|x-x(t_k)|\leqslant\rho(|x|)\} \tag{4.103}$$

直接利用引理 A.6 (见附录 A)，可以证明 $\Theta_1(x(t_k)) \subseteq \Theta_2(x(t_k))$。图 4.6 给出了一个实例，其中 $x=[x_1,x_2]^{\mathrm{T}} \in \mathbb{R}^2$。

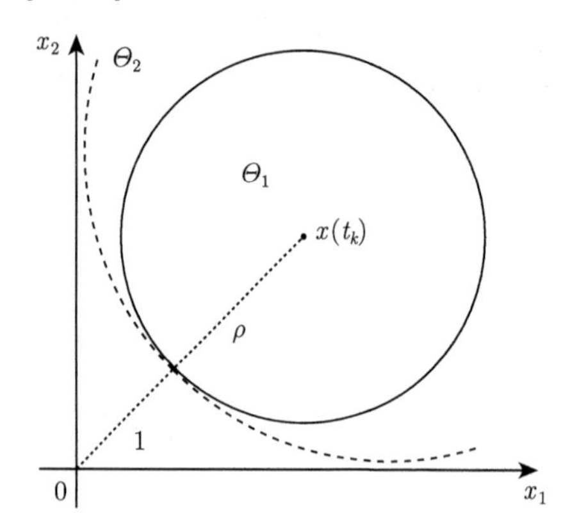


图 4.6　$\Theta_1(x(t_k)) \subseteq \Theta_2(x(t_k))$ 的一个实例

给定一个 $\rho \in \mathcal{K}_\infty$，其满足 $\rho^{-1}$ 在任意紧集上是利普希茨的，可以证明 $(\rho\circ(\mathrm{Id}+\rho)^{-1})^{-1}=(\mathrm{Id}+\rho)\circ\rho^{-1}=\rho^{-1}+\mathrm{Id}$ 在任意紧集上是利普希茨的，并且存在一个连续、正定的函数 $\breve{\rho}:\mathbb{R}_+\to\mathbb{R}_+$，使得 $(\rho^{-1}+\mathrm{Id})(s)\leqslant\breve{\rho}(s)s:=\hat{\rho}(s)$，其中 $s\in\mathbb{R}_+$。利用 $\hat{\rho}$ 的定义可得 $s=\left(\breve{\rho}\circ\hat{\rho}^{-1}(s)\right)\hat{\rho}^{-1}(s)$，进一步可得 $\hat{\rho}^{-1}(s)=s/\left(\breve{\rho}\circ\hat{\rho}^{-1}(s)\right):=\bar{\rho}(s)s$。此处可直接验证 $\bar{\rho}:\mathbb{R}_+\to\mathbb{R}_+$ 是连续、正定的函数。因此，

$$\rho\circ(\mathrm{Id}+\rho)^{-1}(s)=(\rho^{-1}+\mathrm{Id})^{-1}(s)\geqslant\hat{\rho}^{-1}(s)=\bar{\rho}(s)s \tag{4.104}$$

性质 (4.104) 隐含着如下性质：如果

$$|x-x(t_k)|\leqslant\bar{\rho}(|x(t_k)|)|x(t_k)| \tag{4.105}$$

那么 $x\in\Theta_1(x(t_k))$。

此外，对于任意 $x\in\Theta_1(x(t_k))$，利用 $\bar{f}$ 的局部利普希茨性质，可得

$$\begin{aligned}|f(x,v(x(t_k)))| &= |\bar{f}(x,x(t_k))| \\ &= |\bar{f}(x-x(t_k)+x(t_k),x(t_k))| \\ &\leqslant L_{\bar{f}}\left(|[x^{\mathrm{T}}-x^{\mathrm{T}}(t_k),x^{\mathrm{T}}(t_k)]^{\mathrm{T}}|\right)|[x^{\mathrm{T}}-x^{\mathrm{T}}(t_k),x^{\mathrm{T}}(t_k)]^{\mathrm{T}}| \\ &\leqslant \bar{L}(|x(t_k)|)|x(t_k)|\end{aligned} \tag{4.106}$$

式中，$L_{\bar{f}},\bar{L}$ 是定义在 $\mathbb{R}_+$ 上的连续、正定的函数。最后一个不等式应用了性质 (4.105)。

那么，闭环系统状态起始于 $x(t_k)$ 到 $\Theta_1(x(t_k))$ 区域外所需的最小时间 $T_k^{\min}$ 可由下式估算：

$$T_k^{\min} \geqslant \frac{\bar{\rho}(|x(t_k)|)|x(t_k)|}{\bar{L}(|x(t_k)|)|x(t_k)|} = \frac{\bar{\rho}(|x(t_k)|)}{\bar{L}(|x(t_k)|)} \tag{4.107}$$

对于任意 $x(t_k)$，上述定义都成立，并且严格大于零。

由于 $\Theta_1(x(t_k)) \subseteq \Theta_2(x(t_k))$，且 $x(t)$ 在时间轴上是连续的，由 $x(t_k)$ 出发并到达 $\Theta_2(x(t_k))$ 区域外所需的最小间隔时间不小于 $T_k^{\min}$。

直接利用式 (4.107)，可得

$$T_0^{\min} \geqslant \frac{\bar{\rho}(|x(0)|)}{\bar{L}(|x(0)|)} \tag{4.108}$$

如果 $\mathbb{S} = \{0\}$，那么 $w(t)$ 连续并且满足式 (4.99)。现在考虑 $\mathbb{S} \neq \{0\}$ 的情况。假设一个特定的 $k \in \mathbb{Z}_+ \backslash \{0\}$，那么事件触发器 (4.96) 能保证 $w(t)$ 分段连续并且满足式 (4.100)，其中 $t \in [0, t_k)$。在满足式 (4.94) 的条件下，利用输入到状态稳定性的鲁棒稳定性质可知

$$|x(t)| \leqslant \breve{\beta}(|x(0)|, t) \tag{4.109}$$

对于所有 $t \in [0, t_k)$ 成立，其中 $\breve{\beta} \in \mathcal{KL}$。由于 $x(t)$ 是关于 $t$ 连续的，$x(t_k) = \lim\limits_{t \to t_k^-} x(t)$。因此，$|x(t_k)| \leqslant \breve{\beta}(|x(0)|, 0)$。与式 (4.107) 相结合可得

$$T_k^{\min} \geqslant \min\left\{\frac{\bar{\rho}(|x|)}{\bar{L}(|x|)} : |x| \leqslant \breve{\beta}(|x(0)|, 0)\right\} \tag{4.110}$$

这表明 $w(t)$ 在 $t \in [0, t_{k+1})$ 上是分段连续的并且满足式 (4.100)。通过归纳可得，$w(t)$ 在 $t \in [0, t_{k+1})$ 上是分段连续的并且满足式 (4.99)，其中 $k \in \mathbb{S}$ 是任意的。如果 $\mathbb{S}$ 是无限集，那么利用式 (4.108) 可得 $\lim\limits_{k \to \infty} t_{k+1} = \infty$；如果 $\mathbb{S}$ 是有限集，即 $\{0, \cdots, k^*\}$，那么 $t_{k^*+1} = \infty$。在上述两种情况下，$w(t)$ 在 $t \in [0, \infty)$ 上是分段连续的，并且式 (4.99) 成立。

由输入到状态稳定性的鲁棒稳定性质，对于 $t \in [0, \infty)$，式 (4.109) 成立。证明结束。

定理 4.2 的证明可进一步推出一种自触发控制系统。自触发控制中利用 $t_k$ 和 $x(t_k)$ 计算得到 $t_{k+1}$，而不需要连续检测 $x(t)$ 的轨迹。假设由式 (4.86) 和式 (4.89) 所组成的闭环系统满足假设 4.4，其中 $\bar{f}$ 是局部利普希茨的。由性质 (4.107)，给定 $t_k$ 和 $x(t_k)$，$t_{k+1}$ 可以按下式计算：

$$t_{k+1} = \frac{\bar{\rho}(|x(t_k)|)}{\bar{L}(|x(t_k)|)} + t_k \tag{4.111}$$

式中，$k \in \mathbb{Z}_+$。给定任意特定的初始状态 $x(0)$，基于定理 4.2 的证明可直接验证 $\rho(|x(t)|) - |x(t) - x(t_k)| \geqslant 0$ 成立，其中 $t \in [t_k, t_{k+1})$，$k \in \mathbb{Z}_+$，并且所有采样间隔的下界为一个正的常数。由于满足假设 4.4，状态 $x(t)$ 最终渐近收敛于原点。

**例 4.4** 对于可控的线性系统可以较容易地设计事件触发控制器并且保证不会出现无限快采样。考虑如下线性系统:

$$\dot{x} = Ax + Bu \tag{4.112}$$

式中，$x \in \mathbb{R}^n$ 是状态；$u \in \mathbb{R}^m$ 是控制输入。假设 $(A, B)$ 是能控矩阵，那么可以找到一个 $K$，使得 $A - BK$ 是赫尔维茨的。设计 $u = -K(x + w)$，其中 $w$ 是由采样所引起的测量误差。那么，

$$\dot{x} = Ax - BK(x + w) = (A - BK)x - BKw \tag{4.113}$$

由初始状态 $x(0)$ 和输入 $w$，可得闭环系统的解析解为

$$x(t) = \mathrm{e}^{(A-BK)t}x(0) - \int_0^t \mathrm{e}^{(A-BK)(t-\tau)}BKw(\tau)\mathrm{d}\tau \tag{4.114}$$

式中，$t \geqslant 0$。

可验证 $x(t)$ 满足式 (4.94)，且 $\beta(s,t) = (1 + 1/\delta)|\mathrm{e}^{(A-BK)t}|s$，$\gamma(s) = (1 + \delta)\left(\int_0^\infty |\mathrm{e}^{(A-BK)\tau}|\mathrm{d}\tau\right)s$，此处 $\delta$ 可取任意正的常数。显然 $\gamma$ 在任意紧集上是利普希茨的。

### 4.2.2 存在外部干扰的事件触发控制和自触发控制

定理 4.2 没考虑外部干扰的影响。为研究干扰的影响，考虑如下系统:

$$\dot{x}(t) = f(x(t), u(t), d(t)) \tag{4.115}$$

式中，$d(t) \in \mathbb{R}^{n_d}$ 表示外部干扰，其他变量与式 (4.86) 中的定义相同。假设 $d$ 是分段连续且有界的信号。控制律和事件触发器仍分别为式 (4.87) 和式 (4.96) 的形式。在这种情况下，我们仍期望实现事件触发控制，并且保证存在正的采样间隔周期。

将式 (4.88) 中定义的 $w$ 作为采样所引起的测量误差，则由式 (4.87) 所描述的控制律仍可表示为式 (4.89)。将式 (4.89) 代入式 (4.115) 可得

$$\begin{aligned}\dot{x}(t) &= f(x(t), v(x(t) + w(t)), d(t)) \\ &:= \bar{f}(x(t), x(t) + w(t), d(t))\end{aligned} \tag{4.116}$$

同无干扰情况下的假设 4.4 类似，对系统 (4.116) 作如下假设。

**假设 4.5**　系统 (4.116) 以 $w$ 和 $d$ 为输入是输入到状态稳定的，存在 $\beta \in \mathcal{KL}$ 和 $\gamma, \gamma^d \in \mathcal{K}$，使得对任意初始状态 $x(0)$ 和任意分段连续、有界的 $w$ 和 $d$

$$|x(t)| \leqslant \max\left\{\beta(|x(0)|, t), \gamma(\|w\|_\infty), \gamma^d(\|d\|_\infty)\right\} \tag{4.117}$$

式中，$t \geqslant 0$。

在假设 4.5 下，如果事件触发器仍能够保证式 (4.99) 成立 (其中 $\rho \in \mathcal{K}$ 满足 $\rho \circ \gamma < \mathrm{Id}$)，那么利用输入到状态稳定的鲁棒稳定性质，可证明

$$|x(t)| \leqslant \max\left\{\breve{\beta}(|x(0)|, t), \breve{\gamma}^d(\|d\|_\infty)\right\} \tag{4.118}$$

式中，$\breve{\beta} \in \mathcal{KL}$；$\breve{\gamma}^d \in \mathcal{K}$。由于 $x$ 渐近收敛到原点，根据式 (4.99) 可知 $|w(t)|$ 的上界将渐近收敛到零。但由于外部干扰 $d$ 的存在，当 $x$ 收敛到零时，系统动态 $f(x(t), v(x(t)+w(t)), d(t))$ 可能不能收敛到零。这意味着采样间隔 $t_{k+1}-t_k$ 可能任意小。

1. 带有 $\epsilon$ 修正项的事件触发采样

受文献 [120] 的启发，将事件触发器 (4.96) 中的 $H$ 假设为

$$H(x, x') = \max\{\rho(|x|), \epsilon\} - |x - x'| \tag{4.119}$$

式中，$\rho$ 是 $\mathcal{K}_\infty$ 类函数，满足 $\rho \circ \gamma < \mathrm{Id}$；常数 $\epsilon > 0$。在这种情况下，同式 (4.99) 类似，可以得到

$$|x(t) - x(t_k)| < \max\{\rho(|x(t)|), \epsilon\} \tag{4.120}$$

式中，$t \in [t_k, t_{k+1})$；$k \in \mathbb{Z}_+$。由输入到状态稳定的鲁棒稳定性质可推出

$$|x(t)| \leqslant \max\left\{\breve{\beta}(|x(0)|, t), \breve{\gamma}(\epsilon), \breve{\gamma}^d(\|d\|_\infty)\right\} \tag{4.121}$$

式中，$\breve{\beta} \in \mathcal{KL}$；$\breve{\gamma}, \breve{\gamma}^d \in \mathcal{K}$。需要注意的是，因为 $\epsilon > 0$，所以可以保证 $t_{k+1} - t_k > 0 (k \in \mathbb{S})$，并且函数 $\rho^{-1}$ 不再需要在任意紧集上都是利普希茨的。这一结果由定理 4.3 中给出，但由于篇幅限制此处不给出具体证明。

**定理 4.3**　考虑事件触发控制系统 (4.116)，其动力学 $\bar{f}$ 是局部利普希茨的，$w$ 的定义由式 (4.88) 给出。如果假设 4.5 成立，并且由触发条件 (4.96) 决定采样时刻，其中触发函数 $H$ 满足式 (4.119)，那么对于任意特定的初始状态 $x(0)$，系统状态 $x(t)$ 满足式 (4.121)，其中 $\breve{\beta} \in \mathcal{KL}$ 和 $\breve{\gamma}, \breve{\gamma}^d \in \mathcal{K}$，并且能保证采样间隔具有一个正的下界。

对于上述事件触发控制系统，即使 $d \equiv 0$，也只能保证实用收敛性 (practical convergence)，即只能保证系统状态 $x(t)$ 收敛于原点附近的 $|x| \leqslant \breve{\gamma}(\epsilon)$ 区域内。下一节在假设 $\|d\|_\infty$ 的上界已知的情况下给出了一种自触发采样机构以克服这一问题。

2. 自触发采样

如果 $\|d\|_\infty$ 的上界是已知的，那么就可以设计一个自触发采样机构，使系统状态 $x(t)$ 收敛到原点的邻域内，并且此邻域的大小仅取决于 $\|d\|_\infty$。而且，如果 $d(t)$ 是收敛到零的，那么 $x(t)$ 也渐近收敛到原点。

**假设 4.6** 存在已知常数 $B^d \geqslant 0$, 使得

$$\|d\|_\infty \leqslant B^d \tag{4.122}$$

引理 4.3 中的局部利普希茨函数的特性将用于下面自触发控制的设计。

**引理 4.3** 对于任意满足 $h(0,\cdots,0)=0$ 的利普希茨函数 $h:\mathbb{R}^{n_1}\times\mathbb{R}^{n_2}\times\cdots\times\mathbb{R}^{n_m}\to\mathbb{R}^p$ 和 $\varphi_1,\cdots,\varphi_m\in\mathcal{K}_\infty$，其中 $\varphi_1^{-1},\cdots,\varphi_m^{-1}$ 在任意紧集上都是利普希茨的，那么存在一个连续、正且非减的函数 $L_h:\mathbb{R}_+\to\mathbb{R}_+$，使得

$$|h(z_1,\cdots,z_m)|\leqslant L_h\left(\max_{i=1,\cdots,m}\{|z_i|\}\right)\max_{i=1,\cdots,m}\{\varphi_i(|z_i|)\} \tag{4.123}$$

对所有 $z$ 都成立，此处 $z=[z_1^{\mathrm{T}},\cdots,z_m^{\mathrm{T}}]^{\mathrm{T}}$。

**证明** 对于一个满足 $h(0,\cdots,0)=0$ 的局部利普希茨 $h$，总是可以找到一个连续、正定且非减的函数 $L_{h0}:\mathbb{R}_+\to\mathbb{R}_+$，使得

$$|h(z_1,\cdots,z_m)|\leqslant L_{h0}\left(\max_{i=1,\cdots,m}\{|z_i|\}\right)\max_{i=1,\cdots,m}\{|z_i|\} \tag{4.124}$$

对所有 $z$ 都成立。

定义

$$\breve{\varphi}(s)=\max_{i=1,\cdots,m}\{\varphi_i^{-1}(s)\} \tag{4.125}$$

式中，$s\in\mathbb{R}_+$。那么显然 $\breve{\varphi}\in\mathcal{K}_\infty$。因为 $\varphi_1^{-1},\cdots,\varphi_m^{-1}$ 在任意紧集上都是利普希茨的，因此 $\breve{\varphi}$ 在任意紧集上是利普希茨的。由定义可得

$$\begin{aligned}\breve{\varphi}\left(\max_{i=1,\cdots,m}\{\varphi_i(|z_i|)\}\right)&=\max_{i=1,\cdots,m}\{\breve{\varphi}\circ\varphi_i(|z_i|)\}\\&\geqslant\max_{i=1,\cdots,m}\{\varphi_i^{-1}\circ\varphi_i(|z_i|)\}\\&=\max_{i=1,\cdots,m}\{|z_i|\}\end{aligned} \tag{4.126}$$

式中，$\breve{\varphi}$ 在任意紧集上是利普希茨的，且存在一个连续、正定且非减的函数 $L_{\breve{\varphi}}:\mathbb{R}_+\to\mathbb{R}_+$，使得

$$\begin{aligned}\breve{\varphi}\left(\max_{i=1,\cdots,m}\{\varphi_i(|z_i|)\}\right)\leqslant{}&L_{\breve{\varphi}}\left(\max_{i=1,\cdots,m}\{\varphi_i(|z_i|)\}\right)\\&\times\max_{i=1,\cdots,m}\{\varphi_i(|z_i|)\}\end{aligned} \tag{4.127}$$

将式 (4.126) 和式 (4.127) 代入式 (4.124)，并定义一个连续、正定且非减的 $L_h$，使得

$$L_h\left(\max_{i=1,\cdots,m}\{|z_i|\}\right) \geqslant L_{h0}\left(\max_{i=1,\cdots,m}\{|z_i|\}\right) \times L_{\breve{\varphi}}\left(\max_{i=1,\cdots,m}\{\varphi_i(|z_i|)\}\right) \tag{4.128}$$

对所有 $z$ 都成立。引理 4.3 得证。

假设 $\bar{f}$ 是局部利普希茨的且 $\bar{f}(0,0,0)=0$。那么，由引理 4.3 可知，对于任意特定的 $\chi,\chi^d\in\mathcal{K}_\infty$，只要 $\chi^{-1}$ 和 $\left(\chi^d\right)^{-1}$ 在任意紧集上都是利普希茨的，那么可以找到一个连续、正定且非减的函数 $L_{\bar{f}}$，使得

$$|\bar{f}(x+w,x,d)| \leqslant L_{\bar{f}}\left(\max\{|x|,|w|,|d|\}\right) \times \max\left\{\chi(|x|),|w|,\chi^d(|d|)\right\} \tag{4.129}$$

对所有 $x,w,d$ 都成立。

选取 $\chi,\chi^d\in\mathcal{K}_\infty$ 使得 $\chi^{-1},\left(\chi^d\right)^{-1}$ 在任意紧集中都是利普希茨的，那么自触发采样机构可设计为

$$t_{k+1}=t_k+\frac{1}{L_{\bar{f}}\left(\max\left\{\bar{\chi}(|x(t_k)|),\bar{\chi}^d(B^d)\right\}\right)} \tag{4.130}$$

式中，$\bar{\chi}(s)=\max\{\chi(s),s\}$；$\bar{\chi}^d(s)=\max\{\chi^d(s),s\}$，其中，$s\in\mathbb{R}_+$。

定理 4.4 给出了本节的主要结果。

**定理 4.4**　考虑由式 (4.116) 所描述的事件触发控制系统，其中 $\bar{f}$ 是局部利普希茨的函数且满足 $\bar{f}(0,0,0)=0$，$w$ 在式 (4.88) 中已定义。如果假设 4.5 成立，其中 $\gamma$ 在任意紧集上是利普希茨的，那么可找到一个 $\rho\in\mathcal{K}_\infty$，使得 $\rho$ 满足

$$\rho\circ\gamma<\mathrm{Id} \tag{4.131}$$

并且 $\rho^{-1}$ 在任意紧集上是利普希茨的。而且，如果满足假设 4.6，那么通过选取 $\chi=\rho\circ(\mathrm{Id}+\rho)^{-1}$ 和选取 $\chi^d\in\mathcal{K}_\infty$ 使得由式 (4.130) 所描述的自触发采样机构中 $\left(\chi^d\right)^{-1}$ 在任意紧集上都是利普希茨的，则对于任意特定的初始状态 $x(0)$，系统状态 $x(t)$ 都满足

$$|x(t)| \leqslant \max\{\breve{\beta}(|x(0)|,t),\breve{\gamma}\circ\chi^d(\|d\|_\infty),\breve{\gamma}^d(\|d\|_\infty)\} \tag{4.132}$$

对所有 $t\geqslant 0$ 成立，其中 $\breve{\beta}\in\mathcal{KL}$ 和 $\breve{\gamma},\breve{\gamma}^d\in\mathcal{K}$，并且采样间隔存在一个正的下界。

**证明**　注意到 $\chi=\rho\circ(\mathrm{Id}+\rho)^{-1}$ 可推出 $\chi^{-1}=\mathrm{Id}+\rho^{-1}$。如果 $\rho^{-1}$ 在任意紧集上是利普希茨的，那么 $\chi^{-1}$ 在任意紧集上是利普希茨的。同时可注意到 $\left(\chi^d\right)^{-1}$ 在任意紧集上也可取为利普希茨的。

对于满足 $\bar{f}(0,0,0)=0$ 的局部利普希茨函数 $\bar{f}$，利用引理 4.3，可找到一个连续、正定且不减的 $L_{\bar{f}}$ 使得式 (4.129) 成立。

首先证明自触发采样机构能够保证

$$|x(t)-x(t_k)|\leqslant\max\{\chi(|x(t_k)|),\chi^d(\|d\|_\infty)\} \tag{4.133}$$

式中，$t\in[t_k,t_{k+1})$。

通过将式 (4.116) 的两边整合，可得

$$x(t)-x(t_k)=\int_{t_k}^{t}\bar{f}(x(t_k)+w(\tau),x(t_k),d(\tau))\mathrm{d}\tau \tag{4.134}$$

因此，

$$|x(t)-x(t_k)|\leqslant\int_{t_k}^{t}|\bar{f}(x(t_k)+w(\tau),x(t_k),d(\tau))|\mathrm{d}\tau \tag{4.135}$$

将满足 $|x-x(t_k)|\leqslant\max\{\chi(|x(t_k)|),\chi^d(\|d\|_\infty)\}$ 的一个关于 $x$ 的区域记作 $\Omega(x(t_k),\|d\|_\infty)$。那么，$x(t)$ 到 $\Omega(x(t_k),\|d\|_\infty)$ 区域外所需的最小时间可由下式估算:

$$\begin{aligned}
&\frac{\max\{\chi(|x(t_k)|),\chi^d(\|d\|_\infty)\}}{C(x(t_k),\|d\|_\infty)}\\
\geqslant&\frac{\max\{\chi(|x(t_k)|),\chi^d(\|d\|_\infty)\}}{L_{\bar{f}}(\max\{\bar{\chi}(|x(t_k)|),\bar{\chi}^d(\|d\|_\infty)\})\max\{\chi(|x(t_k)|),\chi^d(\|d\|_\infty)\}}\\
=&\frac{1}{L_{\bar{f}}(\max\{\bar{\chi}(|x(t_k)|),\bar{\chi}^d(\|d\|_\infty)\})}\\
\geqslant&\frac{1}{L_{\bar{f}}(\max\{\bar{\chi}(|x(t_k)|),\bar{\chi}^d(B^d)\})}
\end{aligned} \tag{4.136}$$

式中，$\bar{\chi}(s)=\max\{\chi(s),s\}$；$\bar{\chi}^d(s)=\max\{\chi^d(s),s\}$；并且

$$\begin{aligned}
C(x(t_k),\|d\|_\infty)=\max\big\{&|\bar{f}(x(t_k)+w,x(t_k),d)|:\\
&|w|\leqslant\max\{\chi(|x(t_k)|),\chi^d(\|d\|_\infty)\},\\
&|d|\leqslant\|d\|_\infty\big\}
\end{aligned} \tag{4.137}$$

因此，提出的自触发采样机构 (4.130) 可保证式 (4.133)。

由引理 A.6 可知，式 (4.133) 可推出

$$|w(t)| = |x(t) - x(t_k)| \leqslant \max\{\rho(|x(t)|), \chi^d(\|d\|_\infty)\} \tag{4.138}$$

式中，$t \in [t_k, t_{k+1})$。注意到 $\rho \circ \gamma < \mathrm{Id}$。利用输入到状态稳定性的鲁棒稳定性质，并采用类似于证明定理 4.2 的归纳法，可证得式 (4.132) 对所有 $t \geqslant 0$ 都成立。

利用输入到状态稳定性的“收敛输入收敛状态”性质，如果 $d(t)$ 收敛于零，那么 $x(t)$ 渐近收敛于原点。

### 4.2.3　非线性不确定系统的事件触发控制

在 4.1 节的测量反馈控制设计中，针对受测量误差影响的非线性系统给出了一种鲁棒控制方案。因为事件触发控制的关键在于处理采样所引起的测量误差，为满足非线性不确定系统的事件触发控制的要求，本节对 4.1 节中提出的测量反馈控制器设计方法进行了一些改进。在本节中，考虑系统没有受到外部干扰的影响。如在 4.2.2 节中讨论的，提出的设计可直接进行推广，以满足在外部干扰下自触发控制系统的要求。

考虑如下严格反馈形非线性系统：

$$\dot{x}_i(t) = x_{i+1}(t) + \Delta_i(\bar{x}_i(t)), \quad i = 1, \cdots, n-1 \tag{4.139}$$

$$\dot{x}_n(t) = u(t) + \Delta_n(\bar{x}_n(t)) \tag{4.140}$$

式中，$[x_1, \cdots, x_n]^{\mathrm{T}} := x \in \mathbb{R}^n$ 是状态；$\bar{x}_i = [x_1, \cdots, x_i]^{\mathrm{T}}$；$u \in \mathbb{R}$ 是控制输入；$\Delta_i(i = 1, \cdots, n)$ 是未知的且为局部利普希茨函数。

**假设 4.7**　存在一个已知的 $\psi_{\Delta_i} \in \mathcal{K}_\infty(i = 1, \cdots, n)$，其在任意紧集上是利普希茨的，且使得

$$|\Delta_i(\bar{x}_i)| \leqslant \psi_{\Delta_i}(|\bar{x}_i|) \tag{4.141}$$

对所有 $\bar{x}_i$ 都成立。

类似于式 (4.88)，定义 $w(t)$ 为由采样所导致的测量误差。为便于标记，记 $w = [w_1, \cdots, w_n]^{\mathrm{T}}$。在设计中，首先假设 $w$ 的有界性，即存在 $\|w\|_\infty$，记作 $w^\infty$。等价地，$\|w_i\|_\infty(i = 1, \cdots, n)$ 也存在，记作 $w_i^\infty$。同时，记 $\bar{w}_i^\infty = [w_1^\infty, \cdots, w_i^\infty]^{\mathrm{T}}$。

根据 4.1 节的方法，可以设计一个控制律，使得闭环系统对测量误差具有鲁棒性。为明确采样对闭环系统的影响，下述讨论将对 4.1 节的设计进行回顾。

本节中控制器设计的基本思想仍然是将闭环系统转化为关联的输入到状态稳定子系统，并利用多回路小增益定理保证闭环系统是输入到状态稳定的。具体地，

各个输入到状态稳定的子系统的状态变量定义为

$$e_1 = x_1 \tag{4.142}$$

$$e_i = \vec{d}(x_i, S_{i-1}(\bar{x}_{i-1}, \bar{w}_i^{\infty})), \quad i = 2, \cdots, n \tag{4.143}$$

并设计控制律，使得

$$u \in S_n(\bar{x}_n, \bar{w}_n^{\infty}) \tag{4.144}$$

此处 $\vec{d}(z, \Omega) := z - \arg\min_{z' \in \Omega}\{|z - z'|\}(z \in \mathbb{R})$，$\Omega \subset \mathbb{R}$ 为任意紧集；$S_i : \mathbb{R}^i \times \mathbb{R}^i \rightsquigarrow \mathbb{R}(i = 1, \cdots, n)$ 是一个适当设计的集值映射，用于表示测量误差的影响。

同时，迭代地定义如下集值映射

$$S_1(\bar{x}_1, \bar{w}_1^{\infty}) = \{\kappa_1(x_1 + a_1 w_1^{\infty}) : |a_1| \leqslant 1\} \tag{4.145}$$

$$\begin{aligned} S_i(\bar{x}_i, \bar{w}_i^{\infty}) = \{\kappa_i(x_i + a_i w_i^{\infty} - p_{i-1}) : |a_i| \leqslant 1, \\ p_{i-1} \in S_{i-1}(\bar{x}_{i-1}, \bar{w}_{i-1}^{\infty})\} \\ i = 2, \cdots, n \end{aligned} \tag{4.146}$$

式中，$\kappa_i(i = 1, \cdots, n)$ 是连续可微且严格递减的奇函数。

可证明每个 $e_i(i = 1, \cdots, n)$ 子系统均可用微分包含表示为

$$\dot{e}_i \in S_i(\bar{x}_i, \bar{w}_i^{\infty}) + \varPhi_i(\bar{x}_i, \bar{w}_i^{\infty}, e_{i+1}) \tag{4.147}$$

此处 $\varPhi_i$ 满足

$$|\varPhi_i(\bar{x}_i, \bar{w}_i^{\infty}, e_{i+1})| \leqslant \psi_{\varPhi_i}(|[\bar{x}_i^{\mathrm{T}}, \bar{w}_i^{\infty T}, e_{i+1}]^{\mathrm{T}}|) \tag{4.148}$$

对所有 $\bar{x}_i, \bar{w}_i^{\infty}, e_{i+1}$ 均成立，其中 $\psi_{\varPhi_i} \in \mathcal{K}_{\infty}$ 在任意紧集上都是利普希茨的。

如 4.1 节所示，通过合理选取 $\kappa_i$ 可以将 $e_i$ 子系统设计成输入到状态稳定的且能够保证输入到状态稳定增益满足多回路小增益条件。于是，以 $e$ 为状态的闭环系统是输入到状态稳定的。基于此设计，可以进一步证明以 $x$ 为状态和以 $w$ 为输入的闭环系统是输入到状态稳定的，且输入到状态稳定增益在任意紧集上都是利普希茨的。

正如 4.1 节中所讨论的，在满足假设 4.1 的前提下，选取在任意紧集上都是利普希茨的 $\gamma_{e_i}^{e_k}(i = 1, \cdots, n, k = 1, \cdots, i-1, i+1)$，以及 $\gamma_{e_i}^{w_k} = \alpha_V \circ \breve{\gamma}_{e_i}^{w_k}(k = 1, \cdots, i-1)$，其中 $\breve{\gamma}_{e_i}^{w_k}$ 在任意紧集上都是利普希茨的。那么当 $\epsilon_i = 0$ 时，每个 $e_i$ 子系统都满足式 (4.74)。

基于上述设计，可以进一步构造一个具有式 (4.77) 形式的输入到状态稳定李雅普诺夫函数，其中 $\sigma_i(i=1,\cdots,n)$ 在任意紧集上都是利普希茨的。其中，由采样所引起的测量误差的影响可表示为

$$\theta = \max_{i=1,\cdots,n}\left\{\sigma_i\left(\max_{k=1,\cdots,i}\left\{\gamma_{e_i}^{w_k}(\bar{w}_k)\right\}\right)\right\} \tag{4.149}$$

式 (4.79) 所给出的性质仍然成立。那么，

$$V(e(t)) \leqslant \max\{\beta(V(e(0)),t),\gamma(w^\infty)\} \tag{4.150}$$

式中，$\beta$ 是一个 $\mathcal{KL}$ 函数；而

$$\gamma(s) := \max_{i=1,\cdots,n}\left\{\sigma_i\left(\max_{k=1,\cdots,i}\left\{\gamma_{e_i}^{w_k}(s)\right\}\right)\right\} \tag{4.151}$$

其中，$s\in\mathbb{R}_+$。可以证明

$$|e(t)| \leqslant \max\left\{\alpha_V^{-1}\circ\beta\left(\alpha_V(|e(0)|),t\right),\alpha_V^{-1}\circ\gamma(w^\infty)\right\} \tag{4.152}$$

根据 $e_1,\cdots,e_n$ 的定义，可以注意到 $w_i^\infty(i=1,\cdots,n)$ 的增加导致了 $|e_i|(i=2,\cdots,n)$ 的减小。而当 $w_i^\infty=0(i=1,\cdots,n)$ 时，$e_i=x_i-\kappa_{i-1}(e_{i-1})(i=2,\cdots,n)$。因此，如果 $w_i^\infty\geqslant 0(i=1,\cdots,n)$，那么

$$|e_i| \leqslant |x_i-\kappa_{i-1}(e_{i-1})| \leqslant |x_i|+|\kappa_{i-1}(e_{i-1})| \tag{4.153}$$

因此，可找到一个 $\alpha_x\in\mathcal{K}_\infty$ 使得

$$|e| \leqslant \alpha_x(|x|) \tag{4.154}$$

同时，由 $e_1,\cdots,e_n$ 的定义可得

$$|x_1| = |e_1| \tag{4.155}$$

$$|x_i| \leqslant \max\left\{\left|\max S_{i-1}(\bar{x}_{i-1},\bar{w}_i^\infty)+e_i\right|,\left|\min S_{i-1}(\bar{x}_{i-1},\bar{w}_i^\infty)-e_i\right|\right\},\quad i=2,\cdots,n \tag{4.156}$$

由于用来定义集值映射 $S_i$ 的 $\kappa_i$ 的是连续可微性的，因此存在函数 $\alpha_e,\alpha_w\in\mathcal{K}_\infty$，使得

$$|x| \leqslant \max\{\alpha_e(|e|),\alpha_w(|w^\infty|)\} \tag{4.157}$$

将式 (4.154) 和式 (4.157) 代入到式 (4.152)，可得

$$
\begin{aligned}
|x(t)| \leqslant & \max\{\alpha_e \circ \alpha_V^{-1} \circ \beta\left(\alpha_V \circ \alpha_x(|x(0)|), t\right), \\
& \alpha_e \circ \alpha_V^{-1} \circ \gamma(w^\infty), \alpha_w(w^\infty)\} \\
:= & \max\{\bar{\beta}(|x(0)|, t), \bar{\gamma}(w^\infty)\}
\end{aligned} \tag{4.158}
$$

可以验证 $\bar{\beta} \in \mathcal{KL}$，$\bar{\gamma} \in \mathcal{K}$。

需要指出的是，上述控制律的设计并不依赖于 $w_1^\infty, \cdots, w_n^\infty$。对所有 $w^\infty$，所设计的控制律都能保证式 (4.158)。这就证明了闭环系统以 $x$ 为状态和以 $w$ 为输入是输入到状态稳定的。

由于 $\alpha_e$ 和 $\alpha_w$ 在任意紧集上都是利普希茨的，那么如果 $\alpha_V^{-1} \circ \gamma$ 在任意紧集上都是利普希茨的，根据 $\gamma$ 的定义，就可以通过证明 $\alpha_V^{-1} \circ \sigma_i \circ \gamma_{e_i}^{w_k}$ 在任意紧集上都是利普希茨的，来证明 $\bar{\gamma}$ 在任意紧集上都是利普希茨的。已知每个 $\gamma_{e_i}^{w_k} (k = 1, \cdots, i-1)$ 都可取为 $\alpha_V \circ \breve{\gamma}_{e_i}^{w_k}$ 的形式，其中 $\breve{\gamma}_{e_i}^{w_k}$ 在任意紧集上是利普希茨的，并且每个 $\gamma_{e_i}^{w_i}$ 都具有 $\alpha_V(s/c_i)$ 的形式，见式 (4.75)。那么，如果 $\alpha_V^{-1} \circ \sigma_i \circ \alpha_V$ 在任意紧集上都是利普希茨的，$\alpha_V^{-1} \circ \sigma_i \circ \gamma_{e_i}^{w_k}$ 在任意紧集上都是利普希茨的。

定理 4.5 总结了本节的设计结果。

**定理 4.5**　*考虑满足假设 4.7 的由式 (4.139) 和式 (4.140) 描述的非线性不确定系统。那么，可设计由 (4.61)～ 式 (4.63) 描述的控制律、由式 (4.96) 描述的事件触发机构，其中触发函数 $H$ 由式 (4.97) 定义，使得事件触发的闭环系统不会出现无限快采样并且状态 $x$ 有界且渐近收敛到原点。*

## 4.3　注　　记

受测量误差影响的非线性系统的鲁棒控制是非线性控制的一个重要基本问题。但是这一问题并未引起足够的重视。文献 [121]、[122] 详细阐述了这一问题的重要性。文献 [121] 在反步法设计的基础上通过引入“扁平”李雅普诺夫函数来处理测量误差的影响。但是，在这一结果中，测量误差对控制误差的影响随被控对象阶次的升高而增大。文献 [79] 考虑了一类由两个子系统相互关联而成的非线性系统，其一个子系统是输入到状态稳定的，另一个子系统是输入到状态可镇定的。文献 [79] 通过增益配置技术 [14, 48, 78] 对输入到状态可镇定的子系统设计控制器，将闭环系统转化为两个输入到状态稳定的子系统相关关联的形式，并利用非线性小增益定理最终保证闭环系统的稳定性 [14, 63]。对于一般的非线性控制系统，文献 [123] 指出存在光滑李雅普诺夫函数等价于存在对小的测量误差鲁棒的控制器，并给出了控制器的形式。

增益配置是小增益控制器设计的重要工具[14, 48, 78]。文献 [79] 给出了一个增益配置技术，其能够保证闭环系统以测量误差为输入是输入到状态稳定的，并且由测量误差到其对应的系统输出的增益可以被设计成一个特定的 $\mathcal{K}_\infty$ 类函数。本章的引理 4.1 给出的则是一个推广的结果，其所设计的控制器是通过集值映射来描述的。本章通过改进已有的增益配置技术为非线性系统的测量反馈控制提供了一个新的思路。而测量反馈控制的结果对于解决非线性系统的事件触发控制问题又起到了至关重要的作用[124–126]。

# 第 5 章　非线性系统的量化控制

量化是数字控制系统中的重要环节。图 5.1 所示为一个典型的量化控制系统的框图，其中 $u$ 是控制输入，$x$ 是被控对象的状态，$u^q$ 和 $x^q$ 分别是 $u$ 和 $x$ 的量化信号。

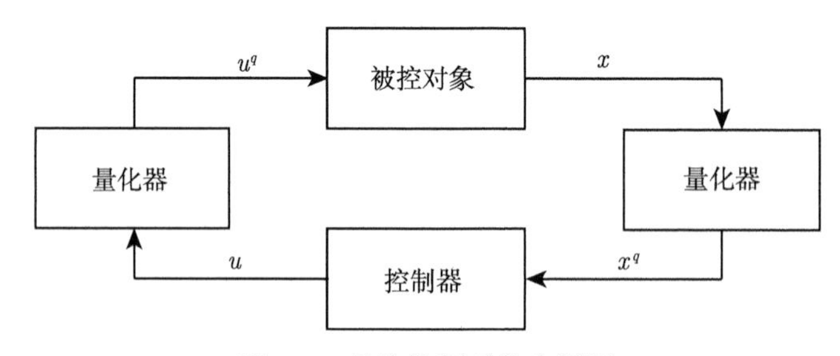


图 5.1　量化控制系统方框图

量化器的数学模型可以用从连续域到离散数集的非连续映射来表示。图 5.2 所示为两种常见形式的量化器。

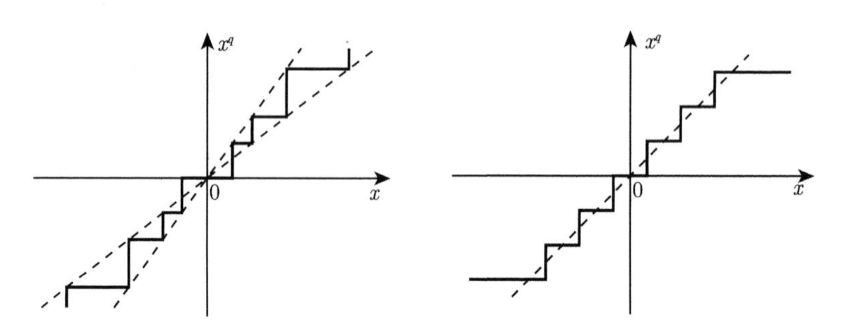


图 5.2　量化器的两种形式

量化器输入和输出之间的差称作量化误差。如果量化误差是有界的，那么可以将其视作测量误差，并使用第 4 章中所介绍的方法来设计量化控制器。但是，量化误差往往不是有界的。比如，图 5.2 所示的量化器，其量化误差随着量化器输入量趋于无穷而趋于无穷。在第 4 章所介绍的能够处理有界测量误差的控制器设计访法的基础上，本章将介绍一种能够处理无界 (依赖于系统状态) 的量化误差的控制器设计方法。

## 5.1　静态量化：扇形域方法

本节考虑如下形式的严格反馈形系统为被控对象：

$$\dot{x}_i = x_{i+1} + \varDelta_i(\bar{x}_i), \quad 1 \leqslant i \leqslant n-1 \tag{5.1}$$

$$\dot{x}_n = u + \varDelta_n(\bar{x}_n) \tag{5.2}$$

$$x_i^q = q_i(x_i), \quad 1 \leqslant i \leqslant n \tag{5.3}$$

式中，$x=[x_1,\cdots,x_n]^{\mathrm{T}}\in\mathbb{R}^n$ 是系统状态；$u\in\mathbb{R}$ 是系统控制输入；$\bar{x}_i=[x_1,\cdots,x_i]^{\mathrm{T}}$；$x_i^q$ 是 $x_i$ 的量化值；$q_i$ 表示状态量化器；$\varDelta_i$ 是未知的、局部利普希茨的函数。

每一个量化器 $q_i$ 都是从 $\mathbb{R}$ 到一个离散集 $\varOmega_i$ 的映射。具体地，对每个量化器的映射进行如下假设。

**假设 5.1**　对于 $1\leqslant i\leqslant n$，量化器映射 $q_i:\mathbb{R}\to\varOmega_i$ 是一个分段恒定的映射，并且存在已知常数 $0\leqslant b_i<1$ 和 $a_i\geqslant 0$，使得

$$|q_i(x_i)-x_i| \leqslant b_i|x_i| + (1-b_i)a_i \tag{5.4}$$

对所有 $x_i\in\mathbb{R}$ 都成立。

对数量化器就是一种满足假设 5.1 的典型量化器，其映射可以分段表示如下：

$$q_i(x_i)=\begin{cases}\dfrac{(1+b_i)^{k+1}a_i}{(1-b_i)^k}, & \text{如果 } \dfrac{(1+b_i)^k a_i}{(1-b_i)^k} < x_i \leqslant \dfrac{(1+b_i)^{k+1}a_i}{(1-b_i)^{k+1}}, \quad k\in\mathbb{Z}_+\\ 0, & \text{如果 } -a_i\leqslant x_i\leqslant a_i\\ -q_i(-x_i), & \text{如果 } x_i<-a_i\end{cases} \tag{5.5}$$

对图 5.3 所示的量化器，可以验证 $|q_i(x_i)-x_i|\leqslant b_i|x_i|+(1-b_i)a_i$ 对所有 $x_i\in\mathbb{R}$ 都成立，其中 $a_i\geqslant 0, 0\leqslant b_i<1$。

对由式 (5.1)~ 式 (5.3) 所描述的被控对象的动力学进行如下假设。

**假设 5.2**　对每个 $\varDelta_i(1\leqslant i\leqslant n)$ 均存在一个已知的 $\psi_{\varDelta_i}\in\mathcal{K}_\infty$，使得

$$|\varDelta_i(\bar{x}_i)| \leqslant \psi_{\varDelta_i}(|\bar{x}_i|) \tag{5.6}$$

对所有 $\bar{x}_i\in\mathbb{R}^i$ 都成立。

本节的目标是针对由式 (5.1)~ 式 (5.3) 所描述的被控对象设计一种如下形式的量化反馈控制器：

$$u = u(x^q) \tag{5.7}$$

式中，$x^q := [x_1^q, \cdots, x_n^q]^{\mathrm{T}}$，使得闭环系统中的所有信号都是有界的，并且状态 $x_1(t)$ 收敛到原点的一个大小依赖于量化误差的邻域。

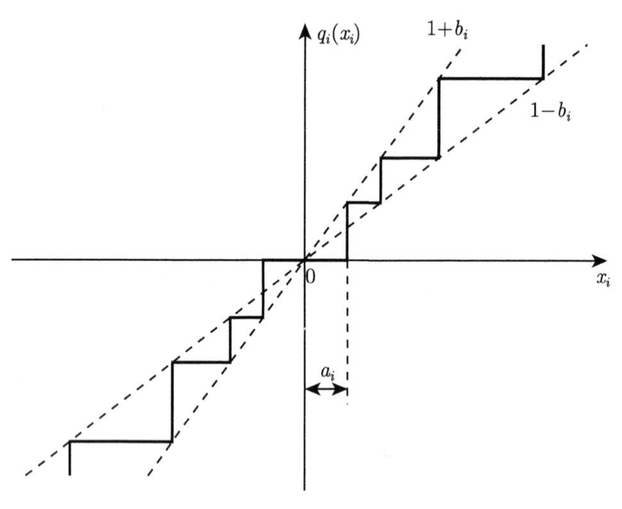


图 5.3　一个截断对数量化器

为突出量化反馈控制器设计的重点，本节的研究不考虑外部干扰的影响。然而，由于本节的设计所使用的小增益方法本质上具有鲁棒性，对受到动态不确定性和外部干扰影响的系统，本节的量化控制器设计方法仍然有效。一类受到动态不确定性和外部干扰影响的严格反馈形系统如下：

$$\dot{z} = g(z, x_1) \tag{5.8}$$

$$\dot{x}_i = x_{i+1} + \Delta_i(\bar{x}_i, d), \quad 1 \leqslant i \leqslant n-1 \tag{5.9}$$

$$\dot{x}_n = u + \Delta_n(\bar{x}_n, d) \tag{5.10}$$

$$x_i^q = q_i(x_i), \quad 1 \leqslant i \leqslant n \tag{5.11}$$

式中，$d \in \mathbb{R}^{n_d}$ 表示外部干扰输入；$z \in \mathbb{R}^{n_z}$ 是逆动态的状态，其不可测量，表示动态不确定性，其他的变量同由式 (5.1)~ 式 (5.3) 所描述的系统中定义的一样。

同时，本节也不考虑执行器量化 (即控制信号 $u$ 通过一个输入量化器作用于被控对象) 的情况。基于本节所提出的设计方法，感兴趣的读者可以进一步考虑状态量化和执行器量化并存情况下的量化控制器设计问题。需要指出的是，执行器量化误差的大小依赖于控制信号的幅度，不能被简单地视作外部干扰。

如果将量化误差的影响看成一种不确定性，那么闭环的量化控制系统就可用图 5.4 中的框图来表示，其中的 $\Lambda$ 满足条件 (5.4)。针对这样的系统结构，如果其中的被控对象的动力学是线性的或者是更一般的全局利普希茨的，那么就可以使用标准的鲁棒控制器设计方法来解决量化控制问题。本节的讨论不假设由式 (5.1)~式 (5.3) 所描述的被控对象的动力学是线性的或全局利普希茨的。

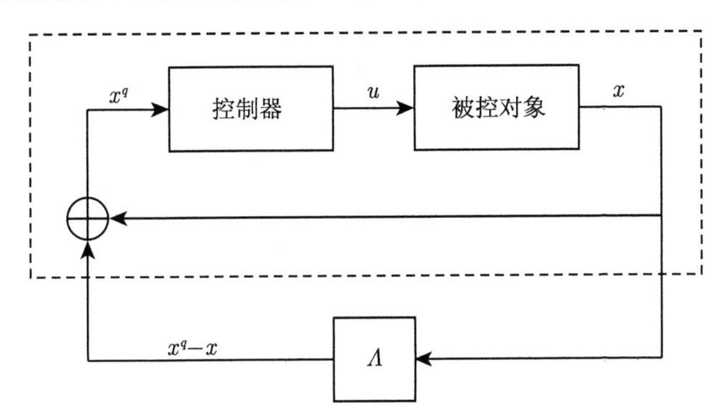


图 5.4　量化控制问题看成鲁棒控制问题

为进一步阐明本节的基本思想，首先以一阶系统为例介绍如何使用本书中介绍的增益配置技术来解决量化控制问题。

**例 5.1**　考虑如下系统:

$$\dot{\eta} = \kappa + \phi(\eta) \tag{5.12}$$

$$\eta^q = q(\eta) \tag{5.13}$$

式中，$\eta \in \mathbb{R}$ 是状态；$\kappa \in \mathbb{R}$ 是控制输入；$q : \mathbb{R} \to \mathbb{R}$ 表示量化器；$\phi : \mathbb{R} \to \mathbb{R}$ 是一个未知的、局部利普希茨的函数。假设已知一个局部利普希茨的 $\psi_\phi \in \mathcal{K}_\infty$ 使得 $|\phi(x)| \leqslant \psi_\phi(|x|)$ 对所有 $x \in \mathbb{R}$ 都成立。同时假设量化器具有扇区界的性质，即存在常数 $a \geqslant 0$、$0 \leqslant b < 1$ 使得 $|q(\eta) - \eta| \leqslant b|\eta| + (1-b)a$。

使用附录 A 中引理 A.8，给定局部利普希茨的 $\psi_\phi \in \mathcal{K}_\infty$ 和常数 $b \geqslant 0$、$0 < c < 1$，一定存在一个连续、正定且非减的函数 $\nu : \mathbb{R}_+ \to \mathbb{R}_+$，使得

$$(1-b)(1-c)\nu((1-b)(1-c)s)s \geqslant \frac{1}{2}s + \psi_\phi(s) \tag{5.14}$$

对所有 $s \in \mathbb{R}_+$ 都成立。

设计如下形式的量化控制律:

$$\kappa = \bar{\kappa}(\eta^q) := -\nu(|\eta^q|)\eta^q \tag{5.15}$$

为分析上述闭环量化系统的稳定性，定义候选李雅普诺夫函数 $V(\eta) = \eta^2/2$。考虑 $V(\eta) \geqslant a^2/2c^2$ 的情况，在这种情况下，$|\eta| \geqslant a/c$。由 $|q(\eta)-\eta| \leqslant b|\eta|+(1-b)a$

可证明

$$\operatorname{sgn}(\eta^q) = \operatorname{sgn}(\eta) \tag{5.16}$$

$$|\eta^q| \geqslant (1-b)(1-c)|\eta| \tag{5.17}$$

于是，

$$\begin{aligned}
\nabla V(\eta)(\bar{\kappa}(\eta^q)+\phi(\eta)) =& \eta(-\nu(|\eta^q|)\eta^q+\phi(\eta)) \\
\leqslant& -\nu(|\eta^q|)|\eta^q||\eta|+|\eta||\phi(\eta)| \\
=& -|\eta|(-\nu(|\eta^q|)|\eta^q|+|\phi(\eta)|) \\
\leqslant& -|\eta|\Big(-\nu((1-b)(1-c)|\eta|)(1-b)(1-c)|\eta| \\
&+\psi_\phi(|\eta|)\Big) \\
\leqslant& -\frac{1}{2}|\eta|^2
\end{aligned} \tag{5.18}$$

也就是说，

$$V(\eta) \geqslant \frac{a^2}{2c^2} \Rightarrow \nabla V(\eta)(\kappa+\phi(\eta)) \leqslant -\frac{1}{2}|\eta|^2 \tag{5.19}$$

显然，上述量化控制器可以保证 $\eta$ 最终收敛到 $|\eta| \leqslant a/c$ 的区域内，其中常数 $a$ 所代表的就是量化器在原点附近的量化误差，而常数 $c$ 是一个可以选取成任意接近 1 的设计参数。从理论上讲，如果 $a=0$，那么这个闭环量化系统就可以实现渐近收敛。当系统动力学还受到有界的外部干扰作用时，上述设计仍然能够保证系统的鲁棒性。

本节后续部分将使用迭代的办法进一步推广例 5.1 中的设计方法，使之能够解决由式 (5.1)~ 式 (5.3) 描述的被控对象的量化控制问题。

定理 5.1 给出了本节的主要结果。

**定理 5.1** 考虑由式 (5.1)~ 式 (5.3) 描述的被控对象。在满足假设 5.1、5.2 的前提下，可以设计形如式 (5.7) 的量化控制律，使得闭环量化控制系统中的所有信号都是有界的。不仅如此，如果 $a_1 \neq 0$，那么任意给定常数 $0 < c_1 < 1$，状态 $x_1$ 都能最终收敛到 $|x_1| \leqslant a_1/c_1$ 所定义的区域内；如果 $a_1 = 0$，那么给定一个任意小的常数 $\delta > 0$，状态 $x_1$ 都能收敛到 $|x_1| \leqslant \delta$ 所定义的区域内。

本节设计量化控制律的基本思想是通过迭代控制设计方法将以 $[x_1, \cdots, x_n]^{\mathrm{T}}$ 为状态向量的系统转化为一个新的、以 $[e_1, \cdots, e_n]^{\mathrm{T}}$ 为状态向量的系统。本节将引入基于集值映射的设计来处理量化器对闭环系统动力学所造成的非连续性。通过选取合适的集值映射，使得每个 $e_i$ 子系统以其他状态 $e_j(j \neq i)$ 作为输入时都是输入到状态稳定的。在此基础上，应用多回路小增益定理即可保证 $[e_1,\cdots,e_n]^{\mathrm{T}}$ 系统是输入到状态稳定的。为便于讨论，定义 $\bar{e}_i=[e_1,\cdots,e_i]^{\mathrm{T}}$，$\bar{a}_i=[a_1,\cdots,a_i]^{\mathrm{T}}$。

### 5.1.1　迭代设计

1. **第一步: $e_1$ 子系统**

令 $e_1=x_1$，那么，$e_1$ 子系统写作

$$\dot{e}_1=x_2-e_2+\phi_1^*(x_1,e_2) \tag{5.20}$$

式中，$\phi_1^*(x_1,e_2):=\varDelta_1(e_1)+e_2$；$e_2$ 是随后定义的一个新的状态分量。

如果满足条件 (5.6)，那么一定存在一个 $\psi_{\phi_1^*}\in\mathcal{K}_\infty$，使得

$$|\phi_1^*(x_1,e_2)|\leqslant\psi_{\phi_1^*}(|\bar{e}_2|) \tag{5.21}$$

对所有 $x_1$ 和 $e_2$ 都成立。

在满足式 (5.4) 的前提下，定义集值映射 $\breve{S}_1$ 和 $S_1$ 如下：

$$\breve{S}_1(x_1)=\left\{\kappa_1(x_1+d_{11}):|d_{11}|\leqslant b_1|x_1|+(1-b_1)a_1\right\} \tag{5.22}$$

$$S_1(x_1)=\left\{d_{12}p_1:p_1\in\breve{S}_1(x_1),\frac{1}{1+b_2}\leqslant d_{12}\leqslant\frac{1}{1-b_2}\right\} \tag{5.23}$$

式中，$\kappa_1$ 是一个连续可微、严格递减且径向无界的奇函数，将在随后确定。

注意到对任意 $z\in\mathbb{R}$ 和任意 $\varOmega\subset\mathbb{R}$ 都有 $\vec{d}(z,\varOmega):=z-\underset{z'\in\varOmega}{\arg\min}\{|z-z'|\}$。定义

$$e_2=\vec{d}(x_2,S_1(x_1)) \tag{5.24}$$

那么，显然 $x_2-e_2\in S_1(x_1)$。

在集值映射 $\breve{S}_1$ 的定义中，$d_{11}$ 代表量化误差 $q_1(x_1)-x_1$ 的影响，其满足式 (5.4)。如果 $x_2$ 没有经过量化环节，而能够直接使用，那么结合第 4 章中提到的测量反馈控制就可以设计一个集值映射 $\breve{S}_1$，使得只要满足 $x_2\in\breve{S}_1(x_1)$ 就能保证 $e_1$ 子系统是输入到状态稳定的。但是，由于存在量化器，可以用作反馈的是 $q_2(x_2)$ 而不是 $x_2$。考虑到这种情况，引入一个新的集值映射 $S_1(x_1)$ 来处理由量化所带来的量化误差 $q_2(x_2)-x_2$。

如果选取的 $\kappa_1$ 是连续可微的，那么 $S_1(x_1)$ 的界也是几乎处处连续可微的，因此 $e_2$ 的导数也几乎处处存在。于是就可以用微分包含来表示 $e_2$ 子系统的动力学。图 5.5 所示的是一个 $S_1(x_1)$ 的例子。

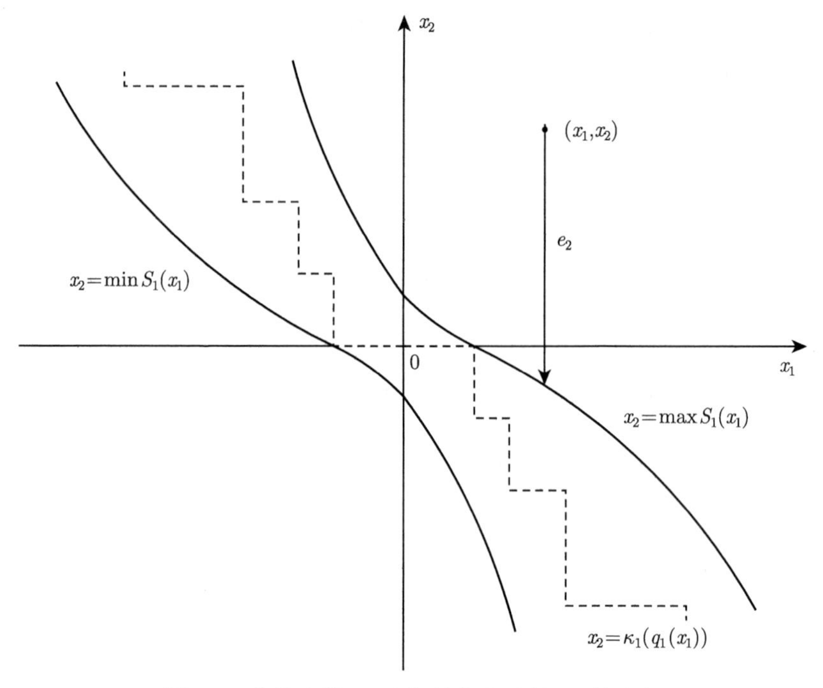


图 5.5　集值映射 $S_1$ 和新的状态分量 $e_2$ 的定义

实际上，即便 $\kappa_1$ 仅仅是局部利普希茨的，也能够保证其是几乎处处是连续可微的，并能进一步保证 $e_2$ 的导数是几乎处处存在的。

上述讨论的一个特例就是 $a_1=b_1=b_2=0$。在这种情况下，$q_1(x_1)=x_1$，$\breve{S}_1(x_1)=S_1(x_1)=\{\kappa_1(x_1)\}$，$e_2=x_2-\kappa_1(x_1)$。也就是说，2.3 节中基于函数的设计方法是本节基于集值映射的设计方法的特例。

下述设计过程将通过迭代的方式定义新的 $e_i$ 子系统 $(2\leqslant i\leqslant n)$。

2. 迭代步：$e_i$ 子系统 $(2\leqslant i\leqslant n)$

设 $\breve{S}_0(\bar{x}_0):=\{0\}$。在满足条件 (5.4) 的情况下，当 $k=1,\cdots,i-1$ 时，定义集值映射 $\breve{S}_k$、$S_k$ 如下：

$$\begin{aligned}\breve{S}_k(\bar{x}_k)=&\Big\{\kappa_k(x_k-p_{k-1}+d_{k1}):p_{k-1}\in\breve{S}_{k-1}(\bar{x}_{k-1}),\\&|d_{k1}|\leqslant b_k|x_k|+(1-b_k)a_k\Big\}\end{aligned}\tag{5.25}$$

$$S_k(\bar{x}_k)=\left\{d_{k2}p_k:p_k\in\breve{S}_k(\bar{x}_k),\frac{1}{1+b_{k+1}}\leqslant d_{k2}\leqslant\frac{1}{1-b_{k+1}}\right\}\tag{5.26}$$

式中，$\kappa_k$ 是连续可微、严格递减且径向无界的奇函数。

当 $k=1,\cdots,i-1$ 时，定义

$$e_{k+1}=\vec{d}(x_{k+1},S_k(\bar{x}_k)) \tag{5.27}$$

显然，新的状态分量 $e_k$ 所表示的是从 $x_k$ 到 $S_{k-1}(\bar{x}_{k-1})$ 的距离。同时，集值映射 $\breve{S}_k$ 以及 $S_k$ 的定义都用到了 $x_{k+1}-p_k$，其中 $p_k\in\breve{S}_k(\bar{x}_k)$。直观地讲，通过这种设计，如果 $p_k\in S_k(\bar{x}_k)$，那么就可以把 $x_{k+1}$ 控制到 $S_k(\bar{x}_k)$ 的范围内。

引理 5.1 指出，使用如上定义的集值映射可以将每个 $e_i$ 子系统转化为可以应用增益配置进行设计的形式。

**引理 5.1**　*考虑由式 (5.1)～式 (5.3) 所描述的被控对象，在满足假设 5.1、5.2 的前提下，当 $e_i\neq 0$ 时，通过式 (5.25)～式 (5.27) 的定义可以将每个 $e_i$ 子系统转化为如下由微分包含所表示的形式:*

$$\dot{e}_i\in\{x_{i+1}-e_{i+1}+\phi_i^*:\phi_i^*\in\Phi_i^*(\bar{x}_i,e_{i+1})\} \tag{5.28}$$

*式中，$\Phi_i^*(\bar{x}_i,e_{i+1})$ 是一个凸、紧致且上半连续的集值映射。同时，存在一个 $\psi_{\Phi_i}\in\mathcal{K}_\infty$，使得*

$$|\phi_i^*|\leqslant\psi_{\Phi_i^*}(|[\bar{e}_{i+1}^{\mathrm{T}},\bar{a}_{i-1}^{\mathrm{T}}]^{\mathrm{T}}|) \tag{5.29}$$

*对于任意 $\bar{x}_i,e_{i+1}$ 和任意 $\phi_i^*\in\Phi_i^*(\bar{x}_i,e_{i+1})$ 都成立。*

附录 B.2 给出了引理 5.1 的证明。如果闭环系统不受到量化的影响，即 $a_i=b_i=0(1\leqslant i\leqslant n)$，那么 $\max S_{i-1}=\min S_{i-1}=\kappa_{i-1}(e_{i-1})$。在这种情况下，微分包含 (5.28) 可简化由微分方程等价表示。

令 $k=i$，那么式 (5.25) 和式 (5.26) 分别给出了集值映射 $\breve{S}_i$ 和 $S_i$ 的定义。特别地，当 $i=n$ 时，取 $b_{i+1}=b_{n+1}=0$，$S_i(\bar{x}_i)=S_n(\bar{x}_n)=\breve{S}_n(\bar{x}_n)$。

令 $k=i$，那么式 (5.27) 给出了 $e_{i+1}$ 的定义。根据这一定义，下式一定成立:

$$x_{i+1}-e_{i+1}\in S_i(\bar{x}_i) \tag{5.30}$$

那么，当 $e_i\neq 0$ 时，可以进一步将 $e_i$ 子系统表示为

$$\dot{e}_i\in S_i(\bar{x}_i)+\Phi_i^*(\bar{x}_i,e_{i+1}) \tag{5.31}$$

定义 $\Phi_1^*(x_1,e_2)=\{\phi_1^*(x_1,e_2)\}$，$\psi_{\Phi^*}=\psi_{\phi^*}$ 并取 $\bar{a}_0=0$。那么 $e_1$ 子系统也可写成式 (5.31) 的形式，并且 $\Phi_1^*$ 也满足式 (5.29)。使用引理 5.1，通过上述迭代设计，$[x_1,\cdots,x_n]^{\mathrm{T}}$ 系统可转化为 $[e_1,\cdots,e_n]^{\mathrm{T}}$ 系统，并且 $[e_1,\cdots,e_n]^{\mathrm{T}}$ 系统的每个 $e_i$ 子系统 $(1\leqslant i\leqslant n)$ 均可表示为式 (5.31) 的形式。

由于 $S_i(\bar{x}_i)+\Phi_i^*(\bar{x}_i,e_{i+1})$ 是凸、紧致且上半连续的集值映射，可以使用微分包含 (5.31) 来定义每个 $e_i$ 子系统的推广菲利波夫解。

### 5.1.2 量化控制器设计

迭代到第 $i=n$ 步时真正的控制输入 $u$ 就会出现。此时，令 $e_{n+1}=0$。选取如下形式的量化控制器：

$$p_1^* = \kappa_1(q_1(x_1)) \tag{5.32}$$

$$p_i^* = \kappa_i(q_i(x_i) - p_{i-1}^*), \quad 2 \leqslant i \leqslant n-1 \tag{5.33}$$

$$u = \kappa_n(q_n(x_n) - p_{n-1}^*) \tag{5.34}$$

显然，

$$p_1^* \in \breve{S}_1(x_1) \Rightarrow \cdots \Rightarrow p_i^* \in \breve{S}_i(\bar{x}_i) \Rightarrow \cdots \Rightarrow u \in S_n(\bar{x}_n) \tag{5.35}$$

### 5.1.3 基于多回路小增益定理的闭环量化控制系统集成

定义 $\alpha_V(s)=s^2/2$，其中 $s\in\mathbb{R}_+$。本节通过为 $\breve{S}_i$ 和 $S_i$ 选取合适的 $\kappa_i$，使得每个 $e_i$ 子系统 $(1\leqslant i\leqslant n)$ 都是输入到状态稳定的，并且具有如下形式的输入到状态稳定李雅普诺夫函数：

$$V_i(e_i) = \alpha_V(|e_i|) \tag{5.36}$$

**引理 5.2** 考虑由式 (5.31) 所定义的 $e_i$ 子系统 $(1\leqslant i\leqslant n)$，其中 $\Phi_i^*$ 满足式 (5.29)。如果满足条件 (5.4)，那么对任意特定的常数 $\epsilon_i>0$、$0<c_i<1$、$\ell_i>0$、$\gamma_{e_i}^{e_1},\cdots,\gamma_{e_i}^{e_{i-1}},\gamma_{e_i}^{e_{i+1}},\chi_{e_i}^{a_1},\cdots,\chi_{e_i}^{a_{i-1}}\in\mathcal{K}_\infty$，都能找到一个连续可微、严格递减且径向无界的奇函数 $\kappa_i$，使得 $V_i(e_i)$ 满足

$$\begin{aligned} V_i(e_i) \geqslant \max_{k=1,\cdots,i-1} & \left\{ \gamma_{e_i}^{e_k}(V_k(e_k)), \gamma_{e_i}^{e_{i+1}}(V_{i+1}(e_{i+1})), \chi_{e_i}^{a_k}(a_k), \right. \\ & \left. \alpha_V\left(\frac{a_i}{c_i}\right), \epsilon_i \right\} \\ \Rightarrow \max_{f_i\in(S_i(\bar{x}_i)+\Phi_i^*(\bar{x}_i,e_{i+1}))} & \nabla V_i(e_i) f_i \leqslant -\ell_i V_i(e_i) \end{aligned} \tag{5.37}$$

式中，$V_{n+1}(e_{n+1})=0$。

**证明** 如果满足条件 (5.29)，那么一定存在 $\psi_{\Phi_i^*}^{e_1},\cdots,\psi_{\Phi_i^*}^{e_{i+1}}\in\mathcal{K}_\infty$ 和 $\psi_{\Phi_i^*}^{a_1},\cdots,\psi_{\Phi_i^*}^{a_{i-1}}\in\mathcal{K}_\infty$ 使得对任意 $\phi_i^*\in\Phi_i^*(\bar{x}_i,e_{i+1})$ 都有

$$|\phi_i^*| \leqslant \sum_{k=1}^{i+1} \psi_{\Phi_i^*}^{e_k}(|e_k|) + \sum_{k=1}^{i-1} \psi_{\Phi_i^*}^{a_k}(a_k) \tag{5.38}$$

由假设 5.1 可知，$0 \leqslant b_i, b_{i+1} < 1$。利用附录 A 中引理 A.8，对任意 $\epsilon_i > 0$ 和任意 $0 < c_i < 1$，一定存在一个正定、非减且在 $(0, \infty)$ 上连续可微的函数 $\nu_i : \mathbb{R}_+ \to \mathbb{R}_+$，使得

$$\begin{aligned}&\frac{(1-b_i)(1-c_i)}{1+b_{i+1}}\nu_i((1-b_i)(1-c_i)s)s\\&\geqslant \frac{\ell_i}{2}s + \psi_{\Phi_i^*}^{e_i}(s) + \sum_{k=1,\cdots,i-1,i+1}\psi_{\Phi_i^*}^{e_k}\circ\alpha_V^{-1}\circ(\gamma_{e_i}^{e_k})^{-1}\circ\alpha_V(s)\\&\quad + \sum_{k=1,\cdots,i-1}\psi_{\Phi_i^*}^{a_k}\circ(\chi_{e_i}^{a_k})^{-1}\circ\alpha_V(s)\end{aligned} \tag{5.39}$$

对所有 $s \geqslant \sqrt{2\epsilon_i}$ 都成立。

当 $r \in \mathbb{R}$ 时，定义 $\kappa_i(r) = -\nu_i(|r|)r$。那么 $\kappa_i$ 是一个严格递减、径向无界且连续可微的奇函数。

针对候选李雅普诺夫函数 $V_i(e_i) = \alpha_V(|e_i|) = \dfrac{1}{2}|e_i|^2$，考虑如下情况:

$$V_i(e_i) \geqslant \max_{k=1,\cdots,i-1,i+1}\left\{\gamma_{e_i}^{e_k}(V_k(e_k)), \chi_{e_i}^{a_k}(a_k), \alpha_V\left(\frac{a_i}{c_i}\right), \epsilon_i\right\} \tag{5.40}$$

在这种情况下，如下几个关系都成立:

$$|e_k| \leqslant \alpha_V^{-1}\circ(\gamma_{e_i}^{e_k})^{-1}\circ\alpha_V(|e_i|),\quad k=1,\cdots,i-1,i+1 \tag{5.41}$$

$$|e_i| \geqslant \sqrt{2\epsilon_i} \tag{5.42}$$

$$e_i \neq 0 \tag{5.43}$$

$$a_i \leqslant c_i|e_i| \tag{5.44}$$

$$a_k \leqslant (\chi_{e_i}^{a_k})^{-1}\circ\alpha_V(|e_i|) \tag{5.45}$$

为便于讨论，当 $1 \leqslant k \leqslant n$ 时，直接使用 $\breve{S}_k$ 和 $S_k$ 分别表示 $\breve{S}_k(\bar{x}_k)$ 和 $S_k(\bar{x}_k)$。由 $S_{i-1}$ 的定义可知

$$\begin{aligned}\max S_{i-1} &\geqslant \max\left\{\max\left(\frac{1}{1+b_i}\breve{S}_{i-1}\right), \max\left(\frac{1}{1-b_i}\breve{S}_{i-1}\right)\right\}\\\min S_{i-1} &\leqslant \min\left\{\min\left(\frac{1}{1+b_i}\breve{S}_{i-1}\right), \min\left(\frac{1}{1-b_i}\breve{S}_{i-1}\right)\right\}\end{aligned}$$

当 $p_{i-1} \in \breve{S}_{i-1}$ 且 $d_{i1} \leqslant b_i|x_i| + (1-b_i)a_i$ 时，考虑如下四种情况。

(1) $x_i > \max S_{i-1}$(即 $e_i > 0$) 和 $x_i \geqslant 0$:

$$\begin{aligned}x_i - p_{i-1} + d_{i1} &\geqslant (1-b_i)x_i - \max \breve{S}_{i-1} - (1-b_i)a_i \\ &= (1-b_i)\left(x_i - \max\left(\frac{1}{1-b_i}\breve{S}_{i-1}\right) - a_i\right) \\ &\geqslant (1-b_i)\left(x_i - \max S_{i-1} - a_i\right) = (1-b_i)(e_i - a_i)\end{aligned}$$

(2) $x_i < \min S_{i-1}$(即 $e_i < 0$) 和 $x_i \geqslant 0$:

$$\begin{aligned}x_i - p_{i-1} + d_{i1} &\leqslant (1+b_i)x_i - \min \breve{S}_{i-1} + (1-b_i)a_i \\ &= (1+b_i)\left(x_i - \min\left(\frac{1}{1+b_i}\breve{S}_{i-1}\right)\right) + (1-b_i)a_i \\ &\leqslant (1-b_i)\left(x_i - \min S_{i-1} + a_i\right) = (1-b_i)(e_i + a_i)\end{aligned}$$

(3) $x_i < \min S_{i-1}$(即 $e_i < 0$) 和 $x_i \leqslant 0$:

$$\begin{aligned}x_i - p_{i-1} + d_{i1} &\leqslant (1-b_i)x_i - \min \breve{S}_{i-1} + (1-b_i)a_i \\ &= (1-b_i)\left(x_i - \min\left(\frac{1}{1-b_i}\breve{S}_{i-1}\right) + a_i\right) \\ &\leqslant (1-b_i)\left(x_i - \min S_{i-1} + a_i\right) = (1-b_i)(e_i + a_i)\end{aligned}$$

(4) $x_i > \max S_{i-1}$(即 $e_i > 0$) 和 $x_i \leqslant 0$:

$$\begin{aligned}x_i - p_{i-1} + d_{i1} &\geqslant (1+b_i)x_i - \max \breve{S}_{i-1} - (1-b_i)a_i \\ &= (1+b_i)\left(x_i - \max\left(\frac{1}{1+b_i}\breve{S}_{i-1}\right)\right) - (1-b_i)a_i \\ &\geqslant (1-b_i)\left(x_i - \max S_{i-1} - a_i\right) = (1-b_i)(e_i - a_i)\end{aligned}$$

再由式 (5.44) 可得

$$|x_i - p_{i-1} + d_{i1}| \geqslant (1-b_i)(1-c_i)|e_i| \tag{5.46}$$

$$\operatorname{sgn}(x_i - p_{i-1} + d_{i1}) = \operatorname{sgn}(e_i) \tag{5.47}$$

那么，在满足式 (5.40) 的情况下，对任意 $|d_{i1}| \leqslant b_i|x_i| + (1-b_i)a_i$、任意 $p_{i-1} \in \breve{S}_{i-1}$、任意 $1/(1+b_{i+1}) \leqslant d_{i2} \leqslant 1/(1-b_{i+1})$ 和任意 $\phi_i^* \in \varPhi_i^*(\bar{x}_i, e_{i+1})$，利用

式 (5.39)~ 式 (5.47) 可得

$$\begin{aligned}
&\nabla V_i(e_i)(d_{i2}\kappa_i(x_i-p_{i-1}+d_{i1})+\phi_i^*)\\
=&e_i\big(-d_{i2}\nu_i(|x_i-p_{i-1}+d_{i1}|)(x_i-p_{i-1}+d_{i1})+\phi_i^*\big)\\
\leqslant&-d_{i2}\nu_i(|x_i-p_{i-1}+d_{i1}|)|x_i-p_{i-1}+d_{i1}||e_i|+|e_i||\phi_i^*|\\
\leqslant&|e_i|\Big(-\frac{1}{1+b_{i+1}}\nu_i((1-b_i)(1-c_i)|e_i|)(1-b_i)(1-c_i)|e_i|\\
&+\sum_{k=1}^{i+1}\psi_{\Phi_i^*}^{e_k}(|e_k|)+\sum_{k=1}^{i-1}\psi_{\Phi_i^*}^{a_k}(a_k)\Big)\\
\leqslant&|e_i|\Big(-\frac{(1-b_i)(1-c_i)}{1+b_{i+1}}\nu_i((1-b_i)(1-c_i)|e_i|)|e_i|\\
&+\sum_{k=1,\cdots,i-1,i+1}\psi_{\Phi_i^*}^{e_k}\circ\alpha_V^{-1}\circ(\gamma_{e_i}^{e_k})^{-1}\circ\alpha_V(|e_i|)\\
&+\psi_{\Phi_i^*}^{e_i}(|e_i|)+\sum_{k=1}^{i-1}\psi_{\Phi_i^*}^{a_k}\circ(\chi_{e_i}^{a_k})^{-1}\circ\alpha_V(|e_i|)\Big)\\
\leqslant&-\frac{\ell_i}{2}|e_i|^2=-\ell_iV_i(e_i)
\end{aligned}\tag{5.48}$$

几乎处处成立，亦即

$$\max\nabla V_i(e_i)(S_i(\bar{x}_i)+\Phi_i^*(\bar{x}_i,e_{i+1}))\leqslant-\ell_iV_i(e_i)\tag{5.49}$$

几乎处处成立。

因此，$e_i$ 子系统以 $e_1,\cdots,e_{i-1},e_{i+1}$、$a_k(1\leqslant k\leqslant i)$ 和 $\epsilon_i$ 为输入是输入到状态稳定的。不仅如此，每个输入到状态稳定增益 $\gamma_{(\cdot)}^{(\cdot)}$ 和 $\chi_{(\cdot)}^{(\cdot)}$ 要么可以设计得任意小，要么可以设计得小到足以满足小增益条件。

定义 $e=[e_1,\cdots,e_n]^{\mathrm{T}}$。为了便于讨论，记 $\dot{e}=F(e,x)$。由上述迭代设计过程可知，$e$ 系统是由多个输入到状态稳定的子系统相互耦合而成的，$a_1,\cdots,a_n,\epsilon_1,\cdots,\epsilon_n$ 可视作其输入。图 5.6 所示为经过上述迭代设计而成的闭环系统的各个子系统通过增益相互关联的结构图。

在迭代设计过程中，给定 $\bar{e}_{i-1}$ 子系统，通过为 $e_i$ 子系统设计集值映射 $\breve{S}_i$ 和 $S_i$，可以配置输入到状态稳定增益 $\gamma_{e_i}^{e_k}$，使其满足多回路小增益条件 (4.76)，其中 $1\leqslant k\leqslant i-1$。通过迭代设计，对所有的 $2\leqslant i\leqslant n$，可以最终满足条件 (4.76)。

利用第 3 章中的基于李雅普诺夫函数的多回路小增益结果，可以为 $e$ 系统构造如下形式的输入到状态稳定李雅普诺夫函数：

$$V(e)=\max_{1\leqslant i\leqslant n}\{\sigma_i(V_i(e_i))\}\tag{5.50}$$

式中，$\sigma_1(s)=s$，当 $2\leqslant i\leqslant n$ 时 $\sigma_i(s)=\hat{\gamma}_{e_1}^{e_2}\circ\cdots\circ\hat{\gamma}_{e_{i-1}}^{e_i}(s)$，其中 $\hat{\gamma}_{(\cdot)}^{(\cdot)}$ 是 $\mathcal{K}_\infty$ 类函数，其在 $(0,\infty)$ 上连续可微，比对应的 $\gamma_{(\cdot)}^{(\cdot)}$ 稍大，且对所有的 $2\leqslant i\leqslant n$，$\hat{\gamma}_{(\cdot)}^{(\cdot)}$ 仍然满足式 (4.76)。

同时，$a_1,\cdots,a_n,\epsilon_1,\cdots,\epsilon_n$ 对闭环系统的影响可以表示为

$$\begin{aligned}\vartheta&=\max_{1\leqslant i\leqslant n}\left\{\sigma_i\circ\alpha_V\left(\frac{a_i}{c_i}\right),\max_{k=1,\cdots,i-1}\{\sigma_i\circ\chi_{e_i}^{a_k}(a_k)\},\sigma_i(\epsilon_i)\right\}\\&:=\max\left\{\vartheta_0,\sigma_1\circ\alpha_V\left(\frac{a_1}{c_1}\right)\right\}=\max\left\{\vartheta_0,\alpha_V\left(\frac{a_1}{c_1}\right)\right\}\end{aligned}\tag{5.51}$$

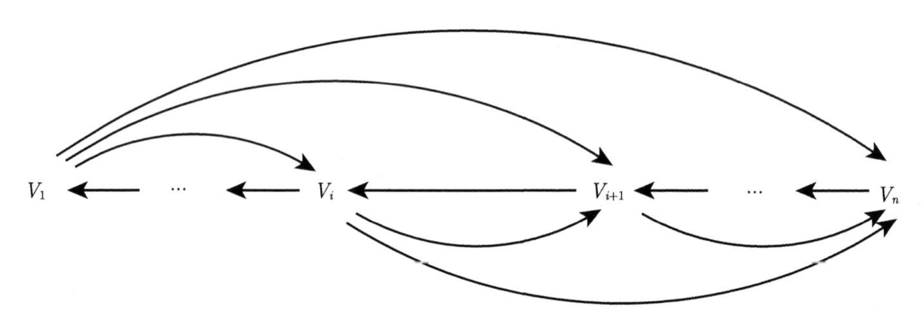


图 5.6 闭环量化系统中各个子系统之间通过增益相互关联的情况

应用基于李雅普诺夫的多回路小增益定理可得

$$V(e)\geqslant\vartheta\Rightarrow\max\nabla V(e)F(e,x)\leqslant-\alpha(V(e))\tag{5.52}$$

式中，$\nabla V(e)$ 几乎处处存在；$\alpha$ 是一个连续且正定的函数。

由性质 (5.52) 可知，$V(e)$ 最终收敛到 $V(e)\leqslant\vartheta$ 所定义的区域内。注意到 $V_1$ 和 $V$ 的定义，参见式 (5.36)、式 (5.50)，显然，$V(e)\geqslant\sigma_1(V_1(e_1))=V_1(e_1)=\alpha_V(|e_1|)$。因此，$x_1=e_1$ 最终收敛到 $|x_1|\leqslant\alpha_V^{-1}(\vartheta)$ 所定义的区域内。

在迭代设计过程中，通过选取足够小的 $\gamma_{(\cdot)}^{(\cdot)}$ 使 $\sigma_i(2\leqslant i\leqslant n)$ 足够小。同时，$\chi_{e_i}^{a_k}(1\leqslant k\leqslant i-1,\ 1\leqslant i\leqslant n)$ 和 $\epsilon_i(1\leqslant i\leqslant n)$ 也可以选取得任意小。这样，当 $a_1\neq 0$ 时，可以通过控制的手段使 $\vartheta_0$ 任意小。于是，通过选取 $c_1$ 使之充分靠近 1，就可以保证 $x_1$ 最终收敛到任意接近于 $|x_1|\leqslant a_1$ 的区域。当然，如果在理想情况下 $a_1=0$，那么 $x_1$ 将最终收敛到 $|x_1|\leqslant\alpha_V^{-1}(\vartheta_0)$ 所定义的区域，而其中的 $\vartheta_0$ 可以设计得任意小。

### 5.1.4　数值例子

考虑如下系统：

$$\dot{x}_1 = x_2 + 0.5x_1 \tag{5.53}$$

$$\dot{x}_2 = u + 0.5x_2^2 \tag{5.54}$$

$$x_1^q = q_1(x_1) \tag{5.55}$$

$$x_2^q = q_2(x_2) \tag{5.56}$$

式中，$[x_1, x_2]^{\mathrm{T}} \in \mathbb{R}^2$ 是状态；$u \in \mathbb{R}$ 是控制输入；$q_1$ 和 $q_2$ 是满足式 (5.4) 的量化器。在本例中，$b_1 = b_2 = 0.1$，$a_1 = a_2 = 0.2$。

定义 $e_1 = x_1$，那么，$e_1$ 子系统可以写为

$$\dot{e}_1 = x_2 - e_2 + (0.5e_1 + e_2) \tag{5.57}$$

式中，$e_2$ 定义为式 (5.24)，式 (5.24) 中的 $S_1$ 定义为式 (5.23)。定义 $\varPhi_1^*(e_1, e_2) = \{0.5e_1 + e_2\}$。那么，$\psi_{\varPhi_1^*}^{e_1}(s) = 0.5s$，$\psi_{\varPhi_1^*}^{e_2}(s) = s$。选取 $\gamma_{e_1}^{e_2}(s) = 0.95s$，$c_1 = 0.2$，$\ell_1 = 0.89$。由式 (5.39) 选取 $\nu_1(s) = 3.06$。那么，$\kappa_1(r) = -\nu_1(|r|)r = -3.06r$。

按照附录 B.2 中引理 5.1 的证明中给出的设计步骤，$e_2$ 子系统可写作如下形式：

$$\dot{e}_2 \in \{u + \phi_2^* : \phi_2^* \in \varPhi_2^*(x_1, x_2)\} \tag{5.58}$$

仅给出当 $x_2 > \max S_1(x_1)$ 时 $\varPhi_2^*(x_1, x_2)$ 的计算。$x_2 < \max S_1(x_1)$ 的情形类似。首先，计算 $\max \breve{S}_1(x_1)$ 得到

$$\begin{aligned}\max \breve{S}_1(x_1) &= -3.06(x_1 - 0.1|x_1| - 0.18) \\ &= \begin{cases} -3.06(0.9x_1 - 0.18), & \text{如果 } x_1 \geqslant 0 \\ -3.06(1.1x_1 - 0.18), & \text{如果 } x_1 < 0 \end{cases}\end{aligned} \tag{5.59}$$

可以看出，如果 $x_1 < 0.2$，则 $\max \breve{S}_1(x_1) > 0$，而如果 $x_1 \geqslant 0.2$，则 $\max \breve{S}_1(x_1) \leqslant 0$。于是有

$$\max S_1(x_1) = \begin{cases} \dfrac{1}{0.9} \max \breve{S}_1(x_1), & \text{如果 } x_1 < 0.2 \\ \dfrac{1}{1.1} \max \breve{S}_1(x_1), & \text{如果 } x_1 \geqslant 0.2 \end{cases} \tag{5.60}$$

综合式 (5.59) 和式 (5.60)，经过直接计算可得

$$\max S_1(x_1)=\begin{cases}-2.5036x_1+0.5007, & \text{如果 } x_1\geqslant 0.2\\ -3.06x_1+0.612, & \text{如果 } 0\leqslant x_1<0.2\\ -3.74x_1+0.612, & \text{如果 } x_1<0\end{cases}\tag{5.61}$$

进而得到

$$\partial\max S_1(x_1)=\begin{cases}\{2.5036\}, & \text{如果 } x_1>0.2\\ [2.5036,3.06], & \text{如果 } x_1=0.2\\ \{3.06\}, & \text{如果 } 0<x_1<0.2\\ [3.06,3.74], & \text{如果 } x_1=0\\ \{3.74\}, & \text{如果 } x_1<0\end{cases}\tag{5.62}$$

定义 $\phi_{21}(x_1,x_2)=-1.2518x_1-2.5036x_2+0.5x_2^2$，$\phi_{22}(x_1,x_2)=-1.53x_1-3.06x_2+0.5x_2^2$，$\phi_{23}(x_1,x_2)=-1.87x_1-3.74x_2+0.5x_2^2$。那么，当 $x_2>\max S_1(x_1)$ 时，计算得

$$\varPhi_2^*(x_1,x_2)=\begin{cases}\{\phi_{21}(x_1,x_2)\}, & \text{如果 } x_1>0.2\\ \overline{\text{co}}\{\phi_{21}(x_1,x_2),\phi_{22}(x_1,x_2)\}, & \text{如果 } x_1=0.2\\ \{\phi_{22}(x_1,x_2)\}, & \text{如果 } 0<x_1<0.2\\ \overline{\text{co}}\{\phi_{22}(x_1,x_2),\phi_{23}(x_1,x_2)\}, & \text{如果 } x_1=0\\ \{\phi_{23}(x_1,x_2)\}, & \text{如果 } x_1<0\end{cases}\tag{5.63}$$

可以证明，对任意 $\phi_2^*\in\varPhi_2^*(x_1,x_2)$ 都有 $|\phi_2^*|\leqslant\psi_{\varPhi_2^*}^{e_1}(|e_1|)+\psi_{\varPhi_2^*}^{e_2}(|e_2|)+\psi_{\varPhi_2^*}^{a_1}(a_1)$，其中 $\psi_{\varPhi_2^*}^{e_1}(s)=15.8576s$，$\psi_{\varPhi_2^*}^{e_2}(s)=3.74s+s^2$，$\psi_{\varPhi_2^*}^{a_1}(s)=11.44s$。

为了满足多回路小增益条件，选取 $\gamma_{e_2}^{e_1}(s)=s$，$\chi_{e_2}^{a_1}(s)=\alpha_V(s/0.3)$，$c_2=0.3$，通过式 (5.39) 选取 $\nu_2(s)=23.5+s$，那么，$\kappa_2(r)=-\nu_2(|r|)r$。

所设计的量化控制器为

$$p_1^*=-3.06q_1(x_1)\tag{5.64}$$

$$u=-(q_2(x_2)-p_1^*)(23.5+|q_2(x_2)-p_1^*|)\tag{5.65}$$

根据 5.1.3 节中的讨论，$x_1$ 将最终收敛到 $|x_1|\leqslant a_1/c_1=1$ 所定义的区域内。图 5.7 和图 5.8 给出了初始条件为 $x_1(0)=1$，$x_2(0)=-3$ 时的仿真结果。

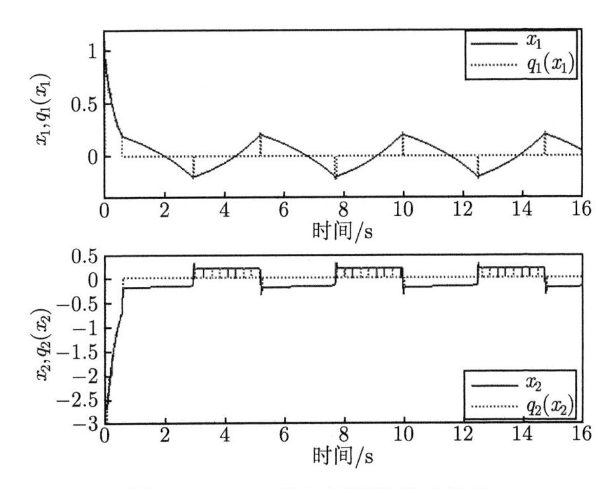


图 5.7　5.1.4 节中例子的状态轨迹

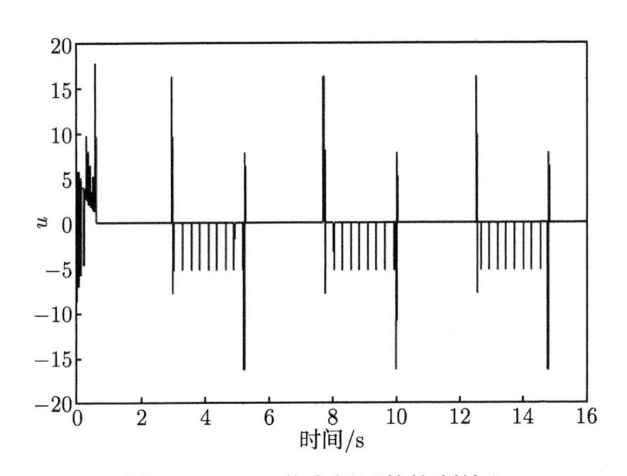


图 5.8　5.1.4 节中例子的控制输入

# 5.2　动态量化控制

数字设备的字长往往是有限的，因此实际的量化器往往仅能输出有限个量化值。图 5.9 所示为一个有限字长均匀量化器的例子。如果量化器的输入在量化范围 $M\mu$ 内，那么量化误差就小于 $\mu$；否则，量化器的输出就限幅了。显然，有限字长量化器不满足 5.1 节所假设的扇区界条件。

通过将 $\mu$ 视作量化器的变量，动态量化的基本思想是在量化控制过程中动态调整 $\mu$ 以达到提高量化控制性能的目的，比如实现半全局的渐近镇定。现利用例 5.2 对动态量化控制的基本思想做进一步阐述。

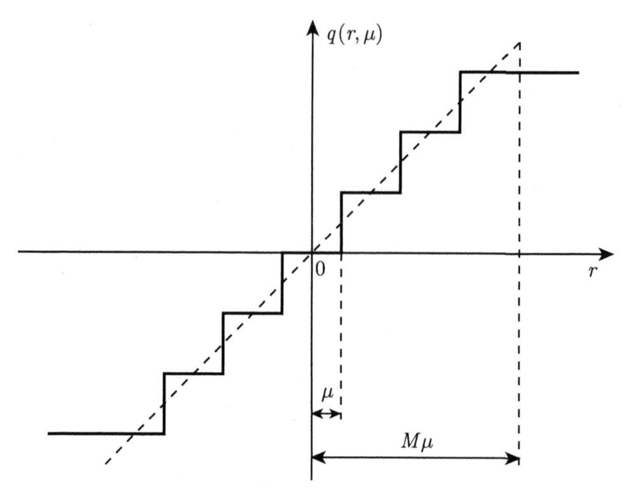


图 5.9　有限字长的均匀量化器 $q$

**例 5.2**　考虑一个闭环量化控制系统:

$$\dot{x} = f(x, \kappa(q(x, \mu))) \tag{5.66}$$

式中，$x \in \mathbb{R}$ 是状态；$f : \mathbb{R}^2 \to \mathbb{R}$ 是一个局部利普希茨的函数；$\kappa : \mathbb{R} \to \mathbb{R}$ 表示量化控制律；$q : \mathbb{R} \times \mathbb{R}_+ \to \mathbb{R}$ 代表量化器。如图 5.9 所示，$\mu$ 表示当量化器输入在量化范围 $M\mu$ 内时的量化误差，即 $|r| \leqslant M\mu \Rightarrow |q(r,\mu) - r| \leqslant \mu$，此处 $M$ 是一个正整数。

定义量化误差 $d(x,\mu) = q(x,\mu) - x$。那么，闭环量化系统可写作

$$\dot{x} = f(x, \kappa(x + d(x, \mu))) \tag{5.67}$$

假设系统 (5.67) 以 $d$ 作为输入时是输入到状态稳定的，并且存在一个输入到状态稳定李雅普诺夫函数 $V : \mathbb{R} \to \mathbb{R}_+$，满足

$$\underline{\alpha}(|x|) \leqslant V(x) \leqslant \overline{\alpha}(|x|) \tag{5.68}$$

$$V(x) \geqslant \gamma(|d|) \Rightarrow \nabla V(x) f(x, \kappa(x + d)) \leqslant -\alpha(V(x)) \tag{5.69}$$

式中，$\underline{\alpha}, \overline{\alpha} \in \mathcal{K}_\infty$；$\gamma \in \mathcal{K}$；$\alpha$ 是一个连续且正定的函数。同时对于 $\underline{\alpha}$、$\gamma$ 和 $M$ 假设

$$\underline{\alpha}^{-1} \circ \gamma(\mu) \leqslant M\mu \tag{5.70}$$

对所有 $\mu \in \mathbb{R}_+$ 都成立。

考虑 $\underline{\alpha}(M\mu) \geqslant V(x) \geqslant \gamma(\mu)$ 的情况。直接计算得到

$$\left.\begin{array}{r} V(x) \leqslant \underline{\alpha}(M\mu) \Rightarrow |x| \leqslant M\mu \Rightarrow |d| \leqslant \mu \\ V(x) \geqslant \gamma(\mu) \end{array}\right\} \Rightarrow V(x) \geqslant \gamma(|d|) \tag{5.71}$$

进而，由式 (5.69) 可得

$$\underline{\alpha}(M\mu) \geqslant V(x) \geqslant \gamma(\mu) \Rightarrow \nabla V(x)f(x,\kappa(x+d)) \leqslant -\alpha(V(x)) \tag{5.72}$$

如果 $V(x(0))$ 的上界事先已知，那么可以选取 $\mu$ 使得 $\underline{\alpha}(M\mu(0)) \geqslant V(x(0))$ 并且其随时间增长而减小。若能形成图 5.10 的态势，就可以说明闭环量化控制系统的渐近收敛性。事实上，性质 (5.72) 定义了闭环系统的两个相互嵌套的不变集。这一性质在非线性系统的动态量化控制中往往起着十分重要的作用。$\mu$ 减小的过程通常称为动态量化的“收缩”阶段。

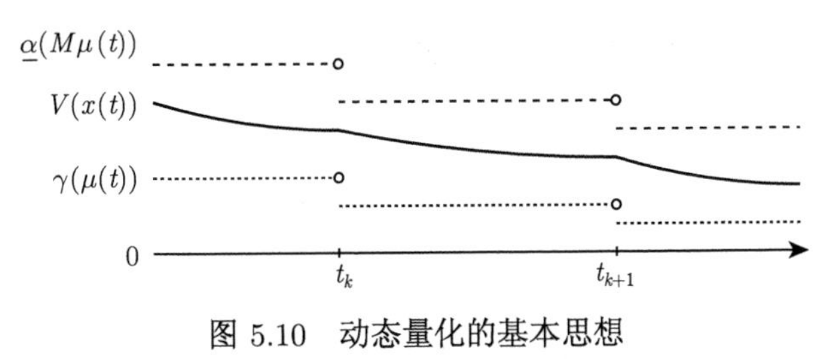


图 5.10　动态量化的基本思想

如果 $V(x(0))$ 的上界未知，那么可以在控制开始的时候通过“扩张”的手段使 $\mu$ 增长得足够快以期在有限时间 $t^*$ 内实现 $\underline{\alpha}(M\mu(t^*)) \geqslant V(x(t^*))$。这种手段对于正向完备的系统是十分有效的。关于这一思想更为详细的讨论，参见文献 [127]。

### 5.2.1　问题描述

本节针对一类高阶不确定非线性系统研究动态量化反馈控制器设计问题。具体考虑如下包含动态不确定性的严格反馈形系统：

$$\dot{z} = g(z, x_1) \tag{5.73}$$

$$\dot{x}_i = x_{i+1} + \Delta_i(\bar{x}_i, z), \quad i = 1, \cdots, n-1 \tag{5.74}$$

$$\dot{x}_n = u + \Delta_n(\bar{x}_n, z) \tag{5.75}$$

式中，$[x_1, \cdots, x_n]^{\mathrm{T}} := x \in \mathbb{R}^n$ 代表可测状态分量；$z \in \mathbb{R}^{n_z}$ 是动态不确定性的状态；$u \in \mathbb{R}$ 是控制输入；$\bar{x}_i = [x_1, \cdots, x_i]^{\mathrm{T}}$；$\Delta_i(i = 1, \cdots, n)$ 是未知的局部利普希茨的函数。本节考虑可测状态 $x$ 和控制输入 $u$ 均被量化的情况。

假设由式 (5.73)～ 式 (5.75) 所描述的被控对象以 $x$ 为输出是无界能观的和小时间尺度未来状态范数可观测的。定义 1.12 给出了无界可观测的定义。关于小时间尺度未来状态范数可观测的概念参见参考文献 [34]。同时，这一概念同无界能观的概念密切相关，参见文献 [33]。值得注意的是，一个小时间尺度未来状态范数可观测的系统一定是无界能观的，但是反之未必。在输入到状态稳定的框架下对非线性系统可观性的详细讨论参见文献 [12]。

**定义 5.1** 考虑一个动态系统 $\dot{x}=f(x)$, $y=h(x)$, 其中 $x\in\mathbb{R}^n$ 是状态, $y\in\mathbb{R}^m$ 是输出, $f:\mathbb{R}^n\to\mathbb{R}^n$ 是一个局部利普希茨的满足 $f(0)=0$ 的函数, $h:\mathbb{R}^n\to\mathbb{R}^m$ 是一个连续的满足 $h(0)=0$ 的函数。如果存在 $\gamma\in\mathcal{K}_\infty$ 使得对任意 $\tau>0$ 都有

$$|x(\tau)|\leqslant\gamma(\|y\|_{[0,\tau]}),\quad \forall x(0)\in\mathbb{R}^n \tag{5.76}$$

那么该系统就小时间尺度未来状态范数可观测的。

本节对由式 (5.73)~ 式 (5.75) 所描述的被控对象做如下假设。

**假设 5.3** 当 $u\equiv 0$ 时, 由式 (5.73)~ 式 (5.75) 所描述的被控对象以 $x$ 作为输出是正向完备和小时间尺度未来状态范数可观测的, 即对任意 $t_d>0$ 都存在 $\varphi\in\mathcal{K}_\infty$, 使得

$$|X(t_d)|\leqslant\varphi(\|x\|_{[0,t_d]}),\quad \forall X(0)\in\mathbb{R}^{n+n_z} \tag{5.77}$$

式中, $X:=[z^{\mathrm{T}},x^{\mathrm{T}}]^{\mathrm{T}}$。

假设 5.3 将用于实现半全局的量化镇定。如果事先已知由式 (5.73)~ 式 (5.75) 所描述的被控对象的初始状态的一个上界, 则不需要假设 5.3。详细的讨论参见 5.2.8 节。

**假设 5.4** 对每一个 $\Delta_i(i=1,\cdots,n)$, 存在一个已知的 $\lambda_{\Delta_i}\in\mathcal{K}_\infty$, 使得

$$|\Delta_i(\bar{x}_i,z)|\leqslant\lambda_{\Delta_i}(|(\bar{x}_i,z)|) \tag{5.78}$$

对所有 $\bar{x}_i$ 和 $z$ 都成立。

**假设 5.5** $z$ 子系统 (5.73) 以 $x_1$ 为输入是输入到状态稳定的, 并且存在一个输入到状态稳定李雅普诺夫函数 $V_0:\mathbb{R}^{n_z}\to\mathbb{R}_+$, 其在 $\mathbb{R}^{n_z}\backslash\{0\}$ 上是局部利普希茨的, 且满足下列条件:

(1) 存在 $\underline{\alpha}_0,\overline{\alpha}_0\in\mathcal{K}_\infty$ 使得

$$\underline{\alpha}_0(|z|)\leqslant V_0(z)\leqslant\overline{\alpha}_0(|z|) \tag{5.79}$$

对所有 $z\in\mathbb{R}^{n_z}$ 都成立;

(2) 存在 $\chi_z^{x_1}\in\mathcal{K}$ 和连续且正定的 $\alpha_0$, 使得当 $\nabla V_0$ 存在时下式成立:

$$V_0(z)\geqslant\chi_z^{x_1}(|x_1|)\Rightarrow\nabla V_0(z)g(z,x_1)\leqslant-\alpha_0(V_0(z)) \tag{5.80}$$

满足上述假设的由式 (5.73)~ 式 (5.75) 所描述的被控对象代表一类重要的最小相位非线性系统, 该类系统的控制问题已经在鲁棒和自适应非线性控制中得到广泛研究 [6]。

### 5.2.2 量化器

本节给出如图 5.9 所示的量化器的详细数学描述。一个量化器 $q(r,\mu)$ 定义为 $q(r,\mu)=\mu q^o(r/\mu)$，其中 $r\in\mathbb{R}$ 是量化器的输入，$\mu>0$ 是一个变量，$q^o:\mathbb{R}\to\mathbb{R}$ 是一个分段恒定的函数。特别地，存在一个常数 $M>0$，满足

$$|q^o(a)-M|\leqslant 1,\quad 如果\ a>M \tag{5.81}$$

$$|q^o(a)-a|\leqslant 1,\quad 如果\ |a|\leqslant M \tag{5.82}$$

$$|q^o(a)+M|\leqslant 1,\quad 如果\ a<-M \tag{5.83}$$

$$q^o(0)=0 \tag{5.84}$$

那么，根据定义，量化器 $q(r,\mu)$ 满足：

$$|q(r,\mu)-M\mu|\leqslant \mu,\quad 如果\ r>M\mu \tag{5.85}$$

$$|q(r,\mu)-r|\leqslant \mu,\quad 如果\ |r|\leqslant M\mu \tag{5.86}$$

$$|q(r,\mu)+M\mu|\leqslant \mu,\quad 如果\ r<-M\mu \tag{5.87}$$

$$q(0,\mu)=0 \tag{5.88}$$

$M\mu$ 就是量化器 $q(r,\mu)$ 的量化范围，$\mu$ 表示当 $|r|\leqslant M\mu$ 时的最大量化误差。显然，图 5.9 所示的量化器满足性质 (5.85)~ 性质 (5.88)。

在量化控制领域中，关于这类量化器还有不同但却等价的数学描述。比如，文献 [127] 使用两个正的参数 $M'$ 和 $\delta'$ 来刻画量化器 $q'$：

$$|q'(r,\mu')-r|\leqslant \delta'\mu',\quad 如果\ |r|\leqslant M'\mu' \tag{5.89}$$

$$|q'(r,\mu')|>(M'-\delta')\mu',\quad 如果\ |r|>M'\mu' \tag{5.90}$$

实际上，如果一个量化器满足式 (5.85)~ 式 (5.87)，那么经过恰当的变量代换后也能够满足上述条件。具体来说，通过定义 $M=M'/\delta'$、$\mu=\delta'\mu'$ 和 $q(r,\mu)=q'(r,\mu/\delta')$，性质 (5.85)~ 性质 (5.87) 就对新的量化器 $q$ 成立。需要说明的是，性质 (5.85) 和性质 (5.87) 明确刻画了量化器在量化范围外的限幅性质，而这种性质在本节的迭代设计中是十分有用的。

正如例 5.2 所示，动态量化的基本思想是通过动态调整 $\mu$(以及 $M\mu$) 来提高控制性能。增加 $\mu$ 称作扩张；减小 $\mu$ 称作收缩。依照量化控制领域的相关文献，$\mu$ 被称作缩放变量。在本节的设计中，缩放变量在离散时间点上更新。

### 5.2.3 量化控制器的结构和控制目标

本节给出一种新的量化控制结构，是对没有量化情况下小增益设计的一个自然推广。利用第 2 章中小增益设计方法，针对由式 (5.73)~ 式 (5.75) 所描述的被控

对象，通过迭代设计得到如下的非量化控制器：

$$v_i = \breve{\kappa}_i(x_i - v_{i-1}), \quad i = 1, \cdots, n-1 \tag{5.91}$$

$$u = \breve{\kappa}_n(x_n - v_{n-1}) \tag{5.92}$$

式中，$\breve{\kappa}_i(i = 1, \cdots, n)$ 是适当选取的连续函数。其中，$v_0 = 0$。通常称式 (5.91) 为虚拟控制律，式 (5.92) 为真实控制律。

系统 (5.73)~ 系统 (5.75) 的量化控制问题的解决方案是在式 (5.91) 和式 (5.92) 中每一个 (虚拟) 控制律前后添加量化器。基于这一思想所设计的量化控制器具有如下形式：

$$v_i = q_{i2}(\kappa_i(q_{i1}(x_i - v_{i-1}, \mu_{i1})), \mu_{i2}), \quad i = 1, \cdots, n-1 \tag{5.93}$$

$$u = q_{n2}(\kappa_n(q_{n1}(x_n - v_{n-1}, \mu_{n1})), \mu_{n2}) \tag{5.94}$$

式中，$q_{ij}(i = 1, \cdots, n,\ j = 1, 2)$ 是带有放缩变量 $\mu_{ij}$ 的量化器；$\kappa_i(i = 1, \cdots, n)$ 是非线性函数。其中，$v_0 = 0$。由于量化器的引入，式 (5.93) 和式 (5.94) 中的 $\kappa_i$ 与式 (5.91) 和式 (5.92) 中的 $\breve{\kappa}_i$ 可能不同。上述量化控制系统框图如图 5.11 所示。

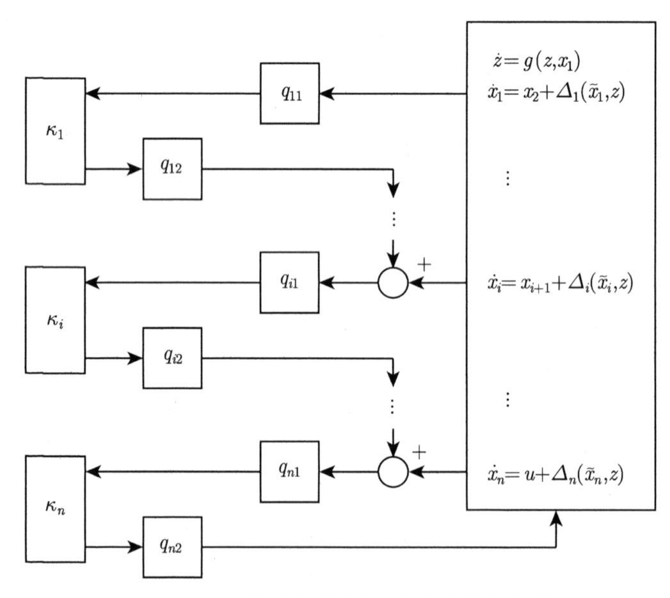


图 5.11 高阶非线性系统的量化控制结构

假设 5.6 中的每一个量化器 $q_{ij}$ 均满足式 (5.85)~ 式 (5.88)。

**假设 5.6** 对 $i = 1, \cdots, n$，$j = 1, 2$，每一个带有放缩变量 $\mu_{ij}$ 的量化器 $q_{ij}$ 都满足

$$|q_{ij}(r,\mu_{ij})-M_{ij}\mu_{ij}|\leqslant\mu_{ij},\quad \text{如果 } r>M_{ij}\mu_{ij} \tag{5.95}$$

$$|q_{ij}(r,\mu_{ij})-r|\leqslant\mu_{ij},\quad \text{如果 } |r|\leqslant M_{ij}\mu_{ij} \tag{5.96}$$

$$|q_{ij}(r,\mu_{ij})+M_{ij}\mu_{ij}|\leqslant\mu_{ij},\quad \text{如果 } r<-M_{ij}\mu_{ij}; \tag{5.97}$$

$$q_{ij}(0,\mu_{ij})=0 \tag{5.98}$$

式中，$M_{i1}>2$；$M_{i2}>1$。

假设中对 $M_{i1}$ 和 $M_{i2}$ 并没有限制。从图 5.12 中可以观察到，即使最简单的三级量化器也满足式 (5.85)~ 式 (5.88)，其中 $M=3$。

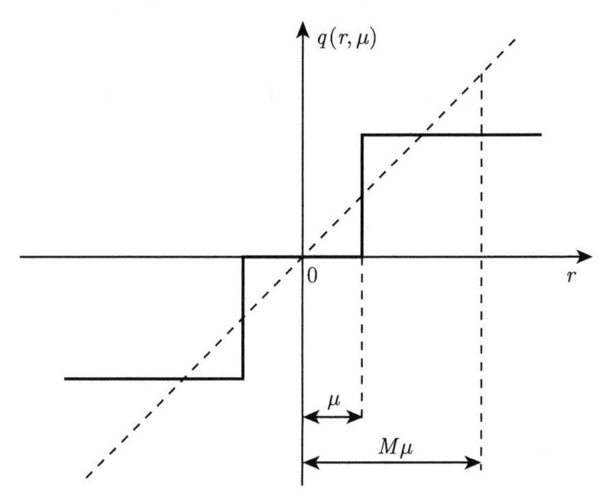


图 5.12　三级均匀量化器 ($M=3$)

在本节动态量化设计中的放缩变量 $\mu_{ij}(i=1,\cdots,n,\ j=1,2)$ 是分段常数，在离散时间上更新。不失一般性，假设它们在时间轴上右连续。动态量化分为两个阶段：收缩和扩张。为简化讨论，令所有放缩变量更新时间序列一致，记为 $\{t_k\}_{k\in\mathbb{Z}_+}$，并满足 $t_{k+1}-t_k=t_d$，其中 $t_d>0$ 是常数。

设每个 $\mu_{ij}$ 的更新律具有如下形式：

$$\mu_{ij}(t_{k+1})=Q_{ij}(\mu_{ij}(t_k)),\quad k\in\mathbb{Z}_+ \tag{5.99}$$

在扩张阶段记为 $Q_{ij}=Q_{ij}^{\mathrm{out}}$；在收缩阶段记为 $Q_{ij}=Q_{ij}^{\mathrm{in}}$。

控制目标是设计带有动态量化的量化控制器实现对由式 (5.73)~ 式 (5.75) 所描述的被控对象的半全局镇定，即闭环量化控制系统中包括 $x$ 在内的所有信号都有界，此外可将状态变量 $x_1$ 控制到原点的任意小邻域内。

### 5.2.4　基于集值映射的静态量化控制迭代设计

量化反馈控制器设计中的重要困难是能否保证闭环系统对量化误差鲁棒。而

本节所考虑的由式 (5.73)~ 式 (5.75) 所描述的被控对象是一个高阶非线性且包含不确定性的系统，同时要考虑量化器的非连续性和限幅。这些共同导致了量化控制器设计的复杂性。

本节在考虑静态量化的情形下给出了式 (5.93) 和式 (5.94) 中 $\kappa_i$ 的迭代设计过程，使闭环量化系统具有互相嵌套的不变集，以用于进一步动态量化控制器设计。本节使用集值映射来处理量化中的非连续性。通过选取适当的集值映射，将闭环量化系统转化为一个由微分包含描述的 $e_i$ 子系统构成的动态网络。进而，通过合理设计控制器使每个 $e_i$ 子系统的输入到状态稳定增益都满足多回路小增益条件。在 5.2.6 节中，此设计能够保证闭环量化系统具有两个互相嵌套的不变集，进而实现动态量化。

本节主要考虑量化误差的影响，假设放缩变量为常数。

**假设 5.7** *放缩变量* $\mu_{ij}(i=1,\cdots,n,\ j=1,2)$ *为常数。*

假设 5.7 到 5.2.8 节就不需要了。

1. 第一步：$e_1$ 子系统

令 $e_1=x_1$。那么，$e_1$ 子系统可写为

$$\dot{e}_1=x_2+\varDelta_1(\bar{x}_1,z) \tag{5.100}$$

定义集值映射

$$\begin{aligned}S_1(\bar{x}_1,\mu_{11},\mu_{12})=&\Big\{\kappa_1(x_1+b_{11})+b_{12}:|b_{11}|\leqslant\max\{c_{11}|e_1|,\\&\mu_{11}\},|b_{12}|\leqslant\mu_{12}\Big\}\end{aligned} \tag{5.101}$$

式中，$\kappa_1$ 是连续可微、严格递减且径向无界的奇函数；$0<c_{11}<1$ 是一个常数。它们的具体形式将在后续讨论中确定。需要注意，式 (5.101) 中的 $b_{11},b_{12}$ 是定义集值映射 $S_1$ 的辅助变量。

对任意 $\xi\in\mathbb{R}$ 和任意 $\varOmega\subset\mathbb{R}$，$\vec{d}(\xi,\varOmega):=\xi-\underset{\xi'\in\varOmega}{\arg\min}\{|\xi-\xi'|\}$。定义

$$e_2=\vec{d}(x_2,S_1(\bar{x}_1,\mu_{11},\mu_{12})) \tag{5.102}$$

那么，$e_1$ 子系统 (5.100) 可以表示为

$$\dot{e}_1=x_2-e_2+\varDelta_1(\bar{x}_1,z)+e_2 \tag{5.103}$$

由式 (5.102) 可知 $x_2-e_2\in S_1(\bar{x}_1,\mu_{11},\mu_{12})$。

为便于理解，现给出集值映射 $S_1$ 的一个详细解释。考虑一阶非线性系统 $\dot{e}_1=x_2+\varDelta_1(\bar{x}_1,z)$，注意 $e_1=x_1$。利用 2.3 节中的增益配置技术，可以设计一个控制律

$x_2 = \kappa_1(x_1)$ 来镇定 $e_1$ 系统。在存在量化误差情况下，控制律 $x_2 = \kappa_1(x_1)$ 应被修正为 $x_2 = q_{12}(\kappa_1(q_{11}(x_1, \mu_{11})), \mu_{12})$。集值映射 $S_1$ 同时考虑了量化器 $q_{11}$ 和 $q_{12}$ 的量化误差。如果用微分包含来表示基于 $S_1$ 定义的新变量 $e_2$ 的动力学，那么就可以进一步解决由量化器所导致的非连续性问题。在下面设计过程中，仍然用集值映射来处理量化的非连续性。

2. 迭代步：$e_i$ 子系统

令 $\bar{\mu}_{i1} = [\mu_{11}, \cdots, \mu_{i1}]^{\mathrm{T}}$，$\bar{\mu}_{i2} = [\mu_{12}, \cdots, \mu_{i2}]^{\mathrm{T}}$，其中 $i = 1, \cdots, n$。对 $i = 2, \cdots, n$，定义集值映射

$$
\begin{aligned}
& S_i(\bar{x}_i, \bar{\mu}_{i1}, \bar{\mu}_{i2}) \\
=& \Big\{ \kappa_i(x_i - \varsigma_{i-1} + b_{i1}) + b_{i2} : \varsigma_{i-1} \in S_{i-1}(\bar{x}_{i-1}, \bar{\mu}_{(i-1)1}, \bar{\mu}_{(i-1)2}), \\
& \qquad |b_{i1}| \leqslant \max\{c_{i1}|e_i|, \mu_{i1}\}, |b_{i2}| \leqslant \mu_{i2} \Big\}
\end{aligned} \tag{5.104}
$$

式中，$\kappa_i$ 是一个连续可微、严格递减且径向无界的奇函数；$0 < c_{i1} < 1$ 是一个常数；$\kappa_i$ 和 $c_{i1}$ 将在后续讨论中确定。上述定义能够保证集值映射 $S_i$ 是凸的、紧致的和上半连续性的。在这里，$b_{i1}, b_{i2}$ 是用来定义集值映射 $S_i$ 的辅助变量。

可以发现，式 (5.101) 中定义的 $S_1(\bar{x}_1, \bar{\mu}_{11}, \bar{\mu}_{12})$ 也具有式 (5.104) 的形式，其中 $S_0(\bar{x}_0, \bar{\mu}_{01}, \bar{\mu}_{02}) := \{0\}$。

对 $i = 2, \cdots, n$，定义

$$
e_{i+1} = \vec{d}(x_{i+1}, S_i(\bar{x}_i, \bar{\mu}_{i1}, \bar{\mu}_{i2})) \tag{5.105}
$$

引理 5.3 指出由集值映射式 (5.104) 和式 (5.105) 所定义的新的状态变量的动力学都可以使用微分包含来表示，并且这些微分包含具有特定的、能够用于增益配置的属性。

**引理 5.3**　考虑由式 (5.74) 和式 (5.75) 所定义的 $(x_1, \cdots, x_n)$ 系统。在假设 5.4 和假设 5.7 下，由式 (5.101)、式 (5.102)、式 (5.104) 和式 (5.105) 的定义，每个 $e_i(1 \leqslant i \leqslant n)$ 子系统都可以由如下形式的微分包含表示：

$$
\dot{e}_i \in S_i(\bar{x}_i, \bar{\mu}_{i1}, \bar{\mu}_{i2}) + \varPhi_i^*(e_{i+1}, \bar{x}_i, \bar{\mu}_{(i-1)1}, \bar{\mu}_{(i-1)2}, z) \tag{5.106}
$$

式中，$\varPhi_i^*$ 是凸、紧致且上半连续的集值映射。存在一个 $\lambda_{\varPhi_i^*} \in \mathcal{K}_\infty$，使得对任意 $\phi_i^* \in \varPhi_i^*(e_{i+1}, \bar{x}_i, \bar{\mu}_{(i-1)1}, \bar{\mu}_{(i-1)2}, z)$ 都有

$$
|\phi_i^*| \leqslant \lambda_{\varPhi_i^*}(|(\bar{e}_{i+1}, \bar{\mu}_{(i-1)1}, \bar{\mu}_{(i-1)2}, z)|) \tag{5.107}
$$

式中，$\bar{e}_i := [e_1, \cdots, e_i]^{\mathrm{T}}$。

引理 5.3 的证明见附录 B.3。

根据引理 5.3，通过迭代设计，$(x_1,\cdots,x_n)$ 系统可以转化为新的 $(e_1,\cdots,e_n)$ 系统。$(e_1,\cdots,e_n)$ 系统的每个 $e_i$ 子系统 $(i=1,\cdots,n)$ 均具有式 (5.106) 的形式。由于集值映射 $S_i$ 和 $\Phi_i^*$ 是凸、紧致且上半连续的，每个 $e_i$ 子系统的菲利波夫解都可以用微分包含 (5.106) 来定义。

3. 子系统的输入到状态稳定性

记 $e_0=z$，那么，

$$\dot{e}_0=g(e_0,e_1) \tag{5.108}$$

令 $\gamma_{e_0}^{e_1}(s)=\chi_z^{x_1}\circ\alpha_V^{-1}(s)$，其中 $s\in\mathbb{R}_+$。在假设 5.5 下，只要 $\nabla V_0$ 存在，就有

$$V_0(e_0)\geqslant\gamma_{e_0}^{e_1}(V_1(e_1))\Rightarrow\nabla V_0(e_0)g(e_0,e_1)\leqslant-\alpha_0(V_0(e_0)) \tag{5.109}$$

对每个 $e_i$ 子系统 $(i=1,\cdots,n)$，定义如下候选输入到状态稳定李雅普诺夫函数：

$$V_i(e_i)=\alpha_V(|e_i|) \tag{5.110}$$

式中，$\alpha_V(s)=s^2/2$。为了讨论方便，记 $V_{n+1}(e_{n+1})=\alpha_V(|e_{n+1}|)$。

引理 5.4 说明了通过选取合适的 $\kappa_i$，可以使每个 $e_i$ 子系统 $(i=1,\cdots,n)$ 是输入到状态稳定的，并以式 (5.110) 中定义的 $V_i$ 作为一个输入到状态稳定李雅普诺夫函数。而且，从 $\mu_{i1}$ 和 $\mu_{i2}$ 到 $e_i$ 的输入到状态稳定增益都能满足特定条件，从而保证嵌套不变集的存在。

**引理 5.4** 考虑形式为式 (5.106) 的 $e_i$ 子系统 $(i=1,\cdots,n)$，其中 $S_i$ 在式 (5.101) 和式 (5.104) 中定义。在假设 5.4 和假设 5.7 下，对任意特定常数 $\epsilon_i>0$，$\iota_i>0$，$0<c_{i1},c_{i2}<1$，$\gamma_{e_i}^{e_k}\in\mathcal{K}_\infty(k=0,\cdots,i-1,i+1)$ 和 $\gamma_{e_i}^{\mu_{k1}},\gamma_{e_i}^{\mu_{k2}}\in\mathcal{K}_\infty(k=1,\cdots,i-1)$，可以找到连续可微、严格递减且径向无界的奇函数 $\kappa_i$，使 $e_i$ 子系统是输入到状态稳定的，并具有输入到状态稳定李雅普诺夫函数 $V_i(e_i)=\alpha_V(|e_i|)$ 满足

$$\begin{aligned}&V_i(e_i)\geqslant\max_{k=1,\cdots,i-1}\left\{\begin{array}{l}\gamma_{e_i}^{e_0}(V_0(e_0)),\gamma_{e_i}^{e_k}(V_k(e_k)),\gamma_{e_i}^{e_{i+1}}(V_{i+1}(e_{i+1})),\\ \gamma_{e_i}^{\mu_{k1}}(\mu_{k1}),\gamma_{e_i}^{\mu_{k2}}(\mu_{k2}),\gamma_{e_i}^{\mu_{i1}}(\mu_{i1}),\gamma_{e_i}^{\mu_{i2}}(\mu_{i2}),\epsilon_i\end{array}\right\}\\&\Rightarrow\max_{\psi_i\in\Psi_i(e_{i+1},\bar{x}_i,\bar{\mu}_{i1},\bar{\mu}_{i2},z)}\nabla V_i(e_i)\psi_i\leqslant-\iota_iV_i(e_i)\end{aligned} \tag{5.111}$$

式中，

$$\gamma_{e_i}^{\mu_{i1}}(s)=\alpha_V\left(\frac{1}{c_{i1}}s\right) \tag{5.112}$$

$$\gamma_{e_i}^{\mu_{i2}}(s)=\alpha_V\left(\frac{1}{1-c_{i1}}\bar{\kappa}_i^{-1}\left(\frac{1}{c_{i2}}s\right)\right) \tag{5.113}$$

$$\begin{aligned}&\Psi_i(e_{i+1},\bar{x}_i,\bar{\mu}_{i1},\bar{\mu}_{i2},z)\\&:=S_i(\bar{x}_i,\bar{\mu}_{i1},\bar{\mu}_{i2})+\Phi_i^*(e_{i+1},\bar{x}_i,\bar{\mu}_{(i-1)1},\bar{\mu}_{(i-1)2},z)\end{aligned}\tag{5.114}$$

$\bar{\kappa}_i(s)=|\kappa_i(s)|$，其中 $s\in\mathbb{R}_+$。

引理 5.4 的证明在附录 B.4 中。

由 $V_i(e_i)=\alpha_V(|e_i|)$ 和式 (5.112)、式 (5.113) 中 $\gamma_{e_i}^{\mu_{i1}}$ 和 $\gamma_{e_i}^{\mu_{i2}}$ 的定义，可以发现从量化误差 $\mu_{i1}$ 通过量化控制系统到信号 $e_i$ 的输入到状态稳定增益为 $s/c_{i1}$。直接计算可得到从量化误差 $\mu_{i2}$ 通过量化控制系统到信号 $\kappa_i(e_i)$ 的输入到状态稳定增益为 $\bar{\kappa}_i\left(\bar{\kappa}_i^{-1}(s/c_{i2})/(1-c_{i1})\right)$，这个增益可能不是线性的，但是与线性函数 $s/c_{i2}$ 密切相关。从后续讨论可以看出，性质 (5.112) 和性质 (5.113) 在量化控制系统中动态量化的实现中起到十分重要的作用。

### 5.2.5　量化控制器

5.2.4 节利用集值映射将闭环量化系统转化为一个由微分包含描述的输入到状态稳定的子系统组成的动态网络。在本节中，量化控制律 $u$ 具有式 (5.93) 和式 (5.94) 的形式，在可实现的条件下 $\kappa_i$ 属于集值映射 $S_n$。在此量化控制律 $u$ 作用下的闭环量化系统能表示为一个由输入到状态稳定的子系统组成的动态网络。

**引理 5.5**　在假设 5.6 下，如果对所有的 $i=1,\cdots,n$，都有

$$\frac{1}{M_{i1}}<c_{i1}\leqslant 0.5,\quad \frac{1}{M_{i2}}<c_{i2}<1\tag{5.115}$$

并且对所有的 $i=1,\cdots,n$，都有

$$|e_i|\leqslant M_{i1}\mu_{i1},\tag{5.116}$$

$$\bar{\kappa}_i((1-c_{i1})|e_i|)\leqslant M_{i2}\mu_{i2}\tag{5.117}$$

式中，$\bar{\kappa}_i(s)=|\kappa_i(s)|$。那么式 (5.93) 和式 (5.94) 所定义的 $v_i(i=1,\cdots,n)$ 和 $u$ 满足

$$v_i\in S_i(\bar{x}_i,\bar{\mu}_{i1},\bar{\mu}_{i2}),\quad i=1,\cdots,n-1\tag{5.118}$$

$$u\in S_n(\bar{x}_n,\bar{\mu}_{n1},\bar{\mu}_{n2})\tag{5.119}$$

附录 B.5 中给出了引理 5.5 的证明，充分利用了量化和集值映射的性质。

由条件 (5.116) 和条件 (5.117)，量化范围 $M_{i1}\mu_{i1}$ 和 $M_{i2}\mu_{i2}$ 应该分别覆盖 $|e_i|$ 和 $|\bar{\kappa}_i((1-c_i)|e_i|)|$，才能保证量化控制律 $u$ 属于集值映射 $S_n$。这一条件同量化器的限幅性质是一致的，参见式 (5.95) 和式 (5.97)。

### 5.2.6　基于小增益的系统分析和闭环量化系统的嵌套不变集

记 $e=[e_0^{\mathrm{T}},e_1,\cdots,e_n]^{\mathrm{T}}$。图 5.13 所示为 $e$ 系统的增益有向图。本节的目标是利用多回路小增益定理设计输入到状态稳定增益，使以 $e$ 作为状态的闭环量化系统具有输入到状态稳定性。

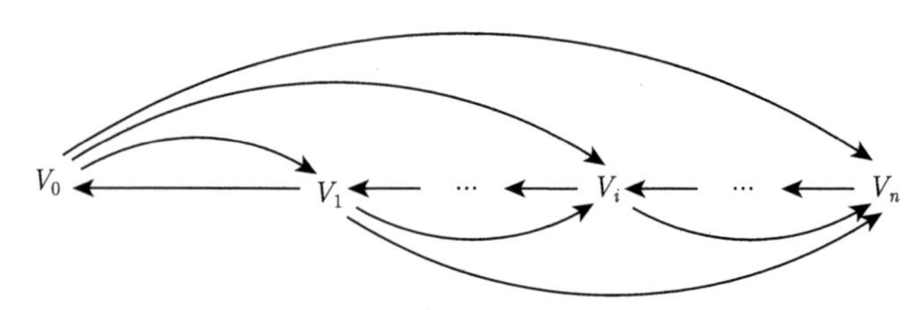


图 5.13 $e$ 系统的增益有向图

注意到 $\bar{e}_i = [e_1, \cdots, e_i]^{\mathrm{T}}$。对每个 $(e_0, \bar{e}_i)$ 子系统 $(i = 1, \cdots, n)$，给定 $(e_0, \bar{e}_{i-1})$ 子系统，通过对 $e_i$ 子系统设计集值映射 $S_i$，可以配置从 $e_0, \cdots, e_{i-1}$ 到 $e_i$ 的输入到状态稳定增益。通过迭代设计，可以使增益 $\gamma_{e_i}^{e_k}(k = 0, \cdots, i-1)$ 满足

$$\left.\begin{array}{r}\gamma_{e_0}^{e_1} \circ \gamma_{e_1}^{e_2} \circ \gamma_{e_2}^{e_3} \circ \cdots \circ \gamma_{e_{i-1}}^{e_i} \circ \gamma_{e_i}^{e_0} < \mathrm{Id} \\ \gamma_{e_1}^{e_2} \circ \gamma_{e_2}^{e_3} \circ \cdots \circ \gamma_{e_{i-1}}^{e_i} \circ \gamma_{e_i}^{e_1} < \mathrm{Id} \\ \vdots \\ \gamma_{e_{i-1}}^{e_i} \circ \gamma_{e_i}^{e_{i-1}} < \mathrm{Id}\end{array}\right\} \tag{5.120}$$

反复运用这个办法，对所有的 $i = 1, \cdots, n$，都能保证式 (5.120) 成立。由此，$e$ 子系统得以满足多回路小增益条件。

由增益有向图可知，$e_1$ 子系统由 $e_0, e_2, \cdots, e_n$ 子系统可达，即存在从 $e_0, e_2, \cdots, e_n$ 到 $e_1$ 子系统的有向路径。

利用第 3 章中的基于李雅普诺夫函数的多回路小增益定理，构造 $e$ 系统的输入到状态稳定李雅普诺夫函数：

$$V(e) = \max_{i=0,\cdots,n} \{\sigma_i(V_i(e_i))\} \tag{5.121}$$

式中，对 $s \in \mathbb{R}_+$，$\sigma_1(s) = s$，$\sigma_i(s) = \hat{\gamma}_{e_1}^{e_2} \circ \cdots \circ \hat{\gamma}_{e_{i-1}}^{e_i}(s)(i = 2, \cdots, n$。$\sigma_0(s) = \max\limits_{i=1,\cdots,n} \{\sigma_i \circ \hat{\gamma}_{e_i}^{e_0}(s)\}$，这里 $\hat{\gamma}_{(\cdot)}^{(\cdot)}$ 是在 $(0, \infty)$ 上连续可微的 $\mathcal{K}_\infty$ 函数，且比 $\gamma_{(\cdot)}^{(\cdot)}$ 稍微大一些，但仍然满足多回路小增益条件。

接下来的引理指出，通过选取合适的集值映射 $S_i$ 中的 $\kappa_i$，可使多回路小增益条件 (5.120) 得到满足，并且以 $e$ 为状态的闭环量化系统具有特定的输入到状态稳定性。

**引理 5.6** 考虑由式 (5.108) 和式 (5.106) 所定义的并满足式 (5.109) 和式 (5.111) 的 $e_i$ 子系统所构成的 $e$ 系统。如果对所有的 $i = 1, \cdots, n$，式 (5.109) 和式 (5.111) 中的输入到状态稳定增益都满足式 (5.120)，并且 $u \in S_n(\bar{x}_n, \bar{\mu}_{n1}, \bar{\mu}_{n2})$，那么只要 $\nabla V$ 存在，就有

$$V(e) \geqslant \theta(\bar{\mu}_{n1}, \bar{\mu}_{n2}, \bar{\epsilon}_n) \Rightarrow \max_{\psi \in \Psi(e, x, \bar{\mu}_{n1}, \bar{\mu}_{n2})} \nabla V(e)\psi \leqslant -\alpha(V(e)) \tag{5.122}$$

式中，$\alpha$ 是连续且正定的函数；并且

$$\theta(\bar{\mu}_{n1}, \bar{\mu}_{n2}, \bar{\epsilon}_n) := \max_{i=1,\cdots,n} \left\{ \sigma_i \left( \max_{k=1,\cdots,i} \{ \gamma_{e_i}^{\mu_{k1}}(\mu_{k1}), \gamma_{e_i}^{\mu_{k2}}(\mu_{k2}), \epsilon_i \} \right) \right\} \tag{5.123}$$

$$\Psi(e, x, \bar{\mu}_{n1}, \bar{\mu}_{n2}) := [\{g^{\mathrm{T}}(e_0, e_1)\}, \cdots, \Psi_n(0, \bar{x}_n, \bar{\mu}_{n1}, \bar{\mu}_{n2})]^{\mathrm{T}} \tag{5.124}$$

其中，$\bar{\epsilon}_n := [\epsilon_1, \cdots, \epsilon_n]^{\mathrm{T}}$。

**证明**　当 $u \in S_n(\bar{x}_n, \bar{\mu}_{n1}, \bar{\mu}_{n2})$ 时，有 $e_{n+1} = 0$，故而 $V_{n+1}(e_{n+1}) = 0$。对所有 $i = 1, \cdots, n$，多回路小增益条件 (5.120) 都满足，故式 (5.122) 成立。

对于特定的 $\sigma_i(i = 1, \cdots, n)$，通过设计使 $\gamma_{e_i}^{\mu_{k1}}(k = 1, \cdots, i-1)$ 和 $\gamma_{e_i}^{\mu_{k2}}(k = 1, \cdots, i-1)$ 足够小，可以实现

$$\theta(\bar{\mu}_{n1}, \bar{\mu}_{n2}, \bar{\epsilon}_n) = \max_{i=1,\cdots,n} \{ \sigma_i \circ \gamma_{e_i}^{\mu_{i1}}(\mu_{i1}), \sigma_i \circ \gamma_{e_i}^{\mu_{i2}}(\mu_{i2}), \sigma_i(\epsilon_i) \} \tag{5.125}$$

对所有的 $\mu_{i1}, \mu_{i2}, \epsilon_i > 0$ 都成立，其中 $i = 1, \cdots, n$。

受文献 [127] 的启发，本节是动态量化的设计基于嵌套不变集，而嵌套不变集的大小依赖于缩放变量 $\bar{\mu}_{n1}$ 和 $\bar{\mu}_{n2}$。

定义

$$B_1(\bar{\mu}_{n1}, \bar{\mu}_{n2}) = \max_{i=1,\cdots,n} \left\{ \begin{array}{l} \sigma_i \circ \alpha_V(M_{i1}\mu_{i1}), \\ \sigma_i \circ \alpha_V \left( \dfrac{1}{1 - c_{i1}} \bar{\kappa}_i^{-1}(M_{i2}\mu_{i2}) \right) \end{array} \right\} \tag{5.126}$$

$$B_2(\bar{\mu}_{n1}, \bar{\mu}_{n2}) = \max_{i=1,\cdots,n} \left\{ \begin{array}{l} \sigma_i \circ \alpha_V \left( \dfrac{1}{c_{i1}} \mu_{i1} \right), \\ \sigma_i \circ \alpha_V \left( \dfrac{1}{1 - c_{i1}} \bar{\kappa}_i^{-1} \left( \dfrac{1}{c_{i2}} \mu_{i2} \right) \right) \end{array} \right\} \tag{5.127}$$

基于引理 5.3～ 引理 5.6，引理 5.7 指出闭环量化系统存在嵌套的不变集 $B_1$ 和 $B_2$。

**引理 5.7**　考虑由式 (5.73)～ 式 (5.75) 所定义的被控对象以及由式 (5.93) 和式 (5.94) 所定义的量化控制系统的控制律所组成的量化控制系统。在假设 5.4～ 假设 5.7 下，闭环量化系统可以转化为由具有式 (5.106) 和式 (5.108) 形式的 $e_i$ 子系统组成的动态网络。且对于特定常数 $c_{i1}, c_{i2}(i = 1, \cdots, n)$ 满足式 (5.115)。增益 $\gamma_{e_k}^{e_{k'}}(k \neq k'; i = 1, \cdots, n)$ 满足式 (5.125) 的增益 $\gamma_{e_i}^{\mu_{k1}}, \gamma_{e_i}^{\mu_{k2}}(i = 1, \cdots, n; k = 1, \cdots, i-1)$ 以及特定的任意小的常数 $\epsilon_i(i = 1, \cdots, n)$，可以找到连续可微、严格递减且径向无界的奇函数 $\kappa_i(i = 1, \cdots, n)$，使式 (5.111) 对所有 $i = 1, \cdots, n$ 都成立。进而如果对所

有的 $i,j=1,\cdots,n$ 都有

$$\begin{aligned}&\sigma_i\circ\alpha_V(M_{i1}\mu_{i1})=\sigma_i\circ\alpha_V\left(\frac{1}{1-c_{i1}}\bar{\kappa}_i^{-1}(M_{i2}\mu_{i2})\right)\\=&\sigma_j\circ\alpha_V(M_{j1}\mu_{j1})=\sigma_j\circ\alpha_V\left(\frac{1}{1-c_{j1}}\bar{\kappa}_j^{-1}(M_{j2}\mu_{j2})\right)\end{aligned}\tag{5.128}$$

且

$$B_1(\bar{\mu}_{n1},\bar{\mu}_{n2})\geqslant\theta_0\tag{5.129}$$

式中，$\theta_0=\max\limits_{i=1,\cdots,n}\{\sigma_i(\epsilon_i)\}$。那么由式 (5.121) 所定义的候选输入到状态稳定李雅普诺夫函数 $V$ 满足

$$B_1(\bar{\mu}_{n1},\bar{\mu}_{n2})\geqslant V(e)\geqslant\max\{B_2(\bar{\mu}_{n1},\bar{\mu}_{n2}),\theta_0\}\tag{5.130}$$

$$\Rightarrow\max_{\psi\in\Psi(e,x,\bar{\mu}_{n1},\bar{\mu}_{n2})}\nabla V(e)\psi\leqslant-\alpha(V(e))\tag{5.131}$$

其中，$\Psi$ 由式 (5.124) 定义。

**证明** 在假设 5.4 和假设 5.7 下，根据引理 5.3，可以把闭环量化系统转化为由式 (5.106) 和式 (5.108) 所定义的 $e_i$ 子系统组成的以 $e$ 为状态的动态网络。

在假设 5.4～ 假设 5.7 下，通过直接应用引理 5.4，对任意满足式 (5.115) 的特定常数 $c_{i1},c_{i2}$ $(i=1,\cdots,n)$，任意满足多回路小增益条件 (5.120) 的增益 $\gamma_{e_k}^{e_{k'}}(k\neq k';\ i=1,\cdots,n)$、任意满足式 (5.125) 的特定增益 $\gamma_{e_i}^{\mu_{k1}},\gamma_{e_i}^{\mu_{k2}}(i=1,\cdots,n;\ k=1,\cdots,i-1)$ 和特定任意小的常数 $\epsilon_i(i=1,\cdots,n)$，可以找到连续可微、严格递减且径向无界的奇函数 $\kappa_i(i=1,\cdots,n)$，使式 (5.111) 对所有 $i=1,\cdots,n$ 都成立。

通过适当选取 $\kappa_i(i=1,\cdots,n)$，使得对所有的正的 $\mu_{i1},\mu_{i2}$ 都有 $B_1(\bar{\mu}_{n1},\bar{\mu}_{n2})>B_2(\bar{\mu}_{n1},\bar{\mu}_{n2})$，可以保证式 (5.115) 成立。由式 (5.129) 可得 $B_1(\bar{\mu}_{n1},\bar{\mu}_{n2})\geqslant\max\{B_2(\bar{\mu}_{n1},\bar{\mu}_{n2}),\theta_0\}$。再利用式 (5.110) 中 $V_i(e_i)$ 的定义和在式 (5.121) 中 $V(e)$ 的定义，式 (5.128) 中的等式和式 (5.130) 中的左不等式保证了式 (5.116) 和式 (5.117)。在假设 5.6 下，根据引理 5.5，由式 (5.115) 可得到 $u\in S_n(\bar{x}_n,\bar{\mu}_{n1},\bar{\mu}_{n2})$。

通过选取 $\kappa_i(i=1,\cdots,n)$ 可使式 (5.125) 成立。由式 (5.112)、式 (5.113)、式 (5.125) 和式 (5.127)，可得 $\theta(\bar{\mu}_{n1},\bar{\mu}_{n2},\bar{\epsilon}_n)=\max\{B_2(\bar{\mu}_{n1},\bar{\mu}_{n2}),\theta_0\}$。再通过适当选取 $\kappa_i(i=1,\cdots,n)$ 和 $u\in S_n(\bar{x}_n,\bar{\mu}_{n1},\bar{\mu}_{n2})$，可使多回路小增益条件 (5.120) 成立。其中，引理 5.6 保证了可由式 (5.130) 推出式 (5.131)。

后续我们将利用引理 5.7 进行基于不变集的动态量化的设计。

### 5.2.7 量化控制律的设计步骤

为了使设计过程更加清晰，现给出由式 (5.93) 和式 (5.94) 所定义的量化控制律选取函数 $\kappa_i$ 的步骤，使得闭环量化系统满足性质 (5.130) 和性质 (5.131)。这个

步骤包括两个主要步骤：

(1) 选取 $e_i$ 子系统的输入到状态稳定性的参数。

① 选取常数 $c_{i1}, c_{i2}$，使式 (5.115) 满足，其中 $i=1,\cdots,n$。

② 选取输入到状态稳定增益 $\gamma_{e_i}^{e_j}\in\mathcal{K}_\infty$ $(j\neq i)$ 和相对应的函数 $\hat{\gamma}_{e_i}^{e_j}>\gamma_{e_i}^{e_j}$，使对所有的 $i=1,\cdots,n$ 多回路小增益条件 (5.120) 满足，并且计算式 (5.121) 中的 $\sigma_i$，其中 $i=1,\cdots,n$。

③ 选取输入到状态稳定增益 $\gamma_{e_i}^{\mu_{k1}}, \gamma_{e_i}^{\mu_{k2}}$，其中 $i=1,\cdots,n$，$k=1,\cdots,i-1$，使得式 (5.125) 对所有的 $\mu_{i1},\mu_{i2},\epsilon_i>0$ 都成立，其中 $i=1,\cdots,n$。

④ 选取特定的 $\epsilon_i,\iota_i>0$，其中 $i=1,\cdots,n$。

(2) 基于引理 5.4，使用第一步输入到状态稳定性参数来选取 $\kappa_i$。

### 5.2.8　动态量化

由于量化器具有限幅性质，在 5.2.4 节中的量化控制律仅能保证局部稳定，参见式 (5.130) 和式 (5.131)。本节中，基于引理 5.7 给定的嵌套不变集，设计一个形式为式 (5.99) 的动态量化逻辑，此动态量化逻辑由收缩阶段和扩张阶段组成，可以动态调整缩放变量 $\mu_{ij}(i=1,\cdots,n;\ j=1,2)$，使得闭环量化系统半全局稳定。在此设计中，缩放变量 $\mu_{ij}(t)$ 是分段恒定信号，且在离散时间序列 $\{t_k\}_{k\in\mathbb{Z}_+}$ 上进行调整，其中 $t_{k+1}-t_k=t_d$，$t_d$ 为常数且满足 $t_d>0$。

为满足引理 5.7 中的条件 (5.128)，我们设计动态量化器使得对所有的 $t\in\mathbb{R}_+$ 满足

$$\sigma_i\circ\alpha_V(M_{i1}\mu_{i1}(t))=\sigma_i\circ\alpha_V\left(\frac{1}{1-c_{i1}}\bar{\kappa}_i^{-1}(M_{i2}\mu_{i2}(t))\right):=\Theta(t) \tag{5.132}$$

式中，$i=1,\cdots,n$。此等价于，对于 $i=1,\cdots,n$，

$$\mu_{i1}(t)=\frac{1}{M_{i1}}\alpha_V^{-1}\circ\sigma_i^{-1}(\Theta(t)):=\Upsilon_{i1}(\Theta(t)) \tag{5.133}$$

$$\mu_{i2}(t)=\frac{1}{M_{i2}}\bar{\kappa}_i\left((1-c_{i1})\alpha_V^{-1}\circ\sigma_i^{-1}(\Theta(t))\right):=\Upsilon_{i2}(\Theta(t)) \tag{5.134}$$

成立。通过定义可知，$\Upsilon_{i1}$ 和 $\Upsilon_{i2}(i=1,\cdots,n)$ 是可逆的。因此，仅仅为 $\Theta$ 选取一个适当的更新律，就可以得到动态量化逻辑式 (5.99)，且降低缩放变量 $\mu_{ij}$ $(i=1,\cdots,n;\ j=1,2)$ 的设计复杂度。预想的 $\Theta$ 的更新律如下：

$$\Theta(t_{k+1})=Q(\Theta(t_k)),\quad k\in\mathbb{Z}_+ \tag{5.135}$$

扩张阶段，$Q=Q^{\text{out}}$；收缩阶段，$Q=Q^{\text{in}}$。应用已设计的 $Q^{\text{out}}$ 和 $Q^{\text{in}}$，并通过选取

$$Q_{ij}^{\text{out}}=\Upsilon_{ij}\circ Q^{\text{out}}\circ\Upsilon_{ij}^{-1} \tag{5.136}$$

$$Q_{ij}^{\text{in}}=\Upsilon_{ij}\circ Q^{\text{in}}\circ\Upsilon_{ij}^{-1} \tag{5.137}$$

则可为 $\mu_{ij}$ 设计式 (5.99) 形式的动态量化逻辑。

利用式 (5.126) 中 $B_1$ 的定义，亦可得

$$\Theta(t) = B_1(\bar{\mu}_{n1}(t), \bar{\mu}_{n2}(t)) \tag{5.138}$$

利用式 (5.104) 中 $S_i$ 的定义以及 $\kappa_i$ 的严格递减性可得

$$\begin{aligned}&\max S_i(\bar{x}_i, \bar{\mu}_{i1}, \bar{\mu}_{i2})\\&= \kappa_i(x_i - \max S_{i-1}(\bar{x}_{i-1}, \bar{\mu}_{(i-1)1}, \bar{\mu}_{(i-1)2}) - \max\{c_{i1}|e_i|, \mu_{i1}\}) + \mu_{i2}\end{aligned} \tag{5.139}$$

$$\begin{aligned}&\min S_i(\bar{x}_i, \bar{\mu}_{i1}, \bar{\mu}_{i2})\\&= \kappa_i(x_i - \min S_{i-1}(\bar{x}_{i-1}, \bar{\mu}_{(i-1)1}, \bar{\mu}_{(i-1)2}) + \max\{c_{i1}|e_i|, \mu_{i1}\}) - \mu_{i2}\end{aligned} \tag{5.140}$$

式 (5.105) 已给出 $e_{i+1}(i = 2, \cdots, n-1)$ 的定义，记

$$e = e(X, \bar{\mu}_{n1}, \bar{\mu}_{n2}) \tag{5.141}$$

式中，$X = [z^{\mathrm{T}}, x^{\mathrm{T}}]^{\mathrm{T}} \in \mathbb{R}^{n+n_z}$。显然 $e$ 是关于 $X, \bar{\mu}_{n1}, \bar{\mu}_{n2}$ 的连续函数。需要注意的是，$\bar{\mu}_{n1}, \bar{\mu}_{n2}$ 分段更新造成了 $e$ 在时间轴上的跳变。此情况应在设计中认真处理。

1. 扩张阶段

扩张阶段的目的是增大缩放变量 $\mu_{ij}$，使得在某个有限时刻 $t_{k^*}$ 闭环量化系统的状态被约束在大的不变集内，此不变集对应于式 (5.130) 中的 $B_1$。在此阶段，描述控制器的函数 $\kappa_i(i = 1, \cdots, n)$ 设置为零，即 $u = 0$。

假设 5.3 节中给出的小时间尺度未来状态范数可观测性质保证了在 $t_d > 0$ 情况下存在一个 $\varphi \in \mathcal{K}_\infty$，使得

$$|X(t_k + t_d)| \leqslant \varphi(\|x\|_{[t_k, t_k+t_d]}) \tag{5.142}$$

式中，$k \in \mathbb{Z}_+$。考虑在式 (5.121) 和式 (5.141) 中给定的 $V$ 和 $e$ 的定义，对于 $t_d > 0$，性质 (5.142) 可以用李雅普诺夫函数 $V$ 来表示：

$$|V(e(X(t_k + t_d), 0, 0))| \leqslant \bar{\varphi}(\|x\|_{[t_k, t_k+t_d]}) \tag{5.143}$$

式中，$k \in \mathbb{Z}_+$；$\bar{\varphi} \in \mathcal{K}_\infty$。

应用假设 5.3 中提出的正向完备性质，设计一个扩张逻辑 $Q^{\mathrm{out}} : \mathbb{R}_+ \to \mathbb{R}_+$ 来增大 $\Theta$，从而使 $\bar{\varphi}(|x|)$ 具有足够大的增长率，使得在一个有限时刻 $t_{k^*} > 0(k^* \in \mathbb{Z}_+)$，

$$M_{i1}\mu_{i1}(t_{k^*}) \geqslant |x_i(t_{k^*})|, \quad i = 1, \cdots, n \tag{5.144}$$

$$\Theta(t_{k^*}) \geqslant \bar{\varphi}(\|x\|_{[t_{k^*}-t_d, t_{k^*}]}), \tag{5.145}$$

成立。

由于量化器有限幅性，如果量化器的输入信号是在量化器的量化范围之外，那么不用附加信息是不能估计信号的边界的。在放大阶段，$\kappa_i$ 设置为零，且量化器的输入 $q_{i1}$ 是 $x_i$；参见控制律式 (5.93) 和式 (5.94)。不等式 (5.144) 意味着在某个有限时刻 $t_{k^*}$，$x_i$ 可以进入到 $q_{i1}$ 的量化范围。那么，就可以估计 $|x_i(t_{k^*})|$ 的边界。

由式 (5.143) 和式 (5.145) 可得

$$\Theta(t_{k^*}) \geqslant \max\{V(e(X(t_{k^*}),0,0)),\theta_0\} \tag{5.146}$$

从 $\max S_i(\bar{x}_i,\bar{\mu}_{i1},\bar{\mu}_{i2})$、$\min S_i(\bar{x}_i,\bar{\mu}_{i1},\bar{\mu}_{i2})$ 和 $e_{i+1}$ 的定义可知：增大 $\bar{\mu}_{n1}$ 和 $\bar{\mu}_{n2}$ 将引起 $\max S_i(\bar{x}_i,\bar{\mu}_{i1},\bar{\mu}_{i2})$ 的增大、$\min S_i(\bar{x}_i,\bar{\mu}_{i1},\bar{\mu}_{i2})$ 的减小，以及 $|e_{i+1}|$ 的减小或者保持不变，其中 $i=1,\cdots,n-1$。因此，应用放大逻辑 $Q^{\rm out}$，可以在 $t_{k^*}>0$ $(k^*\in\mathbb{Z}_+)$ 时刻实现

$$\Theta(t_{k^*}) \geqslant \max\{V(e(X(t_{k^*}),\bar{\mu}_{n1}(t_{k^*}),\bar{\mu}_{n2}(t_{k^*}))),\theta_0\} \tag{5.147}$$

在所设计的 $Q^{\rm out}$ 的基础上，根据式 (5.136) 和式 (5.137) 就可以设计放大逻辑 $Q_{ij}^{\rm out}(i=1,\cdots,n，j=1,2)$。

需要注意的是，如果初始状态 $X(0)$ 的界是事先已知的，那么就可以直接设置 $\Theta(t_{k^*})$，使其满足式 (5.146)，其中 $t_{k^*}=0$。在这种情况下，扩张阶段就是不需要的，同时也不需要假设 5.3 了。

2. 收缩阶段

在 $t_{k^*}$ 时刻 $(k^*\in\mathbb{Z}_+)$，扩张阶段实现了式 (5.147)。假设在某时刻 $t_k>0(k\geqslant k^*)$ 能够保证

$$\Theta(t_k) \geqslant \max\{V(e(X(t_k),\bar{\mu}_{n1}(t_k),\bar{\mu}_{n2}(t_k))),\theta_0\} \tag{5.148}$$

首先为收缩阶段设计 $Q^{\rm in}:\mathbb{R}_+\to\mathbb{R}_+$，使得

$$\begin{aligned}\Theta(t_{k+1}) &= Q^{\rm in}(\Theta(t_k))\\ &\geqslant \max\{V(e(X(t_{k+1}),\bar{\mu}_{n1}(t_{k+1}),\bar{\mu}_{n2}(t_{k+1}))),\theta_0\}\end{aligned} \tag{5.149}$$

应用引理 5.8 和引理 5.9 可以实现此目标。那么，引理 5.10 给出了收缩阶段 $\Theta$ 的更新律式 (5.135) 的收敛性质。

可以看出，尽管 $\Theta$ 的更新是不连续的，但仍能在迭代过程中保证闭环量化系统的状态 $e$ 总是在大不变集 $B_1$ 内，参见式 (5.130) 和式 (5.138)。

引理 5.8 描述了 $V$ 在时间间隔 $[t_k,t_{k+1})$ 内的递减特征，$\Theta$ 的收缩更新律 $Q^{\rm in}$ 将基于这一特征设计。

**引理 5.8** 考虑闭环量化系统，$V$ 满足性质 (5.130) 和性质 (5.131)。如果式 (5.148) 在时刻 $t_k(k \in \mathbb{Z}_+)$ 成立，那么存在一个连续且正定的函数 $\bar{\rho}$，使得

$$(\mathrm{Id} - \bar{\rho}) \in \mathcal{K}_\infty \tag{5.150}$$

$$V(e(X(t_{k+1}), \bar{\mu}_{n1}(t_k), \bar{\mu}_{n2}(t_k))) \leqslant \max\{(\mathrm{Id} - \bar{\rho})(\Theta(t_k)), \theta_0\} \tag{5.151}$$

引理 5.8 的证明在附录 B.6 中给出。

从式 (5.141) 中的定义可知，缩放变量 $\bar{\mu}_{n1}, \bar{\mu}_{n2}$ 的更新是分段恒定的，这就导致了 $e$ 的跳变以及 $V$ 的跳变。基于式 (5.151)，在考虑跳变情况下，设计收缩逻辑 $Q^{\mathrm{in}}$ 来实现式 (5.149)。

为了便于标记，定义

$$W(\xi, s) = V(e(\xi, \bar{\varUpsilon}_{n1}(s), \bar{\varUpsilon}_{n2}(s))) \tag{5.152}$$

式中，$\xi \in \mathbb{R}^{n+n_z}(s \in \mathbb{R}_+)$；

$$\bar{\varUpsilon}_{n1}(s) = [\varUpsilon_{11}(s), \cdots, \varUpsilon_{n1}(s)]^{\mathrm{T}} \tag{5.153}$$

$$\bar{\varUpsilon}_{n1}(s) = [\varUpsilon_{12}(s), \cdots, \varUpsilon_{n2}(s)]^{\mathrm{T}} \tag{5.154}$$

那么，$W(\xi, s)$ 是关于 $(\xi, s)$ 的连续函数。

考虑 $(\xi, s)$ 满足

$$0 \leqslant s \leqslant \Theta(t_{k^*}) \tag{5.155}$$

$$W(\xi, s) \leqslant \Theta(t_{k^*}) \tag{5.156}$$

从 $V$ 和 $W$ 在式 (5.121) 和式 (5.152) 中的定义可知存在一个紧集 $\varOmega^o \subset \mathbb{R}^{n+n_z} \times \mathbb{R}_+$，使得所有满足式 (5.155) 和式 (5.156) 的 $(\xi, s)$ 属于 $\varOmega^o$。根据连续性的性质，可找到一个连续且正定的函数 $\rho^o < \mathrm{Id}$，使得对所有的 $(\xi, s) \in \varOmega^o$ 和 $h \geqslant 0$ 都有

$$|W(\xi, s - \rho^o(h)) - W(\xi, s)| \leqslant h \tag{5.157}$$

在收缩阶段，对 $\Theta$ 设计如下更新律：

$$Q^{\mathrm{in}}(\Theta) = \Theta - \rho^o\left(\frac{\Theta - \max\{\varXi(\Theta), \theta_0\}}{2}\right) \tag{5.158}$$

式中，$\varXi = (\mathrm{Id} - \bar{\rho})$。在接下来的过程中，使用引理 5.9 来保证实现式 (5.149)，并使用引理 5.10 来保证 $\Theta$ 的收敛性。

假定满足式 (5.147) 和式 (5.148)，那么引理 5.9 指出当 $\Theta$ 的收缩更新律为式 (5.158) 时就可保证性质 (5.149)。

**引理 5.9**　考虑闭环量化系统，其输入到状态稳定李雅普诺夫函数 $V$ 满足性质 (5.130) 和性质 (5.131)。假定条件 (5.147) 在某个有限时刻 $t_{k^*}$ 成立，并且假定条件 (5.148) 在某个时刻 $t_k(k \geqslant k^*)$ 成立。那么，性质 (5.149) 在时刻 $t_{k+1}$ 成立，其更新律为 $\Theta(t_{k+1}) = Q^{\text{in}}(\Theta(t_k))$，其中 $Q^{\text{in}}$ 由式 (5.158) 定义。

**证明**　取 $0 < \rho^o < \text{Id}$，可以保证

$$\Theta(t_{k+1}) \leqslant \Theta(t_k) \tag{5.159}$$

和

$$\begin{aligned}\Theta(t_{k+1}) &= \Theta(t_k) - \rho^o\left(\frac{\Theta(t_k) - \max\{\Xi(\Theta(t_k)), \theta_0\}}{2}\right)\\ &\geqslant \frac{\Theta(t_k) + \max\{\Xi(\Theta(t_k)), \theta_0\}}{2}\end{aligned} \tag{5.160}$$

式中，$k \geqslant k^*$。因此，对所有 $k \geqslant k^*$，都有 $0 < \Theta(t_k) \leqslant \Theta(t_{k^*})$。

从引理 5.8 可知，式 (5.151) 成立。由式 (5.147)、式 (5.151) 和式 (5.152) 可得

$$W(X(t_{k+1}), \Theta(t_k)) \leqslant \max\{\Xi(\Theta(t_k)), \theta_0\} \leqslant \Theta(t_{k^*}) \tag{5.161}$$

式中，$k \geqslant k^*$。因此，对所有 $k \geqslant k^*$，都有 $(X(t_{k+1}), \Theta(t_k)) \in \Omega^o$。给定 $(X(t_{k+1}), \Theta(t_k)) \in \Omega^o$，由式 (5.158) 和式 (5.161)，可得

$$\begin{aligned}&W(X(t_{k+1}), \Theta(t_{k+1}))\\ &\leqslant W(X(t_{k+1}), \Theta(t_k)) + |W(X(t_{k+1}), \Theta(t_{k+1})) - W(X(t_{k+1}), \Theta(t_k))|\\ &\leqslant W(X(t_{k+1}), \Theta(t_k)) + |W(X(t_{k+1}), Q^{\text{in}}(\Theta(t_k)) - W(X(t_{k+1}), \Theta(t_k))|\\ &\leqslant \max\{\Xi(\Theta(t_k)), \theta_0\} + \frac{\Theta(t_k) - \max\{\Xi(\Theta(t_k)), \theta_0\}}{2}\\ &= \frac{\Theta(t_k) + \max\{\Xi(\Theta(t_k)), \theta_0\}}{2}\end{aligned} \tag{5.162}$$

同时，由式 (5.148) 可知 $\theta_0 \leqslant \Theta(t_k)$，于是

$$\theta_0 \leqslant \frac{\Theta(t_k) + \max\{\Xi(\Theta(t_k)), \theta_0\}}{2} \tag{5.163}$$

性质 (5.160)、性质 (5.162) 和性质 (5.163) 共同保证了式 (5.149)，其中 $W$ 的定义在式 (5.152) 中给出。

引理 5.10 给出了 $\Theta$ 的更新律 (5.135) 的收敛性质，其中 $Q = Q^{\text{in}}$ 的定义在式 (5.158) 中给出。

**引理 5.10** 假定在某时刻 $t_{k^*} > 0$，$\Theta(t_{k^*}) \geqslant \theta_0 (k^* \in \mathbb{Z}_+)$ 成立。如果使用式 (5.158) 中 $Q^{\rm in}$ 的定义，则更新律 $\Theta(t_{k+1}) = Q^{\rm in}(\Theta(t_k))$ 可实现

$$\lim_{k\to\infty} \Theta(t_k) = \theta_0 \tag{5.164}$$

**证明** 考虑下面两种情况:

(1) $\Xi(\Theta(t_k)) \geqslant \theta_0$。由 $\Xi$ 的定义可知，存在一个连续且正定的函数 $\rho_1^*$，使得 $\Xi \leqslant \mathrm{Id} - \rho_1^*$。于是，可以找到一个连续且正定的函数 $\rho_2^*$，使得 $\rho^o\left(\dfrac{s-\Xi(s)}{2}\right) \geqslant \rho_2^*(s)$，其中 $s \in \mathbb{R}_+$。在 $\Xi(\Theta(t_k)) \geqslant \theta_0$ 情况下，有

$$\begin{aligned}\Theta(t_{k+1}) &= \Theta(t_k) - \rho^o\left(\frac{\Theta(t_k) - \Xi(\Theta(t_k))}{2}\right) \\ &\leqslant \Theta(t_k) - \rho_2^*(\Theta(t_k))\end{aligned} \tag{5.165}$$

其可以保证存在一个 $t_{k^o} > t_k$，其中 $k^o \in \mathbb{Z}_+$，使得 $\Xi(\Theta(t_{k^o})) < \theta_0$。

(2) $0 \leqslant \Xi(\Theta(t_k)) < \theta_0$。定义 $\Theta'(t_k) = \Theta(t_k) - \theta_0$，其中 $k \in \mathbb{Z}_+$。那么，

$$\Theta'(t_{k+1}) = \Theta'(t_k) - \rho^o\left(\frac{\Theta'(t_k)}{2}\right) \tag{5.166}$$

该系统是一个在原点处渐近稳定的一阶离散时间系统 [45]。

由 $\Xi$ 的定义可见 $\Xi^{-1} > \mathrm{Id}$，即 $\Xi^{-1}(\theta_0) > \theta_0$，并且 $\Theta < \Xi^{-1}(\theta_0)$ 是系统 (5.166) 的一个不变集。因此，$\lim\limits_{k\to\infty} \Theta'(t_k) = 0$ 等价于 $\lim\limits_{k\to\infty} \Theta(t_k) = \theta_0$。

图 5.14 所示为 $\Theta(t)$ 和 $W(X(t), \Theta(t))$ 的轨迹。

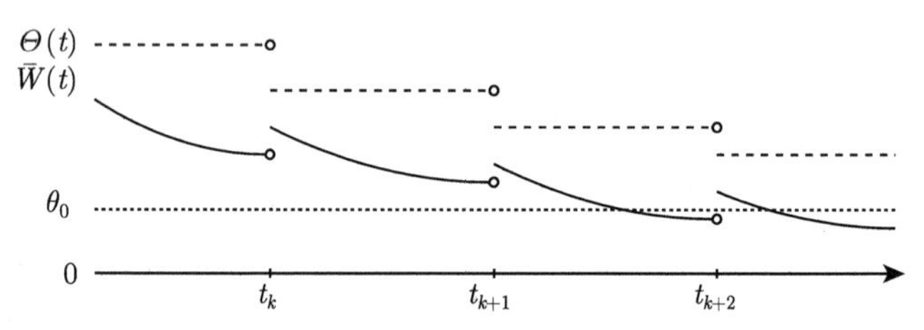


图 5.14 在收缩阶段，$\Theta(t)$ 和 $\bar{W}(t) = W(X(t), \Theta(t))$ 的轨迹

利用引理 5.8 可以找到 $\bar{\rho}$，而利用 $W$ 的连续性可以进一步找到 $\rho^o$，进而设计 $\Theta$ 的收缩更新律。应用引理 5.9 和引理 5.10，可以证明收缩阶段更新律 $Q^{\rm in}$ 的有效性。基于所设计的 $Q^{\rm in}$，通过式 (5.136) 和式 (5.137)，可以设计收缩逻辑 $Q_{ij}^{\rm in}$，其中 $i = 1, \cdots, n$，$j = 1, 2$。

3. 主要结果

基于上述设计，定理 5.2 总结了量化控制的主要结果。

**定理 5.2**　对于由式 (5.73)～ 式 (5.75) 所描述的被控对象，在假设 5.3～ 假设 5.6 下，通过选取满足式 (5.115) 的常数 $c_{i1}, c_{i2}(i=1,\cdots,n)$、满足多回路小增益条件 (5.120) 的增益 $\gamma_{e_k}^{e_{k'}}(k \neq k')$、满足式 (5.125) 的增益 $\gamma_{e_i}^{\mu_{k1}}, \gamma_{e_i}^{\mu_{k2}}(i=1,\cdots,n;\ k=1,\cdots,i-1)$，以及常数 $\epsilon_i>0(i=1,\cdots,n)$，可以设计式 (5.93) 和式 (5.94) 中的函数 $\kappa_i(i=1,\cdots,n)$ 和式 (5.99) 中的动态量化逻辑 $Q_{ij}(i=1,\cdots,n;\ j=1,2)$，使得闭环系统的状态 $z$ 和 $x$ 是有界的。而且，通过选取常数 $\epsilon_i>0(i=1,\cdots,n)$ 任意小，可以使输出 $x_1(t)$ 被控制到原点的任意小邻域内。

**证明**　在满足假设 5.3 的情况下，在某些时刻 $t_{k^*}>0$ $(k^* \in \mathbb{Z}_+)$，通过扩张逻辑 $Q_{ij}^{\text{out}}$ 便可以实现式 (5.147)。

在满足假设 5.4～ 假设 5.6 的情况下，根据引理 5.7，通过适当选取函数 $\kappa_i$ $(i=1,\cdots,n)$，可以使输入到状态稳定性的相关参数满足条件 (5.115)、条件 (5.120) 和条件 (5.125)，则这个闭环量化系统有两个相互嵌套的不变集，参见式 (5.131)。

基于引理 5.8 和引理 5.9 设计的收缩逻辑可以保证式 (5.149)，且对 $k \geqslant k^*$，$V(e(X(t_k),\bar{\mu}_{n1}(t_k),\bar{\mu}_{n2}(t_k))) \leqslant \Theta(t_k)$ 都成立。同时，引理 5.10 可以保证 $\overline{\lim\limits_{k\to\infty}}$ $V(e(X(t_k),\bar{\mu}_{n1}(t_k),\bar{\mu}_{n2}(t_k))) \leqslant \theta_0$。由式 (5.121) 中 $V$ 的定义可知，闭环信号 $x_1$ 可被控制到 $|x_1| \leqslant \alpha_V^{-1}(\theta_0)$ 的邻域内。应用引理 5.7 中 $\theta_0$ 的定义，通过设计 $\epsilon_i(i=1,\cdots,n)$ 任意小，状态 $x_1$ 可以被控制到原点的任意小的领域内。

如果由式 (5.73)～ 式 (5.75) 所描述的被控对象中没有逆动力学 (即 $z$ 子系统不存在)，那么就不需要假设 5.3 中的小时间尺度未来状态范数可观测性。

## 5.3　注　　记

量化控制是近年来控制理论研究的一个热点问题。文献 [128] 研究了单输入单输出线性系统的量化镇定问题。通过使用扇区不确定性来刻画量化映射，文献 [129] 考虑了多输入多输出线性系统的量化控制问题，并分析了量化控制系统的鲁棒性。针对非线性系统，基于对数量化器的量化控制早期结果可参见文献 [130]，其基本思路是利用鲁棒控制李雅普诺夫函数来设计对量化鲁棒的控制器。针对耗散非线性系统的量化控制，文献 [131] 研究了在什么条件下对数量化器不会抵消连续反馈控制器的稳定作用。这一结果利用集值映射来解决量化器的非连续性所导致的问题。

基于调整量化范围的基本思想，文献 [12]、[107] 和文献 [132]～ 文献 [133] 研究了线性和非线性系统的动态量化控制问题。其中，文献 [135] 给出了一种前馈形的非线性系统的半全局镇定结果。文献 [133] 给出了输入到状态镇定与量化控制之间的关系。在不少量化控制的结果中，设计控制器使闭环系统以量化误差为输入是输入到状态稳定至关重要的一步 [107,133,136,137]。文献 [134] 给出了一个基于仿效设计的量化控制一般框架。对于只能实现部分状态反馈的系统，文献 [137] 设计了一种量化输出反馈控制器。

本章所给出的扇区界方法是受到文献 [129]、[131] 的启发。本章利用集值映射来覆盖量化器的扇区界，并通过控制器设计将闭环量化系统转化为一个由输入到状态稳定的子系统构成的动态网络。在此基础上，本章利用多回路非线性小增益定理来保证闭环量化系统的稳定性。

本章相关结果的详细讨论可参见文献 [138]～ 文献 [141]。

# 第 6 章　分布式非线性控制

分布式控制的思想源于复杂系统中普遍存在的分布式结构。在分布式控制系统中，各个子系统通过与其临近的子系统进行信息交换实现相互协调。一个典型的例子就是移动机器人的编队控制。对这类系统，其控制的难点主要是其动力学的高维、非线性、不确定性和信息交换过程中存在的约束和干扰所导致的。本章将以非线性系统的小增益理论为工具，讨论解决一些典型非线性系统的分布式控制问题。

本章首先以一个多车编队控制问题为例对小增益和分布式控制之间的关系给出一个直观解释。根据这个例子，一个固定拓扑结构的领导者–跟随 (leader-follower) 控制系统可以转化为一个由多个输入到状态稳定的子系统相互关联而成的特定动态网络的稳定性问题。本章在 6.1 节提出一种新的有向图中的多回路小增益结果，并在后续几节中利用这一结果来解决几个分布式非线性控制问题。具体地，6.2 节将介绍针对一类非线性系统的分布式输出反馈控制的多回路小增益设计方法。6.3 节将研究具有固定信息交换拓扑结构的非完整移动机器人分布式编队控制问题。该结果将在 6.4 节被推广至拓扑结构存在切换的情形。

**例 6.1**　如图 6.1 所示，考虑 $N+1$ 辆小车的编队控制问题。其中，每辆小车的动力学模型均表示为如下一阶积分器的形式:

$$\dot{x}_i = v_i, \quad i = 0, \cdots, N \tag{6.1}$$

式中，$x_i \in \mathbb{R}$ 和 $v_i \in \mathbb{R}$ 分别是第 $i$ 辆小车的位置和速度。小车 0 是领导者，其他小车是跟随小车。控制目标是通过调节每辆跟随小车的速度 $v_i(i=1,\cdots,N)$ 使得各辆小车最终收敛到特定的相对位置。具体就是要实现

$$\lim_{t\to\infty}(x_i(t) - x_j(t)) = d_{ij} \qquad i, j = 0, \cdots, N \tag{6.2}$$

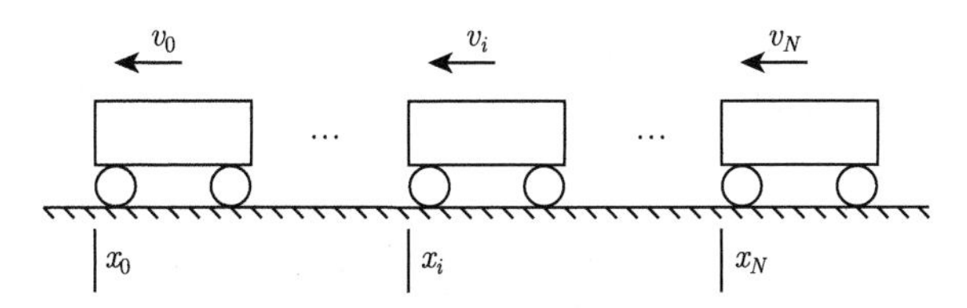


图 6.1　一个多车系统

式中，常数 $d_{ij}$ 表示期望收敛到的相对位置。为便于讨论，对 $i,j,k=0,\cdots,N$，定义 $d_{ij}=d_{ik}+d_{kj}$；对 $i,j=0,\cdots,N$，定义 $d_{ij}=-d_{ji}$；同时，对 $i=0,\cdots,N$，默认 $d_{ii}=0$。

与全局位置相比，在实际中小车之间的相对位置常常更容易测量到。本例将小车之间的相对位置作为反馈信息。考虑位置信息交换，如果小车 $i$ 可以获得 $(x_i-x_j)$，则称小车 $j$ 是小车 $i$ 的邻居，并且用 $\mathcal{N}_i\subseteq\{0,\cdots,N\}$ 表示小车 $i$ 的所有邻居所组成的集合。本例考虑每辆小车仅利用它与紧邻的前面和后面的小车的位置差的情形。也就是说，对 $i=1,\cdots,N-1$，$\mathcal{N}_i=\{i-1,i+1\}$，且 $\mathcal{N}_N=\{N-1\}$。

定义 $\tilde{x}_i=x_i-x_0-d_{i0}$，$\tilde{v}_i=v_i-v_0$。对 $\tilde{x}_i$ 求导可得

$$\dot{\tilde{x}}_i=\tilde{v}_i \quad i=1,\cdots,N \tag{6.3}$$

根据 $\tilde{x}_i$ 的定义，$\tilde{x}_i-\tilde{x}_j=x_i-x_j-d_{ij}$。因此，如果 $\lim\limits_{t\to\infty}(\tilde{x}_i-\tilde{x}_0)=0$，就可以实现控制目标。注意到，如果 $(x_i-x_j)$ 可被小车 $i$ 获取，那么 $(\tilde{x}_i-\tilde{x}_j)$ 就可用于 $\tilde{x}_i$ 子系统的控制。

上述问题通常称作一致性问题。如果位置信息交换拓扑对根节点 0 存在一个生成树，那么如下分布式控制律就能实现一致性：

$$\tilde{v}_i=k_i\sum_{j\in\mathcal{N}_i}(\tilde{x}_j-\tilde{x}_i) \tag{6.4}$$

式中，$k_i$ 是正的常数。

不仅如此，如果还要求速度 $v_i$ 是有界的，那么就可以将式 (6.4) 修改成

$$\tilde{v}_i=\varphi_i\left(\sum_{j\in\mathcal{N}_i}(\tilde{x}_j-\tilde{x}_i)\right) \tag{6.5}$$

式中，函数 $\varphi_i:\mathbb{R}\to[\underline{v}_i,\overline{v}_i]$ 是连续、严格递增的并且满足 $\varphi_i(0)=0$，其中常数 $\underline{v}_i<0<\overline{v}_i$ 分别表示该函数的下确界和上确界。那么控制律 (6.5) 就能保证 $v_i\in[v_0+\underline{v}_i,v_0+\overline{v}_i]$。由式 (6.4) 和式 (6.5) 所定义的控制律的有效性可以利用文献 [142] 给出的状态一致性结论直接证明。

在控制律 (6.5) 的作用下，每个 $\tilde{x}_i$ 子系统都可以被重新写作

$$\dot{\tilde{x}}_i=\varphi_i\left(\sum_{j\in\mathcal{N}_i}\tilde{x}_j-N_i\tilde{x}_i\right):=f_i(\tilde{x}) \tag{6.6}$$

式中，$N_i$ 是 $\mathcal{N}_i$ 的元素个数；$\tilde{x}=[\tilde{x}_0,\cdots,\tilde{x}_N]^{\mathrm{T}}$。

定义 $V_i(\tilde{x}_i)=|\tilde{x}_i|$ 为 $\tilde{x}_i(i=1,\cdots,N)$ 子系统的一个输入到候选状态稳定李雅普诺夫函数。可以证明对任意 $\delta>0$ 都存在一个连续正定的 $\alpha$，使得

$$V_i(\tilde{x}_i)\geqslant\frac{1}{(1-\delta_i)N_i}\sum_{j\in\mathcal{N}_i}V_j(\tilde{x}_j)\Rightarrow\nabla V_i(\tilde{x}_i)f_i(\tilde{x})\leqslant-\alpha_i(V_i(\tilde{x}_i))\tag{6.7}$$

几乎处处成立。其中，为了便于表示，默认 $V_0(\tilde{x}_0)=0$。这说明每个 $\tilde{x}_i\ (i=1,\cdots,N)$ 子系统都是输入到状态稳定的。如果由上述输入到状态稳定的子系统所构成的动态网络是渐近稳定的，那么便可以实现期望的控制目标。

利用有向图 $\mathcal{G}_f$ 表示上述动态网络内部各个子系统之间的关联结构。有向图中的节点表示小车 $1,\cdots,N$。如果 $\tilde{x}_j$ 是 $x_i$ 子系统的输入，那么图中就存在有向边 $(j,i)(i,j=1,\cdots,N)$。利用 $\overline{\mathcal{N}}_i$ 表示小车 $i$ 在 $\mathcal{G}_f$ 中的所有邻居构成的集合。显然，$\overline{\mathcal{N}}_i=\mathcal{N}_i\backslash\{0\}$。又由于 $V_0(\tilde{x}_0)=0$，式 (6.7) 给出的 $\mathcal{N}_i$ 可以被直接替换为 $\overline{\mathcal{N}}_i$。图 6.2 给出了每个跟随小车利用它与紧邻的前后小车的位置差进行控制的情形的有向图 $\mathcal{G}_f$，对 $i=2,\cdots,N-1$，有 $\overline{\mathcal{N}}_i=\{i-1,i+1\}$，而 $\overline{\mathcal{N}}_1=\{2\}$，$\overline{\mathcal{N}}_N=\{N-1\}$。

$$1 \rightleftarrows 2 \rightleftarrows 3 \rightleftarrows \quad \cdots \quad \rightleftarrows N$$

图 6.2　信息交换有向图 $\mathcal{G}_f$

注意到对满足 $\sum_{i=1}^{n}1/a_i\leqslant n$ 的任意正的常数 $a_1,\cdots,a_n$ 和所有 $d_1,\cdots,d_n\geqslant 0$ 都有 $\sum_{i=1}^{n}d_i=\sum_{i=1}^{n}(1/a_i)a_id_i\leqslant n\max_{i=1,\cdots,n}\{a_id_i\}$。那么，性质 (6.7) 就意味着

$$\begin{aligned}V_i(\tilde{x}_i)\geqslant&\frac{\overline{N}_i}{(1-\delta_i)N_i}\max_{j\in\overline{\mathcal{N}}_i}\{a_{ij}V_j(\tilde{x}_j)\}\\&\Rightarrow\nabla V_i(\tilde{x}_i)f_i(\tilde{x})\leqslant-\alpha_i(V_i(\tilde{x}_i))\end{aligned}\tag{6.8}$$

式中，$\overline{N}_i$ 是 $\overline{\mathcal{N}}_i$ 的元素个数；$a_{ij}$ 是满足 $\sum_{j\in\overline{\mathcal{N}}_i}1/a_{ij}\leqslant\overline{N}_i$ 的正的常数。显然，当 $0\in\mathcal{N}_i$ 时，$N_i=\overline{N}_i+1$；当 $0\notin\mathcal{N}_i$ 时，$N_i=\overline{N}_i$。

如果给定 $a_{ij}>0$，便可以直接通过验证多回路小增益条件是否满足来判断闭环系统的稳定性。但对一个特定的 $\mathcal{G}_f$，能否找到一组合适的系数 $a_{ij}$ 来满足多回路小增益条件呢？如果可以，怎样寻找？

需要注意的是，控制律 (6.5) 的有效性可以通过文献 [142] 的结果进行证明。而此处，我们的目标是将问题转化为动态网络的稳定性问题，并且得到一个希望对更一般的分布式控制问题也有用的结论。

为了回答例 6.1 给出的问题，我们在 6.1 节中将建立有向图中的多回路小增益结论。

## 6.1 有向图中的一个多回路小增益结果

考虑一个含有 $N$ 个节点的有向图 $\mathcal{G}_f$。对 $i=1,\cdots,N$，定义集合 $\overline{\mathcal{N}}_i$ 满足：如果从节点 $j$ 到节点 $i$ 有一条有向边 $(j,i)$，则 $j\in\overline{\mathcal{N}}_i$。为每条边 $(j,i)$ 分配一个正变量 $a_{ij}$。对 $\mathcal{G}_f$ 中的任意一个简单环 $\mathcal{O}$，定义 $A_{\mathcal{O}}$ 为环中所有边所分配的值的乘积。对 $i=1,\cdots,N$，定义 $\mathcal{C}(i)$ 为 $\mathcal{G}_f$ 中经过第 $i$ 个节点的简单环的集合。

**引理 6.1**　如果有向图 $\mathcal{G}_f$ 有一个由节点 $i_1^*,\cdots,i_q^*$ 作为根节点构成的生成树 $\mathcal{T}_f$，那么对任意 $\epsilon>0$，存在 $a_{ij}>0(i=1,\cdots,N;j\in\overline{\mathcal{N}}_i)$，使得

$$\sum_{j\in\overline{\mathcal{N}}_i}\frac{1}{a_{ij}}\leqslant\overline{N}_i,\quad i=1,\cdots,N \tag{6.9}$$

$$A_{\mathcal{O}}<1+\epsilon,\quad \mathcal{O}\in\mathcal{C}(i_1^*)\cup\cdots\cup\mathcal{C}(i_q^*) \tag{6.10}$$

$$A_{\mathcal{O}}<1,\quad \mathcal{O}\in\left(\bigcup_{i=1,\cdots,N}\mathcal{C}(i)\right)\Big/\left(\mathcal{C}(i_1^*)\cup\cdots\cup\mathcal{C}(i_q^*)\right) \tag{6.11}$$

式中，$\overline{N}_i$ 是 $\overline{\mathcal{N}}_i$ 中元素的个数。

**证明**　仅考虑 $q=1$ 的情形。$q\geqslant 2$ 的情形的证明类似。定义 $i^*$ 为树的根节点。

令 $a_{ij}^0=1(1\leqslant i\leqslant N;\ j\in\overline{\mathcal{N}}_i)$。如果对 $1\leqslant i\leqslant N$，$j\in\overline{\mathcal{N}}_i$ 有 $a_{ij}=a_{ij}^0$，那么

$$\sum_{j\in\overline{\mathcal{N}}_i}\frac{1}{a_{ij}^0}\leqslant\overline{N}_i,\quad i=1,\cdots,N \tag{6.12}$$

$$A_{\mathcal{O}}=1,\quad \mathcal{O}\in\bigcup_{i=1,\cdots,N}\mathcal{C}(i) \tag{6.13}$$

考虑生成树 $\mathcal{T}_f$ 中从根节点 $i^*$ 出发的一条路径。若记 $p_1=i^*$，则可以定义这条路径为 $(p_1,\cdots,p_m)$。

可以找到 $a_{p_2p_1}^1=a_{p_2p_1}^0+\epsilon_{p_2p_1}^0>0$，$\epsilon_{p_2p_1}^0>0$，$\epsilon_{p_2j}>0$ 和 $a_{p_2j}^1=a_{p_2j}^0-\epsilon_{p_2j}>0(j\in\overline{\mathcal{N}}_{p_2}\backslash\{p_1\})$ 满足如下条件：对 $i=p_2$ 有 $a_{ij}=a_{ij}^1$；对 $i\neq p_2$ 有 $a_{ij}=a_{ij}^0$。那么，式 (6.12) 成立，并且有

$$A_{\mathcal{O}}<1+\epsilon',\ \text{当}\ \mathcal{O}\in\mathcal{C}(p_1) \tag{6.14}$$

$$A_{\mathcal{O}}<1,\ \text{当}\ \mathcal{O}\in\mathcal{C}(p_2)\backslash\mathcal{C}(p_1) \tag{6.15}$$

式中，$0<\epsilon'<\epsilon$。

然后可以找到 $a_{p_3p_2}^1=a_{p_3p_2}^0+\epsilon_{p_3p_2}^0>0$，$\epsilon_{p_3p_2}^0>0$，$\epsilon_{p_3j}^0>0$ 和 $a_{p_3j}^1=a_{p_3j}^0-\epsilon_{p_3j}^0>0(j\in\overline{\mathcal{N}}_{p_3}\backslash\{p_2\})$ 满足如下条件：对 $i\in\{p_2,p_3\}$ 有 $a_{ij}=a_{ij}^1$；对 $i\notin\{p_2,p_3\}$

有 $a_{ij} = a_{ij}^0$。那么，式 (6.12) 成立，并且有

$$A_{\mathcal{O}} < 1 + \epsilon'', \quad 当\ \mathcal{O} \in \mathcal{C}(p_1) \tag{6.16}$$

$$A_{\mathcal{O}} < 1, \quad 当\ \mathcal{O} \in (\mathcal{C}(p_2) \cup \mathcal{C}(p_3)) \backslash \mathcal{C}(p_1) \tag{6.17}$$

式中，$0 < \epsilon' \leqslant \epsilon'' < \epsilon$。

通过对每个 $i = p_2, \cdots, p_m$ 依次进行如上分析，可以找到 $a_{ij}^1 > 0(i \in \{p_2, \cdots, p_m\}, j \in \overline{\mathcal{N}}_i)$，使得

$$A_{\mathcal{O}} < 1 + \epsilon_1, \quad 当\ \mathcal{O} \in \mathcal{C}(p_1) \tag{6.18}$$

$$A_{\mathcal{O}} < 1, \quad 当\ \mathcal{O} \in (\mathcal{C}(p_2) \cup \cdots \cup \mathcal{C}(p_m)) \backslash \mathcal{C}(p_1) \tag{6.19}$$

式中，$0 < \epsilon_0 < \epsilon$。

逐一考虑从根节点 $i^*$ 出发的每一条路径，对 $i \in \{1, \cdots, N\}$，$j \in \overline{\mathcal{N}}_i$，存在 $a_{ij}^1 > 0$ 使得如果 $a_{ij} = a_{ij}^1$，那么式 (6.11) 和式 (6.12) 成立，并且

$$A_{\mathcal{O}} < 1 + \epsilon^1, \quad 当\ \mathcal{O} \in \mathcal{C}(i_1^*) \cup \cdots \cup \mathcal{C}(i_q^*) \tag{6.20}$$

式中，$0 < \epsilon^1 < \epsilon$。

注意到不等式 (6.9)～ 不等式 (6.11) 的左边对 $a_{ij}$ 是连续的。那么，可以找到 $a_{ij}^2 > 0$ 使得如果 $a_{ij} = a_{ij}^2$，那么式 (6.9)～ 式 (6.11) 都成立。得证。

**例 6.2**　延续例 6.1。定义 $\mathcal{L} = \{i \in \{1, \cdots, N\} : 0 \in \mathcal{N}_i\}$。注意到 $N_i$ 和 $\overline{N}_i$ 之间的关系以及 $\overline{N}_i \leqslant N$。如果

$$A_{\mathcal{O}} < \frac{(1-\bar{\delta})^N (N+1)}{N}, \quad \mathcal{O} \in \bigcup_{i \in \mathcal{L}} \mathcal{C}(i) \tag{6.21}$$

$$A_{\mathcal{O}} < (1-\bar{\delta})^N, \quad \mathcal{O} \in \left( \bigcup_{i \in \{1, \cdots, N\}} \mathcal{C}(i) \right) \backslash \left( \bigcup_{i \in \mathcal{L}} \mathcal{C}(i) \right) \tag{6.22}$$

式中，$\bar{\delta} = \max_{i=1,\cdots,N} \{\delta_i\}$，那么具有性质 (6.8) 的、由输入到状态稳定的子系统构成的动态网络就满足多回路非线性小增益条件。

利用引理 6.1，如果图 $\mathcal{G}_f$ 有一个以 $\mathcal{L}$ 中的某个节点为根节点的生成树，那么就可以找到满足 $\sum_{j \in \overline{\mathcal{N}}_i} 1/a_{ij} \leqslant \overline{N}_i$ 的常数 $\bar{\delta} > 0$ 和常数 $a_{ij} > 0$ 使得条件 (6.21) 和条件 (6.22) 成立。图 6.2 显然满足这个条件。

## 6.2　分布式输出反馈控制

本节将分布式控制的多回路小增益设计基本思想推广到高阶非线性系统。考虑一个由 $N$ 个非线性自主体组成的多自主体系统，其中每个自主体 $i(1 \leqslant i \leqslant N)$

都具有如下输出反馈形式:

$$\dot{x}_{ij} = x_{i(j+1)} + \Delta_{ij}(y_i, w_i), \quad 1 \leqslant j \leqslant n_i - 1 \tag{6.23}$$

$$\dot{x}_{in_i} = u_i + \Delta_{in_i}(y_i, w_i) \tag{6.24}$$

$$y_i = x_{i1} \tag{6.25}$$

式中，$[x_{i1}, \cdots, x_{in_i}]^{\mathrm{T}} := x_i \in \mathbb{R}^{n_i}$，$x_{ij} \in \mathbb{R}(1 \leqslant j \leqslant n_i)$ 是状态；$u_i \in \mathbb{R}$ 是控制输入；$y_i \in \mathbb{R}$ 是输出；$[x_{i2}, \cdots, x_{in_i}]^{\mathrm{T}}$ 是状态中的不可测量的部分；$w_i \in \mathbb{R}^{n_{w_i}}$ 表示外部干扰；$\Delta_{ij}(1 \leqslant j \leqslant n_i)$ 是未知的局部利普希茨的函数。

本节的目的是为多自主体系统建立一类基于可获取信息的新的分布式控制器设计方法，使得所有输出 $y_i$ 收敛至一个相同的期望值 $y_0$。这类问题在本书中称作输出一致性问题。

与分散控制不同，分布式控制的主要目标是以某种协调的方式来控制多个自主体以实现某种期望的群体行为。输出一致性问题的目标是控制多个自主体使其输出收敛至一个理想的共同值。为了实现协调目的，自主体之间必须进行信息交换。在实际中，信息交换往往受到各种各样的约束。正如例 6.1 所示，领导者小车的位置 $x_0$ 只能被某些跟随小车获得，而通过临近小车之间的信息交换就可以实现编队控制的目标。

对由式 (6.23)~ 式 (6.25) 所描述的多自主体非线性系统, 利用有向图 $\mathcal{G}^c$ 来表示自主体之间的信息交换的拓扑结构。有向图 $\mathcal{G}^c$ 包含的 $N$ 个节点对应于 $N$ 个自主体，$M$ 个有向边表示信息交换连接。特别地，如果自主体 $i$ 可以利用 $y_i - y_k$ 来设计其控制器，那么存在一个从自主体 $k$ 到自主体 $i$ 的连接，自主体 $k$ 被称作自主体 $i$ 的邻居节点；否则，从自主体 $k$ 到自主体 $i$ 没有连接。集合 $\mathcal{N}_i \subseteq \{1, \cdots, N\}$ 表示自主体 $i$ 的所有邻居节点。在本节中，每个自主体均不认为是自己的邻居节点，因此对 $1 \leqslant i \leqslant N$，$i \notin \mathcal{N}_i$。如果自主体 $i$ 能获得一致值 $y_0$，并将其用于局部控制器设计，那么自主体 $i$ 被称作领导者。定义 $\mathcal{L} \subseteq \{1, \cdots, N\}$ 为所有领导者的集合。

本节对一致值和由式 (6.23)~ 式 (6.25) 所描述的被控对象作如下假设。

**假设 6.1** *存在非空集合 $\Omega \subseteq \mathbb{R}$ 使得:*

(1) $y_0 \in \Omega$;

(2) 对 $1 \leqslant i \leqslant N$，$1 \leqslant j \leqslant n_i$ 有

$$|\Delta_{ij}(y_i, w_i) - \Delta_{ij}(z_i, 0)| \leqslant \psi_{\Delta_{ij}}(|[y_i - z_i, w_i^{\mathrm{T}}]^{\mathrm{T}}|) \tag{6.26}$$

*对所有 $[y_i, w_i^{\mathrm{T}}]^{\mathrm{T}} \in \mathbb{R}^{1+n_{w_i}}$ 和所有 $z_i \in \Omega$ 都成立，其中 $\psi_{\Delta_{ij}} \in \mathcal{K}_\infty$ 是在任意紧集上满足利普希茨条件的已知函数。*

值得注意的是，有关 $y_0$(进一步是 $\Omega$) 的边界的信息在实际中通常是事先知道的。在这种情况下，如果对每个 $z_i$，存在一个在任意紧集上满足利普希茨条件的函数 $\psi_{\Delta_{ij}}^{z_i} \in \mathcal{K}_\infty$，使得

$$|\Delta_{ij}(y_i, w_i) - \Delta_{ij}(z_i, 0)| = |\Delta_{ij}((y_i - z_i) + z_i, w_i) - \Delta_{ij}(z_i, 0)| \leqslant \psi_{\Delta_{ij}}^{z_i}(|[y_i - z_i, w_i^{\mathrm{T}}]^{\mathrm{T}}|) \tag{6.27}$$

那么假设 6.1 给出的条件 (2) 一定成立。所以，$\psi_{\Delta_{ij}}$ 可以定义为 $\psi_{\Delta_{ij}}(s) = \sup\limits_{z_i \in \Omega} \psi_{\Delta_{ij}}^{z_i}(s)$，$s \in \mathbb{R}_+$。事实上，如果 $\Delta_{ij}$ 是局部利普希茨的，那么总存在一个满足条件 (6.27) 的并且在任意紧集上满足利普希茨条件的函数 $\psi_{\Delta_{ij}}^{z_i} \in \mathcal{K}_\infty$。

假设外部干扰是有界的。

**假设 6.2**　*对 $i = 1, \cdots, N$，存在 $\bar{w}_i \geqslant 0$，使得*

$$|w_i(t)| \leqslant \bar{w}_i \tag{6.28}$$

*对所有 $t \geqslant 0$ 都成立。*

本节的基本思想是对每个自主体设计一个基于观测器的局部控制器，使得每个受控自主体 $i$ 都是输入到输出稳定的，并同时具有无界能观性。然后，再用有向图中的多回路小增益定理保证闭环多自主体系统是输入到输出稳定的，进而实现输出一致。

引入动态补偿器

$$\dot{u}_i = v_i \tag{6.29}$$

定义 $x'_{i1} = y_i - y_0$，$x'_{i(j+1)} = x_{i(j+1)} + \Delta_{ij}(y_0, 0)(1 \leqslant j \leqslant n_i)$，并将输出跟踪误差 $y'_i = y_i - y_0$ 作为新的输出，$v_i$ 作为新的输入，就可以将由式 (6.23)~ 式 (6.25) 所定义的自主体 $i$ 转化为如下形式：

$$\dot{x}'_{ij} = x'_{i(j+1)} + \Delta_{ij}(y_i, w_i) - \Delta_{ij}(y_0, 0), \quad 1 \leqslant j \leqslant n_i + 1 \tag{6.30}$$

$$\dot{x}'_{in_i} = v_i + \Delta_{in_i}(y_i, w_i) - \Delta_{in_i}(y_0, 0) \tag{6.31}$$

$$y'_i = x'_{i1} \tag{6.32}$$

进一步地，动态补偿器式 (6.29) 能够保证在没有干扰的情况下，原点是变换后的由式 (6.30)~ 式 (6.32) 所描述的自主体系统的一个平衡点。并且，如果保证每个变换后的自主体系统在原点处都是可镇定的，那么就可以实现分布式控制的目标。

对每个自主体 $i$, 直接用如下定义的 $y_i^m$ 作为反馈设计局部控制器:

$$y_i^m = \frac{1}{N_i+1}\left(\sum_{k\in\mathcal{N}_i}(y_i - y_k) + (y_i - y_0)\right), \quad i \in \mathcal{L} \tag{6.33}$$

$$y_i^m = \frac{1}{N_i}\sum_{k\in\mathcal{N}_i}(y_i - y_k), \quad i \in \{1,\cdots,N\}\backslash\mathcal{L} \tag{6.34}$$

式中，$N_i$ 是 $\mathcal{N}_i$ 中元素的个数。为便于讨论，将 $y_i^m$ 作为新的输出，即

$$y_i^m = y_i' - \mu_i \tag{6.35}$$

其中，

$$\mu_i = \frac{1}{N_i+1}\sum_{k\in\mathcal{N}_i} y_k', \quad i \in \mathcal{L} \tag{6.36}$$

$$\mu_i = \frac{1}{N_i}\sum_{k\in\mathcal{N}_i} y_k', \quad i \in \{1,\cdots,N\}\backslash\mathcal{L} \tag{6.37}$$

### 6.2.1 分布式输出反馈控制器

考虑到被控对象的输出反馈结构，为每个变换后的由式 (6.30)~ 式 (6.32) 所描述的自主体系统设计如下局部观测器:

$$\dot{\xi}_{i1} = \xi_{i2} + L_{i2}\xi_{i1} + \rho_{i1}(\xi_{i1} - y_i^m) \tag{6.38}$$

$$\dot{\xi}_{ij} = \xi_{i(j+1)} + L_{i(j+1)}\xi_{i1} - L_{ij}(\xi_{i2} + L_{i2}\xi_{i1}), \quad 2 \leqslant j \leqslant n_i \tag{6.39}$$

$$\dot{\xi}_{i(n_i+1)} = v_i - L_{i(n_i+1)}(\xi_{i2} + L_{i2}\xi_{i1}) \tag{6.40}$$

式中，$\rho_{i1}: \mathbb{R} \to \mathbb{R}$ 是一个严格递减的奇函数；$L_{i2},\cdots,L_{in_i}$ 是正的常数。在如上设计的观测器中，$\xi_{i1}$ 是 $y_i'$ 的估计值，$\xi_{ij}(2 \leqslant j \leqslant n_i+1)$ 是 $x_{ij}' - L_{ij}y_i'$ 的估计值。

方程式 (6.38) 用受邻近自主体的输出 $y_k'$ 影响的 $y_i^m$ 来估计 $y_i'$。式 (6.38) 给出的非线性函数 $\rho_{i1}$ 将用来为观测误差系统配置一个合适的非线性增益。

利用估计信息可设计如下非线性的局部控制律:

$$e_{i1} = \xi_{i1} \tag{6.41}$$

$$e_{ij} = \xi_{ij} - \kappa_{i(j-1)}(e_{i(j-1)}), \quad 2 \leqslant j \leqslant n_i+1 \tag{6.42}$$

$$v_i = \kappa_{i(n_i+1)}(e_{i(n_i+1)}) \tag{6.43}$$

式中，$\kappa_{i1},\cdots,\kappa_{i(n_i+1)}$ 都是连续可微、严格递减且径向无界的奇函数。

定义 $Z_i = [x_{i1}',\cdots,x_{i(n_i+1)}',\xi_{i1},\cdots,\xi_{i(n_i+1)}]^{\mathrm{T}}$ 为由变换后的由式 (6.30)~ 式 (6.32) 所描述的多自主体系统和基于观测器的由式 (6.38)~ 式 (6.43) 所描述的局部控制器所组成的受控多自主体系统。

以 $\mu_i$ 为输入、$y_i'$ 为输出的受控多自主体系统的框图如图 6.3 所示。

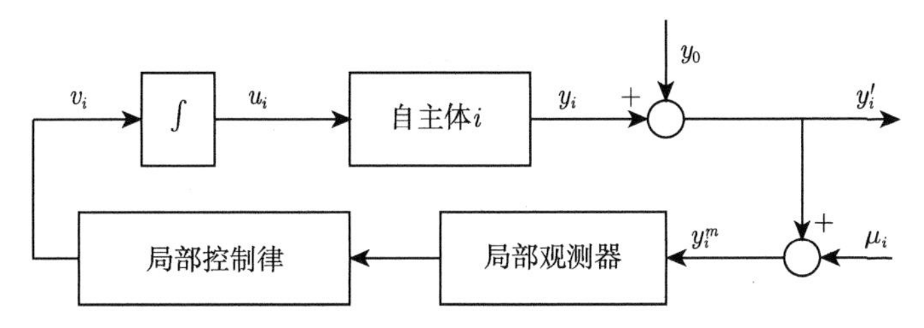


图 6.3　每个受控自主体 $i$ 的框图

下面的命题给出了每个受控自主体 $i$ 的无界能观性和输入到输出稳定性。

**命题 6.1**　每个由式 (6.30)~ 式 (6.32) 和式 (6.38)~ 式 (6.43) 组成的受控自主体 $i$，以 $\mu_i$ 为输入、$y_i'$ 为输出具有如下无界能观和输入到输出稳定性：对任意初始状态 $Z_i(0)=Z_{i0}$ 和任意 $\mu_i, w_i$，

$$|Z_i(t)| \leqslant \alpha_i^{\mathrm{UO}}(|Z_{i0}| + \|\mu_i\|_{[0,t]}) \tag{6.44}$$

$$|y_i'(t)| \leqslant \max\left\{\beta_i(|Z_{i0}|, t), \chi_i(\|\mu_i\|_{[0,t]}), \gamma_i(\|w_i\|_{[0,t]})\right\} \tag{6.45}$$

对所有 $t \geqslant 0$ 都成立，其中 $\beta_i \in \mathcal{KL}$，$\chi_i, \gamma_i, \alpha_i \in \mathcal{K}_\infty$。并且，$\gamma_i$ 可以被设计为任意小，且对任意常数 $b_i > 1$，可以通过设计 $\chi_i$ 使得对所有 $s \geqslant 0$ 有 $\chi_i(s) \leqslant b_i s$。

命题 6.1 的证明将在 6.2.4 节给出。

### 6.2.2　基于多回路小增益的系统集成

前一节给出的分布式输出反馈控制器已经将闭环多自主体系统转变成一个由输入到输出稳定的子系统构成的网络。本节将给出输出一致性问题的主要结果并利用有向图中的多回路小增益结果进行证明。

**定理 6.1**　考虑满足假设 6.1 和假设 6.2 的形式如式 (6.23)~ 式 (6.25) 的多自主体系统。如果至少存在一个领导者 (即 $\mathcal{L} \neq \varnothing$)，并且有向信息交换图 $\mathcal{G}^c$ 有一个以领导者为根节点的生成树，那么可以设计由式 (6.38)~ 式 (6.40) 所描述的分布式观测器和由式 (6.29)、式 (6.41)~ 式 (6.43) 所描述的分布式控制律使得闭环多自主体系统中的所有信号都有界，并且每个自主体 $i$ 的输出 $y_i$ 都收敛到期望一致值 $y_0$ 的任意小邻域内。进一步地，如果 $w_i = 0 (i = 1, \cdots, N)$，那么每个输出 $y_i$ 都渐近收敛到 $y_0$。

**证明**　注意到对满足 $\sum\limits_{i=1}^{n}(1/a_i) \leqslant n$ 的任意常数 $a_1, \cdots, a_n > 0$ 和所有 $d_1, \cdots, d_n \geqslant 0$，有

$$\sum_{i=1}^{n} d_i = \sum_{i=1}^{n} \frac{1}{a_i} a_i d_i \leqslant n \max_{1 \leqslant i \leqslant n}\{a_i d_i\} \tag{6.46}$$

考虑到 $\mu_i$ 在式 (6.36) 和式 (6.37) 给出的定义，可以得到

$$|\mu_i| \leqslant \delta_i \max_{k\in\mathcal{N}_i}\{a_{ik}|y'_k|\} \tag{6.47}$$

式中，当 $i\in\mathcal{L}$ 时 $\delta_i=\dfrac{N_i}{N_i+1}$，当 $i\notin\mathcal{L}$ 时 $\delta_i=1$，正的常数 $a_{ik}$ 满足

$$\sum_{k\in\mathcal{N}_i}\frac{1}{a_{ik}} \leqslant N_i \tag{6.48}$$

又因为式 (6.47) 给出的 $\mathcal{N}_i$ 是时不变的，由性质 (6.45) 可得，对任意的初始状态 $Z_{i0}$ 和任意的 $w_i$，

$$|y'_i(t)| \leqslant \max\left\{\beta_i(|Z_{i0}|,t), b_i\delta_i \max_{k\in\mathcal{N}_i}\{a_{ik}\|y'_k\|_{[0,t]}\}, \gamma_i(\|w_i\|_{[0,t]})\right\} \tag{6.49}$$

对所有 $t\geqslant 0$ 都成立。

观察可得，受控自主体的互连拓扑与信息交换拓扑是一致的，均可用有向图 $\mathcal{G}^c$ 表示。对 $i\in\mathcal{N}$, $k\in\mathcal{N}_i$，我们给 $\mathcal{G}^c$ 中的边 $(k,i)$ 赋予正值 $a_{ik}$。定义 $\mathcal{C}$ 为 $\mathcal{G}^c$ 中所有简单环构成的集合，$\mathcal{C}_{\mathcal{L}}$ 为经过 $\mathcal{L}$ 中的节点的所有简单环构成的集合。

注意到 $b_i$ 可以选取得任意接近 1，利用多回路非线性小增益定理可得：如果

$$A_{\mathcal{O}}\frac{N}{N+1} < 1, \quad \mathcal{O}\in\mathcal{C}_{\mathcal{L}} \tag{6.50}$$

$$A_{\mathcal{O}} < 1, \quad \mathcal{O}\in\mathcal{C}\backslash\mathcal{C}_{\mathcal{L}} \tag{6.51}$$

那么，闭环多自主体系统是输入到输出稳定的。

如果 $\mathcal{G}^c$ 有一个以 $\mathcal{L}$ 中节点作为根节点的生成树，那么根据引理 6.1 可得，存在满足式 (6.48)、式 (6.50) 和式 (6.51) 的正的常数 $a_{ik}$。进一步地，闭环分布式系统以 $w_i$ 为输入、$y'_i$ 为输出是无界能观和输入到输出稳定的。根据假设 6.2，外部干扰 $w_i$ 是有界的。在假设 6.2 成立的前提下可以直接证明闭环分布式系统信号的有界性。

通过设计足够小的输入到输出稳定增益 $\gamma_i$(由命题 6.1 保证)，外部干扰 $w_i$ 的影响变得足够小，并且 $y'_i$ 能够被控制到原点的任意小邻域内。等价地，$y_i$ 能够被控制到 $y_0$ 的任意小邻域内。在 $w_i=0(i=1,\cdots,N)$ 的情况下，每个输出 $y_i$ 渐近收敛到 $y_0$。定理 6.1 得证。

### 6.2.3 对信息交换时滞的鲁棒性

如果存在信息交换时滞，那么在式 (6.33) 和式 (6.34) 中定义的 $y_i^m$ 要修改为

$$y_i^m(t) = \frac{1}{N_i+1}\left(\sum_{k\in\mathcal{N}_i}(y_i(t)-y_k(t-\tau_{ik}(t))) + (y_i(t)-y_0)\right),\quad i\in\mathcal{L} \tag{6.52}$$

$$y_i^m(t) = \frac{1}{N_i}\sum_{k\in\mathcal{N}_i}(y_i(t)-y_k(t-\tau_{ik}(t))),\quad i\in\{1,\cdots,N\}\backslash\mathcal{L} \tag{6.53}$$

式中，$\tau_{ik}:\mathbb{R}_+\to\mathbb{R}_+$ 表示信息交换的非恒定时间时滞。

在这种情形下，$y_i^m(t)$ 仍可写成 $y_i^m(t)=y_i'(t)-\mu_i(t)$ 的形式，其中，

$$\mu_i(t) = \frac{1}{N_i+1}\sum_{k\in\mathcal{N}_i}y_k'(t-\tau_{ik}(t)),\qquad i\in\mathcal{L} \tag{6.54}$$

$$\mu_i(t) = \frac{1}{N_i}\sum_{k\in\mathcal{N}_i}y_k'(t-\tau_{ik}(t)),\qquad i\in\{1,\cdots,N\}\backslash\mathcal{L} \tag{6.55}$$

假设存在一个 $\bar{\tau}\geqslant 0$，使得对 $i=1,\cdots,N$，$k\in\mathcal{N}_i$ 和任意的 $t\geqslant 0$，都有 $0\leqslant\tau_{ik}(t)\leqslant\bar{\tau}$。通过把 $\mu_i$ 和 $w_i$ 作为外部输入，由式 (6.30)~ 式 (6.32) 和式 (6.38)~ 式 (6.43) 组成的每个受控自主体 $i$ 仍然是无界能观的，并且性质 (6.49) 可以修正为对任意的初始状态 $Z_{i0}$ 和任意的 $w_i$，

$$|y_i'(t)|\leqslant\max\left\{\beta_i(|Z_{i0}|,t),b_i\delta_i\max_{k\in\mathcal{N}_i}\{a_{ik}\|y_k'\|_{[-\bar{\tau},\infty)}\},\gamma_i(\|w_i\|_{[0,\infty)})\right\} \tag{6.56}$$

对所有 $t\geqslant 0$ 都成立。

利用考虑时滞的多回路小增益定理，即定理 3.3，与定理 6.1 类似，可以证明闭环多自主体系统以 $y_i'$ 为输出、$w_i$ 为输入是输入到输出稳定的。

### 6.2.4　受控自主体的无界能观和输入到输出稳定性的证明

本节给出命题 6.1 的证明。

#### 1. 观测误差子系统的稳定性

定义 $\zeta_{i1}=y_i'-\xi_{i1}$，$\zeta_{ij}=x_{ij}'-L_{ij}y_i'-\xi_{ij}(2\leqslant j\leqslant n_i+1)$ 为观测误差。定义 $\bar{\zeta}_{i2}=[\zeta_{i2},\cdots,\zeta_{i(n_i+1)}]^{\mathrm{T}}$，$\tilde{\varDelta}_{ij}(y_i',y_0,w_i)=\varDelta_{ij}(y_i'+y_0,w_i)-\varDelta_{ij}(y_0,0)$，$1\leqslant j\leqslant n_i$。

对 $\zeta_{i1},\bar{\zeta}_{i2}$ 求导可得

$$\dot{\zeta}_{i1}=\rho_{i1}(\zeta_{i1}-\mu_i)+\phi_{i1}(y_0,\zeta_{i1},\zeta_{i2},\xi_{i1},w_i) \tag{6.57}$$

$$\dot{\bar{\zeta}}_{i2}=A_i\bar{\zeta}_{i2}+\bar{\phi}_{i2}(y_0,\zeta_{i1},\xi_{i1},w_i) \tag{6.58}$$

式中，

$$A_i = \begin{bmatrix} -L_{i2} & \\ \vdots & I_{n_i-2} \\ -L_{i(n_i-1)} & \\ -L_{in_i} & 0 \ \cdots \ 0 \end{bmatrix} \tag{6.59}$$

$$\bar{\phi}_{i2}(y_0,\zeta_{i1},\xi_{i1},w_i) = \begin{bmatrix} \phi_{i2}(y_0,\zeta_{i1},\xi_{i1},w_i) \\ \vdots \\ \phi_{i(n_i+1)}(y_0,\zeta_{i1},\xi_{i1},w_i) \end{bmatrix} \tag{6.60}$$

并且满足

$$\phi_{i1} = \tilde{\Delta}_{i1} + \zeta_{i2} + L_{i2}\zeta_{i1} \tag{6.61}$$

$$\phi_{ij} = \tilde{\Delta}_{ij} - L_{ij}\Delta_{i1} + (L_{i(j+1)} - L_{ij}L_{i2})\zeta_{i1},\quad 2 \leqslant j \leqslant n_i \tag{6.62}$$

$$\phi_{i(n_i+1)} = -L_{i(n_i+1)}\tilde{\Delta}_{i1} - L_{in_i}L_{i2}\zeta_{i1} \tag{6.63}$$

在满足假设 6.1 的情况下找到 $\psi_{\phi_{ij}} \in \mathcal{K}_\infty$，使得

$$|\phi_{i1}(y_0,\zeta_{i1},\zeta_{i2},\xi_{i1},w_i)| \leqslant \psi_{\phi_{ij}}(|[\zeta_{i1},\zeta_{i2},\xi_{i1},w_i]^{\mathrm{T}}|) \tag{6.64}$$

$$|\phi_{ij}(y_0,\zeta_{i1},\xi_{i1},w_i)| \leqslant \psi_{\phi_{ij}}(|[\zeta_{i1},\xi_{i1},w_i]^{\mathrm{T}}|) \tag{6.65}$$

通过合理选取正的常数 $L_{i2},\cdots,L_{in_i}$ 可以使 $A_i$ 为赫尔维茨矩阵 (其所有特征值均具有负实部)。

根据引理 4.1，对任意的常数 $0 < c_i < 1$，$\ell_{\zeta_{i1}} > 0$ 和在任意紧集上满足利普希茨条件的任意 $\chi_{\zeta_{i1}}^{\zeta_{i2}}, \chi_{\zeta_{i1}}^{\xi_{i1}}, \chi_{\zeta_{i1}}^{w_i} \in \mathcal{K}_\infty$，可以找到一个连续可微的 $\rho_{i1}$，使得 $\zeta_{i1}$ 子系统是输入到状态稳定的，而且 $V_{\zeta_{i1}}(\zeta_{i1}) = |\zeta_{i1}|$ 是一个输入到状态稳定李雅普诺夫函数并满足

$$\begin{aligned} &V_{\zeta_{i1}}(\zeta_{i1}) \geqslant \max\left\{\chi_{\zeta_{i1}}^{\mu_i}(|\mu_i|), \chi_{\zeta_{i1}}^{\zeta_{i2}}(|\zeta_{i2}|), \chi_{\zeta_{i1}}^{\xi_{i1}}(|\xi_{i1}|), \chi_{\zeta_{i1}}^{w_i}(|w_i|)\right\} \\ \Rightarrow &\nabla V_{\zeta_{i1}}(\zeta_{i1})\dot{\zeta}_{i1} \leqslant -\ell_{\zeta_{i1}} V_{\zeta_{i1}},\quad \text{a.e.} \end{aligned} \tag{6.66}$$

式中，$\chi_{\zeta_{i1}}^{\mu_i}(s) = s/c_i$，$s \in \mathbb{R}_+$。

因为 $A_i$ 是赫尔维茨矩阵，所以存在一个正定矩阵 $P_i = P_i^{\mathrm{T}} \in \mathbb{R}^{(n_i-1)\times(n_i-1)}$ 使得 $P_iA_i + A_i^{\mathrm{T}}P_i = -2I_{n_i-1}$。定义 $V_{\bar{\zeta}_{i2}}(\bar{\zeta}_{i2}) = \bar{\zeta}_{i2}^{\mathrm{T}}P_i\bar{\zeta}_{i2}$。那么，存在 $\underline{\alpha}_{\bar{\zeta}_{i2}}, \overline{\alpha}_{\bar{\zeta}_{i2}} \in \mathcal{K}_\infty$ 使得 $\underline{\alpha}_{\bar{\zeta}_{i2}}(|\bar{\zeta}_{i2}|) \leqslant V_{\bar{\zeta}_{i2}}(\bar{\zeta}_{i2}) \leqslant \overline{\alpha}_{\bar{\zeta}_{i2}}(|\bar{\zeta}_{i2}|)$，直接对其积分可得

$$
\begin{aligned}
\nabla V_{\bar{\zeta}_{i2}}(\bar{\zeta}_{i2})\dot{\bar{\zeta}}_{i2} =& -2\bar{\zeta}_{i2}^{\mathrm{T}}\bar{\zeta}_{i2} + 2\bar{\zeta}_{i2}^{\mathrm{T}}P_i\bar{\phi}_{i2}(\zeta_{i1},\xi_{i1},w_i) \\
\leqslant& -\bar{\zeta}_{i2}^{\mathrm{T}}\bar{\zeta}_{i2} + |P_i|^2|\bar{\phi}_{i2}(\zeta_{i1},\xi_{i1},w_i)|^2 \\
\leqslant& -\frac{1}{\lambda_{\max}(P_i)}V_{\bar{\zeta}_{i2}}(\bar{\zeta}_{i2}) \\
&+|P_i|^2\left(\psi_{\bar{\phi}_{i2}}^{\zeta_{i1}}(|\zeta_{i1}|)+\psi_{\bar{\phi}_{i2}}^{\xi_{i1}}(|\xi_{i1}|)+\psi_{\bar{\phi}_{i2}}^{w_i}(|w_i|)\right)
\end{aligned} \tag{6.67}
$$

这说明 $\bar{\zeta}_{i2}$ 子系统是输入到状态稳定的，$V_{\bar{\zeta}_{i2}}$ 是它的一个输入到状态稳定李雅普诺夫函数。输入到状态稳定增益可按如下方式进行选取。定义 $\chi_{\bar{\zeta}_{i2}}^{\zeta_{i1}}=4\lambda_{\max}(P_i)|P_i^2|\psi_{\bar{\phi}_{i2}}^{\zeta_{i1}}$，$\chi_{\bar{\zeta}_{i2}}^{\xi_{i1}}=4\lambda_{\max}(P_i)|P_i^2|\psi_{\bar{\phi}_{i2}}^{\xi_{i1}}$，$\chi_{\bar{\zeta}_{i2}}^{w_i}=4\lambda_{\max}(P_i)|P_i^2|\psi_{\bar{\phi}_{i2}}^{w_i}$。那么，

$$
\begin{aligned}
&V_{\bar{\zeta}_{i2}}(\bar{\zeta}_{i2}) \geqslant \max\left\{\chi_{\bar{\zeta}_{i2}}^{\zeta_{i1}}(|\zeta_{i1}|),\chi_{\bar{\zeta}_{i2}}^{\xi_{i1}}(|\xi_{i1}|),\chi_{\bar{\zeta}_{i2}}^{w_i}(|w_i|)\right\} \\
\Rightarrow &\nabla V_{\bar{\zeta}_{i2}}(\bar{\zeta}_{i2})\dot{\bar{\zeta}}_{i2} \leqslant -\ell_{\bar{\zeta}_{i2}}V_{\bar{\zeta}_{i2}}(\bar{\zeta}_{i2})
\end{aligned} \tag{6.68}
$$

式中，$\ell_{\bar{\zeta}_{i2}}=\dfrac{1}{4\lambda_{\max}(P_i)}$。

2. 控制误差子系统的稳定性

对 $e_{i1},\cdots,e_{i(n_i+1)}$ 求导可得

$$
\dot{e}_{i1}=\kappa_{i1}(e_{i1})+\bar{\varphi}_{i1}(e_{i1},e_{i2},\mu_i,\zeta_{i1}) \tag{6.69}
$$

$$
\dot{e}_{ij}=\kappa_{ij}(e_{ij})+\bar{\varphi}_{ij}(e_{i1},\cdots,e_{i(j+1)},\mu_i,\zeta_{i1}),\quad 2\leqslant j\leqslant n_i+1 \tag{6.70}
$$

式中，

$$
\bar{\varphi}_{i1}=e_{i2}+L_{i2}\xi_{i1}+\rho_{i1}(\xi_{i1}-y_i^m) \tag{6.71}
$$

$$
\begin{aligned}
\bar{\varphi}_{ij}=&\,e_{i(j+1)}+L_{i(j+1)}\xi_{i1}-L_{ij}(\xi_{i2}+L_{i2}\xi_{i1}) \\
&-\frac{\partial\kappa_{i(j-1)}(e_{i(j-1)})}{\partial e_{i(j-1)}}\dot{e}_{i(j-1)}
\end{aligned} \tag{6.72}
$$

定义 $e_{i(n_i+2)}=0$。显然，$\bar{\varphi}_{i1}$ 和 $\bar{\varphi}_{ij}$ 是局部利普希茨函数，并且存在 $\psi_{\bar{\varphi}_{ij}}\in\mathcal{K}_\infty$ 使得

$$
|\bar{\varphi}_{ij}|\leqslant\psi_{\bar{\varphi}_{ij}}(|[e_{i1},\cdots,e_{i(j+1)},\mu_i,\zeta_{i1}]^{\mathrm{T}}|) \tag{6.73}
$$

根据引理 4.1，可以找到连续可微函数 $\kappa_{ij}$，使得每个 $e_{ij}$ 子系统都是输入到状态稳定的，且 $V_{e_{ij}}(e_{ij})=|e_{ij}|$ 作为输入到状态稳定李雅普诺夫函数满足：

$$
\begin{aligned}
&V_{e_{ij}}(e_{ij})\geqslant\max_{k=1,\cdots,j-1,j+1}\left\{\chi_{e_{ij}}^{e_{ik}}(|e_{ik}|),\chi_{e_{ij}}^{\mu_i}(|\mu_i|),\chi_{e_{ij}}^{\zeta_{i1}}(|\zeta_{i1}|)\right\} \\
\Rightarrow&\nabla V_{e_{ij}}(e_{ij})\dot{e}_{ij}\leqslant-\ell_{e_{ij}}V_{e_{ij}}(e_{ij}),\quad \text{a.e.}
\end{aligned} \tag{6.74}
$$

式中，$\ell_{(\cdot)}$ 可以是任意特定的正的常数；$\chi_{e_{i1}}^{e_{i0}},\chi_{e_{i(n_i+1)}}^{e_{i(n_i+2)}}=0$，并且其余 $\chi_{(\cdot)}^{(\cdot)}$ 可以是在任意紧集上满足利普希茨条件的任意特定的 $\mathcal{K}_\infty$ 函数。

3. 无界能观性和输入到输出稳定性

定义 $Z_i=[\zeta_{i1},\bar{\zeta}_{i2}^{\mathrm{T}},e_{i1},\cdots,e_{i(n_i+1)}]^{\mathrm{T}}$。每个状态为 $Z_i$ 的受控自主体都能够转化为一个由输入到状态稳定的子系统构成的动态网络。根据基于李雅普诺夫的多回路小增益定理，如果沿系统有向图中每个简单环的输入到状态稳定增益的复合函数均小于恒等函数，那么受控自主体 $i$ 以 $w_i$ 和 $\mu_i$ 作为输入是输入到状态稳定的。为每个 $\zeta_{i1},e_{i1},\cdots,e_{i(n_i+1)}$ 子系统选择足够小的输入到状态稳定增益可以使多回路小增益条件成立。

当多回路小增益条件满足时，为了找到输入到输出稳定增益，构造如下形式的输入到状态稳定李雅普诺夫函数：

$$V_i(Z_i)=\max_{1\leqslant j\leqslant n_i+1}\left\{\sigma_{\zeta_{i1}}(V_{\zeta_{i1}}(\zeta_{i1})),\sigma_{\bar{\zeta}_{i2}}(V_{\bar{\zeta}_{i2}}(\bar{\zeta}_{i2})),\sigma_{e_{ij}}(V_{e_{ij}}(e_{ij}))\right\} \tag{6.75}$$

式中，$\sigma_{e_{i1}}=\mathrm{Id}$，其余 $\sigma_{(\cdot)}$ 是在 $(0,\infty)$ 上连续可导、比与之对应的 $\chi_{(\cdot)}^{(\cdot)}$ 稍大的，且仍然满足多回路小增益条件的 $\mathcal{K}_\infty$ 类函数 $\hat{\chi}_{(\cdot)}^{(\cdot)}$ 的复合函数。显然，$V_i(Z_i)$ 是正定且径向无界的。

定义

$$\bar{\chi}_i(|\mu_i|)=\max_{1\leqslant j\leqslant n_i+1}\left\{\sigma_{\zeta_{i1}}\circ\chi_{\zeta_{i1}}^{\mu_i}(|\mu_i|),\sigma_{e_{ij}}\circ\chi_{e_{ij}}^{\mu_i}(|\mu_i|)\right\} \tag{6.76}$$

$$\bar{\gamma}_i(|w_i|)=\max_{1\leqslant j\leqslant n_i+1}\left\{\sigma_{\zeta_{i1}}\circ\chi_{\zeta_{i1}}^{w_i}(|w_i|),\sigma_{\bar{\zeta}_{i2}}\circ\chi_{\bar{\zeta}_{i2}}^{w_i}(|w_i|)\right\} \tag{6.77}$$

通过选取足够小的输入到状态稳定增益 $\chi_{e_{ij}}^{\mu_i}$ 和 $\chi_{e_{i1}}^{\zeta_{i1}}$，可以得到

$$\bar{\chi}_i=\sigma_{\zeta_{i1}}\circ\chi_{\zeta_{i1}}^{\mu_i} \tag{6.78}$$

式中，$\sigma_{\zeta_{i1}}$ 可以取得足够小。类似地，$\bar{\gamma}_i$ 也能被设计得足够小。

根据基于李雅普诺夫的非线性小增益定理，存在一个连续正定的函数 $\alpha_i$，使得

$$V_i(Z_i)\geqslant\max\{\bar{\chi}_i(|\mu_i|),\bar{\gamma}_i(|w_i|)\}\Rightarrow\nabla V_i(Z_i)\dot{Z}_i\leqslant-\alpha_i(V_i(Z_i)) \tag{6.79}$$

几乎处处成立。因此，存在 $\bar{\beta}_i\in\mathcal{KL}$ 使得对所有 $t\geqslant0$，有

$$V_i(Z_i(t))\leqslant\max\left\{\bar{\beta}_i(V_i(Z_{i0}),t),\bar{\chi}_i(\|\mu_i\|_{[0,t]}),\bar{\gamma}_i(\|w_i\|_{[0,t]})\right\} \tag{6.80}$$

对任意的初始状态 $Z_{i0}$ 都成立。

借助 $\zeta_{i1},\bar{\zeta}_{i2},e_{i1},\cdots,e_{i(n_i+1)}$ 的定义可以找到 $\underline{\alpha}_i,\overline{\alpha}_i\in\mathcal{K}_\infty$ 使得对所有 $Z_i$ 都有 $\underline{\alpha}_i(|Z_i|)\leqslant V_i(Z_i)\leqslant\overline{\alpha}_i(|Z_i|)$。基于式 (6.80)，可以找到 $\alpha_i^{\mathrm{UO}}\in\mathcal{K}_\infty$ 使得无界能观性 (6.44) 成立。

由 $V_i(Z_i)$ 的定义和 $\sigma_{\zeta_{i1}} = \text{Id}$ 可得 $|y_i'| \leqslant |e_{i1}|+|\zeta_{i1}| \leqslant \sigma_{e_{i1}}^{-1}(V_i(Z_i))+\sigma_{\zeta_{i1}}^{-1}(V_i(Z_i)) = (\text{Id} + \sigma_{\zeta_{i1}}^{-1})(V_i(Z_i))$。定义

$$\chi_i(s) = (\text{Id} + \sigma_{\zeta_{i1}}^{-1}) \circ \sigma_{\zeta_{i1}} \circ \chi_{\zeta_{i1}}^{\mu_i} = (\text{Id} + \sigma_{\zeta_{i1}}) \circ \chi_{\zeta_{i1}}^{\mu_i}(s) \tag{6.81}$$

$$\gamma_i(s) = (\text{Id} + \sigma_{\zeta_{i1}}^{-1}) \circ \bar{\gamma}_i(s) \tag{6.82}$$

$$\beta_i(s,t) = (\text{Id} + \sigma_{\zeta_{i1}}^{-1}) \circ \bar{\beta}_i(\bar{\alpha}_i(s), t) \tag{6.83}$$

式中，$s, t \geqslant 0$。可以证明式 (6.45) 成立。

由于 $\chi_{\zeta_{i1}}^{\mu_i}(s) = s/c_i$，对任意特定的常数 $b_i > 1$，通过选取足够接近于 1 的 $c_i$ 和足够小的 $\sigma_{\zeta_{i1}}$，可以设计 $\chi_i$ 满足 $\chi_i(s) \leqslant b_i s$。固定 $\sigma_{\zeta_{i1}}$，通过选取足够小的 $\bar{\gamma}_i$，可以将 $\gamma_i$ 设计得足够小。

## 6.3　非完整移动机器人的编队控制

多自主体的编队控制目标是使所有自主体趋近于并保持特定的相对位置。基于可获取的局部信息 (如相对位置)，多自主体系统的分布式编队控制在机器人和控制领域得到极大关注。

受 6.2 节有关非线性系统分布式输出反馈控制的多回路小增益设计的启发，本节将设计一类利用实际可获得的相对位置信息来实现移动机器人群体的领导者–跟随者编队控制的分布式控制器。移动机器人的运动学模型如图 6.4 所示，其中 $(x, y)$ 表示机器人的质量中心在直角坐标系中的坐标，$v$ 是线速度，$\theta$ 是方位角，$\omega$ 是角速度。

为此，首先利用动态反馈线性化将编队控制问题转化为二阶积分器系统的状态一致性问题。非完整约束会导致机器人的线速度为零时动态反馈线性化出现奇异点。对此我们将对转化的二阶积分器模型的有效性进行详细的讨论，并得到分布式的编队控制律。为避免非完整约束引起的奇异性问题，在控制设计中将引入饱和函数，以确保机器人的线性速度始终大于零。值得注意的是，线性的分析方法不能直接用于饱和函数存在的情况。那么可以将闭环系统转化为一个由输入到输出稳定的系统构成的动态网络。在此基础上利用有向图中的多回路小增益定理可以保证动态网络的输入到输出稳定性并实现编队控制。

上述处理使得此设计有三个优点：

(1) 所设计的分布式编队控制器不基于全局位置信息，并且相对位置信息的感知和相互交换无需假设树形的拓扑结构。这是基于非线性小增益定理的分布式控制方法与现有文献中诸多方法的不同之处。

(2) 在位置测量误差存在时，也可以近似实现编队控制目标。

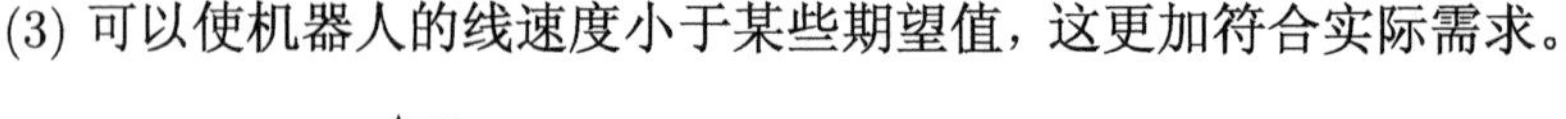

(3) 可以使机器人的线速度小于某些期望值，这更加符合实际需求。

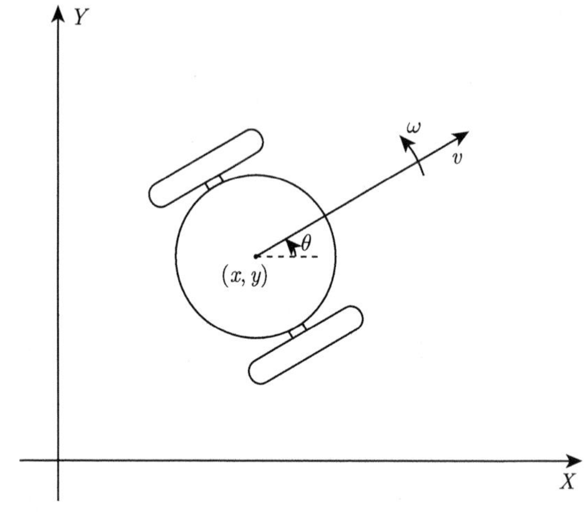


图 6.4　移动机器人的运动学模型

本节考虑一组 $N+1$ 个移动机器人的编队控制问题。第 $i(i=0,1,\cdots,N)$ 个移动机器人的运动学模型为

$$\dot{x}_i = v_i \cos\theta_i \tag{6.84}$$

$$\dot{y}_i = v_i \sin\theta_i \tag{6.85}$$

$$\dot{\theta}_i = \omega_i \tag{6.86}$$

式中，$[x_i, y_i]^{\mathrm{T}} \in \mathbb{R}^2$ 表示第 $i$ 个机器人的质心在直角坐标系中的位置；$v_i \in \mathbb{R}$ 是线速度；$\theta_i \in \mathbb{R}$ 是方位角；$\omega_i \in \mathbb{R}$ 是角速度。

下标为 0 的机器人是领导者机器人，下标为 $1,\cdots,N$ 的是跟随机器人。线速度 $v_i$ 和角速度 $\omega_i$ 为第 $i$ 个机器人的控制输入，其中 $i=1,\cdots,N$。系统的编队控制目标是使第 $i$ 个跟随机器人满足

$$\lim_{t\to\infty}(x_i(t)-x_j(t)) = d_{xij} \tag{6.87}$$

$$\lim_{t\to\infty}(y_i(t)-y_j(t)) = d_{yij} \tag{6.88}$$

式中，常数 $d_{xij}, d_{yij}$ 表示期望相对位置，并且

$$\lim_{t\to\infty}((\theta_i(t)-\theta_j(t)) \bmod 2\pi) = 0 \tag{6.89}$$

对任意的 $i,j=0,\cdots,N$ 都成立，其中 mod 表示模运算。为了利用符号的方便，设 $d_{xii}=d_{yii}=0(i=0,\cdots,N)$。假设 $d_{xij}=d_{xik}-d_{xkj}$，$d_{yij}=d_{yik}-d_{ykj}$ 对任意 $i,j,k=0,\cdots,N$ 都成立。

在本节的讨论中，$v_0$ 总是满足假设 6.3 的。

**假设 6.3**　领导者机器人的线速度 $v_0$ 有界，记其上下界为 $\overline{v}_0, \underline{v}_0 > 0$，即 $\underline{v}_0 \leqslant v_0(t) \leqslant \overline{v}_0$ 对任意的 $t \geqslant 0$ 成立。同时，线速度 $v_0$ 可微且导数有界，即 $\dot{v}_0(t)$ 存在并在 $[0, \infty)$ 上有界。

移动机器人控制的一个问题是，机器人的全局位置的精确信息往往不能直接用于反馈控制，而只能利用相对位置的测量信息。有向图可以用来表示机器人之间的相对位置感知结构。位置感知图 $\mathcal{G}$ 有 $N+1$ 个节点，分别对应下标为 $0, 1, \cdots, N$ 的机器人。如果机器人 $i$ 和机器人 $j$ 之间的相对位置对机器人 $j$ 是可获得的，那么 $\mathcal{G}$ 有一条从 $i$ 到 $j$ 的有向边。

本节的目标是利用跟随机器人与领导者机器人的相对位置、速度和加速度信息来设计一类分布式编队控制器。设计的基本思想是首先通过约束条件下的动态反馈线性化将移动机器人模型转化为二阶积分器模型，并将编队控制问题转化为镇定问题。由此，分布式控制的目标也就转化为使各受控移动机器人输入到输出稳定。最后利用多回路小增益定理保证编队控制目标的实现。

### 6.3.1　动态反馈线性化

本节利用动态反馈线性化分布式编队控制问题进行一个转化。关于动态反馈线性化的具体实现和其在非完整系统中的应用，参见文献 [143]、[144]。

对 $i = 0, \cdots, N$，引入一个新的输入 $r_i \in \mathbb{R}$，使得

$$\dot{v}_i = r_i \tag{6.90}$$

定义 $v_{xi} = v_i \cos\theta_i$，$v_{yi} = v_i \sin\theta_i$。那么，$\dot{x}_i = v_{xi}$ 和 $\dot{y}_i = v_{yi}$。相应地，对 $v_{xi}$ 和 $v_{yi}$ 进行求导可得

$$\begin{pmatrix} \dot{v}_{xi} \\ \dot{v}_{yi} \end{pmatrix} = \begin{pmatrix} \cos\theta_i & -v_i \sin\theta_i \\ \sin\theta_i & v_i \cos\theta_i \end{pmatrix} \begin{pmatrix} r_i \\ \omega_i \end{pmatrix} \tag{6.91}$$

在 $v_i \neq 0$ 情况下，通过设计

$$\begin{pmatrix} r_i \\ \omega_i \end{pmatrix} = \begin{pmatrix} \cos\theta_i & \sin\theta_i \\ -\dfrac{\sin\theta_i}{v_i} & \dfrac{\cos\theta_i}{v_i} \end{pmatrix} \begin{pmatrix} u_{xi} \\ u_{yi} \end{pmatrix} \tag{6.92}$$

移动机器人模型式 (6.84)~ 式 (6.86) 可以转化为以 $u_{xi}$ 和 $u_{yi}$ 为新输入的二阶积分器:

$$\dot{x}_i = v_{xi}, \quad \dot{v}_{xi} = u_{xi} \tag{6.93}$$

$$\dot{y}_i = v_{yi}, \quad \dot{v}_{yi} = u_{yi} \tag{6.94}$$

定义 $\tilde{x}_i = x_i - x_0 - d_{xi}$，$\tilde{y}_i = y_i - y_0 - d_{yi}$，$\tilde{v}_{xi} = v_{xi} - v_{x0}$，$\tilde{v}_{yi} = v_{yi} - v_{y0}$，$\tilde{u}_{xi} = u_{xi} - u_{x0}$ 和 $\tilde{u}_{yi} = u_{yi} - u_{y0}$。那么，

$$\dot{\tilde{x}}_i = \tilde{v}_{xi}, \quad \dot{\tilde{v}}_{xi} = \tilde{u}_{xi} \tag{6.95}$$

$$\dot{\tilde{y}}_i = \tilde{v}_{yi}, \quad \dot{\tilde{v}}_{yi} = \tilde{u}_{yi} \tag{6.96}$$

如果能为系统 (6.95) 和系统 (6.96) 设计控制律 $\tilde{u}_{xi}$ 和 $\tilde{u}_{yi}$，保证 $v_i \neq 0$ 的同时使

$$\lim_{t\to\infty} \tilde{x}_i(t) = 0 \tag{6.97}$$

$$\lim_{t\to\infty} \tilde{y}_i(t) = 0 \tag{6.98}$$

那么，编队控制问题就能得到解决。值得注意的是，移动机器人模型式 (6.93) 和式 (6.94) [式 (6.95) 和式 (6.96) 也类似] 的有效性是以条件 $v_i \neq 0$ 成立为前提的。这样的要求是由移动机器人的非完整约束引起的，这也导致了这个问题和二阶积分器的分布式控制问题之间的主要区别。

利用式 (6.95) 和式 (6.96) 来设计控制器，每个跟随机器人应该能利用领导者机器人的加速度 $u_{x0}, u_{y0}$ 的信息。如果领导者机器人能够通过 $r_0, \omega_0, \theta_0, v_0$ 来计算 $u_{x0}, u_{y0}$[根据式 (6.92)] 并且将他们传输给跟随机器人，那么这个需求是可以实现的。注意，$\omega_0, \theta_0, v_0$ 通常是可测量的，并且领导者机器人的控制输入 $r_0$ 往往也是已知的。

### 6.3.2 一类实现输入到输出稳定的控制律

作为本章分布式控制器设计的基础，本节对如下拥有外部输入的二阶积分器系统设计了非线性控制律，使得闭环系统是无界能观且输入到输出稳定的：

$$\dot{\eta} = \zeta \tag{6.99}$$

$$\dot{\zeta} = \mu \tag{6.100}$$

$$\hat{\eta} = \eta + w \tag{6.101}$$

式中，$[\eta, \zeta]^{\mathrm{T}} \in \mathbb{R}^2$ 是状态；$\mu \in \mathbb{R}$ 是控制输入；$w \in \mathbb{R}$ 表示外部输入；$\hat{\eta}$ 可看作 $\eta$ 的测量值，并且控制律仅仅依赖 $(\hat{\eta}, \zeta)$ 的反馈值。随后可以看到，每个被控机器人可以转化为式 (6.99)~ 式 (6.101) 的形式，$w$ 表示机器人之间的相互作用。

**引理 6.2** 对系统 (6.99)~ 系统 (6.101)，考虑如下形式的控制器：

$$\mu = -k_\mu(\zeta - \phi(\hat{\eta})) \tag{6.102}$$

对任意的常数 $\overline{\phi}>0$, 可以找到一个严格递减的、连续可微的奇函数 $\phi:\mathbb{R}\rightarrow[-\overline{\phi},\overline{\phi}]$ 和一个对所有 $r\in\mathbb{R}$ 满足下式的正的常数 $k_\mu$:

$$-\frac{k_\mu}{4}<\frac{\mathrm{d}\phi(r)}{\mathrm{d}r}<0 \tag{6.103}$$

使得闭环系统 (6.99)~ 系统 (6.102) 是无界能观的并且偏差为零，同时也满足增益为恒等函数的输入到输出稳定性，即存在 $\overline{\beta}\in\mathcal{KL}$ 和 $\alpha_{\mathrm{UO}}\in\mathcal{K}_\infty$ 使得

$$|\eta(t)|\leqslant\overline{\beta}(|[\eta(0),\zeta(0)]^{\mathrm{T}}|,t)+\|w\|_t \tag{6.104}$$

$$|\zeta(t)|\leqslant|\zeta(0)|+\alpha_{\mathrm{UO}}(\|\eta\|_t+\|w\|_t) \tag{6.105}$$

对所有 $t\geqslant0$ 都成立。

注意，当在实际应用中利用控制律 (6.102) 时，条件 (6.103) 是不难验证的。

**证明**　对 $T\geqslant0$, 记 $\overline{w}=\|w\|_T$。$\vec{d}(r,S)$ 表示 $r\in\mathbb{R}$ 到 $S\subset\mathbb{R}$ 的距离。引入对状态 $\zeta$ 的变换:

$$\tilde{\zeta}=\vec{d}(\zeta,S_\zeta(\eta,\overline{w})) \tag{6.106}$$

式中，

$$S_\zeta(\eta,\overline{w})=\{\overline{c}\phi(\eta+w):|w|\leqslant\overline{w},\overline{c}\in[c_2,c_1]\} \tag{6.107}$$

$0<c_2<c_1$ 是稍后要定义的常量。那么，可以得到 $\zeta-\tilde{\zeta}\in S_\zeta(\eta,\overline{w})$。

1. $\tilde{\eta}$ 子系统

已知 $\zeta-\tilde{\zeta}\in S_\zeta(\eta,\overline{w})$, 那么 $\eta$ 子系统能够由下面的微分包含描述:

$$\dot{\eta}\in\left\{\zeta^*+\tilde{\zeta}:\zeta^*\in S_\zeta(\eta,\overline{w})\right\} \tag{6.108}$$

由于受到 $w$ 的影响，我们需要研究当 $0\leqslant t\leqslant T$ 时，$\eta$ 到集合 $S_\zeta(\overline{w})=\{w:|w|\leqslant\overline{w}\}$ 的收敛性。定义

$$\tilde{\eta}=\vec{d}(\eta,S_\eta(\overline{w})) \tag{6.109}$$

那么从式 (6.108) 可得

$$\dot{\tilde{\eta}}\in\left\{\zeta^*+\tilde{\zeta}:\zeta^*\in S_\zeta(\eta,\overline{w})\right\}:=F_{\tilde{\eta}}(\eta,\tilde{\zeta},\overline{w}) \tag{6.110}$$

同时，$\phi$ 的性质和 $\tilde{\eta}$ 的定义保证了

$$|\overline{c}\phi(\eta+w)|\geqslant c_2|\phi(\tilde{\eta})| \tag{6.111}$$

$$\mathrm{sgn}(\overline{c}\phi(\eta+w))=\mathrm{sgn}(c_2\phi(\tilde{\eta}))=-\mathrm{sgn}(\tilde{\eta}) \tag{6.112}$$

在 $\tilde{\eta}\neq 0$ 时，有 $\bar{c}\in[c_2,c_1]$ 和 $|w|\leqslant\overline{w}$ 成立。

考虑 $(1-\delta)c_2|\phi(\tilde{\eta})|\geqslant|\tilde{\zeta}|$ 的情况，其中 $\delta<1$，$\tilde{\eta}\neq 0$。在这种情况下，有

$$\begin{aligned}|\bar{c}\phi(\eta+w)+\tilde{\zeta}|&\geqslant|\bar{c}\phi(\eta+w)|-|\tilde{\zeta}|\\&\geqslant c_2|\phi(\tilde{\eta})|-(1-\delta)c_2|\phi(\tilde{\eta})|\\&=\delta c_2|\phi(\tilde{\eta})|\end{aligned}\tag{6.113}$$

并且有

$$\operatorname{sgn}(\bar{c}\phi(\eta+w)+\tilde{\zeta})=\operatorname{sgn}(c_2\phi(\tilde{\eta}))=-\operatorname{sgn}(\tilde{\eta})\tag{6.114}$$

对 $\bar{c}\in[c_2,c_1]$ 和 $|w|\leqslant\overline{w}$ 成立。

定义 $V_{\tilde{\eta}}(\tilde{\eta})=\tilde{\eta}^2/2$ 作为 $\tilde{\eta}$ 子系统的候选李雅普诺夫函数。那么，在 $(1-\delta)c_2|\phi(\tilde{\eta})|\geqslant|\tilde{\zeta}|$ 时，直接计算可得:

$$\max_{f_{\tilde{\eta}}\in F_{\tilde{\eta}}(\eta,\tilde{\zeta},\overline{w})}\nabla V_{\tilde{\eta}}(\tilde{\eta})f_{\tilde{\eta}}\leqslant-\delta c_2|\tilde{\eta}||\phi(\tilde{\eta})|=-\delta c_2\tilde{\eta}\phi(\tilde{\eta})\tag{6.115}$$

2. $\tilde{\zeta}$ 子系统

为了简化讨论，仅仅研究 $\tilde{\zeta}>0$ 的情况。同理可以研究 $\tilde{\zeta}<0$ 的情况。在式 (6.107) 中定义的 $S_\zeta$ 意味着

$$\max S_\zeta(\eta,\overline{w})=\begin{cases}c_2\phi(\eta-\overline{w}), & \text{当 } \eta\geqslant\overline{w} \text{ 时}\\ c_1\phi(\eta-\overline{w}), & \text{当 } \eta<\overline{w} \text{ 时}\end{cases}\tag{6.116}$$

由于 $\phi$ 是连续可微的，$\max S_\zeta(\eta,\overline{w})$ 几乎处处连续可微。记 $\dfrac{\mathrm{d}\phi(r)}{\mathrm{d}r}=\phi^d(r)(r\in\mathbb{R})$。当 $0\leqslant t\leqslant T$ 时，通过对 $\tilde{\zeta}$ 求导并且利用控制律 (6.102)，可以用一个微分包含描述 $\tilde{\zeta}$ 子系统:

$$\begin{aligned}\dot{\tilde{\zeta}}&\in\{\mu-c\phi^d(\eta-\overline{w})\dot{\eta}:c\in S_c(\eta)\}\\&=\{-k_\mu(\zeta-\phi(\eta+w))-c\phi^d(\eta-\overline{w})\zeta:c\in S_c(\eta)\}\\&\subseteq\left\{-\left(k_\mu+c\phi^d(\eta-\overline{w})\right)\left(\zeta-\frac{k_\mu}{k_\mu+c\phi^d(\eta-\overline{w})}\phi(\eta+w)\right):\right.\\&\qquad\left.c\in[c_2,c_1],|w|\leqslant\overline{w}\right\}\\&:=F_{\tilde{\zeta}}(\eta,\zeta,\overline{w})\end{aligned}\tag{6.117}$$

式中，当 $\eta > \overline{w}$ 时，有 $S_c(\eta) = \{c_2\}$；当 $\eta < \overline{w}$，有 $S_c(\eta) = \{c_1\}$；当 $\eta = \overline{w}$ 时，有 $S_c(\eta) = [c_2, c_1]$。

记 $k_\phi = -\inf\limits_{r\in\mathbb{R}}\{\phi^d(r)\} = -\inf\limits_{r\in\mathbb{R}}\{\mathrm{d}\phi(r)/\mathrm{d}r\}$。由条件 (6.103) 可得 $0 < 4k_\phi < k_\mu$。

令 $c_1 = k_\mu/2k_\phi$。那么，给定 $0 < 4k_\phi < k_\mu$，即 $(4k_\phi k_\mu - k_\mu^2)/4k_\phi < 0$，可得 $k_\phi c_1^2 - k_\mu c_1 + k_\mu < 0$，即 $k_\mu/(k_\mu - c_1 k_\phi) < c_1$。令 $c_2 < 1$。可以证明

$$c_2 < \frac{k_\mu}{k_\mu + c\phi^d(\eta - \overline{w})} < c_1 \tag{6.118}$$

式中，$c \in [c_2, c_1]$；$-k_\phi \leqslant \phi^d(\eta - \overline{w}) < 0$。

令 $0 < \overline{k}_\mu \leqslant \frac{1}{2}k_\mu$。那么，

$$k_\mu + c\phi^d(\eta - \overline{w}) \geqslant \overline{k}_\mu \tag{6.119}$$

式中，$c \in [c_2, c_1]$；$-k_\phi \leqslant \phi^d(\eta - \overline{w}) < 0$。

记

$$\frac{k_\mu}{k_\mu + c\phi^d(\eta - \overline{w})}\phi(\eta + w) = \Delta(\eta, w, \overline{w}) \tag{6.120}$$

当 $0 \leqslant t \leqslant T$ 时，利用式 (6.118) 和 $|w| \leqslant \overline{w}$，可得

$$\Delta(\eta, w, \overline{w}) \in \{\overline{c}\phi(\eta + w) : \overline{c} \in [c_2, c_1], |w| \leqslant \overline{w}\} \tag{6.121}$$

式中，$c \in [c_2, c_1]$，$-k_\phi \leqslant \phi^d(\eta - \overline{w}) < 0$。由此可得，当 $\tilde{\zeta} \neq 0$ 时，有

$$|\zeta - \Delta(\eta, w, \overline{w})| \geqslant |\tilde{\zeta}| \tag{6.122}$$

$$\mathrm{sgn}(\zeta - \Delta(\eta, w, \overline{w})) = \mathrm{sgn}(\tilde{\zeta}) \tag{6.123}$$

定义 $V_{\tilde{\zeta}}(\tilde{\zeta}) = \frac{1}{2}\tilde{\zeta}^2$ 为 $\tilde{\zeta}$ 子系统的李雅普诺夫候选函数。利用式 (6.119)～式 (6.123) 可导出

$$\max_{f_{\tilde{\zeta}} \in F_{\tilde{\zeta}}(\eta, \zeta, w)} \nabla V_{\tilde{\zeta}}(\tilde{\zeta}) f_{\tilde{\zeta}} \leqslant -\overline{k}_\mu \tilde{\zeta}^2 = -2\overline{k}_\mu V_{\tilde{\zeta}}(\tilde{\zeta}) \tag{6.124}$$

3. 输入到输出稳定性和无界能观性

由式 (6.124) 可得

$$V_{\tilde{\zeta}}(\tilde{\zeta}(t)) \leqslant \mathrm{e}^{-2\overline{k}_\mu t} V_{\tilde{\zeta}}(\tilde{\zeta}(0)) \tag{6.125}$$

因此，

$$|\tilde{\zeta}(t)| \leqslant \mathrm{e}^{-\overline{k}_\mu t} |\tilde{\zeta}(0)| \tag{6.126}$$

经过计算可知，只有当 $T_0 = \max\{0, T_0'\}$ 时 $|\tilde{\zeta}(t)|$ 才能收敛到区域 $|\tilde{\zeta}| \leqslant (1-\delta)c_2\overline{\phi}$ 内，其中 $T_0' = \dfrac{1}{\overline{k}_\mu}\left(\ln(|\tilde{\zeta}(0)|) - \ln((1-\delta)c_2\overline{\phi})\right)$。

由集值映射 $S_\zeta(\eta, \overline{w})$ 的性质 (6.111) 和性质 (6.112)，可得

$$\max F_{\tilde{\eta}}(\eta, \tilde{\zeta}, \overline{w}) \leqslant |\tilde{\zeta}| \tag{6.127}$$

$$\min F_{\tilde{\eta}}(\eta, \tilde{\zeta}, \overline{w}) \geqslant -|\tilde{\zeta}| \tag{6.128}$$

因此，

$$\begin{aligned}
|\tilde{\eta}(t)| &\leqslant |\tilde{\eta}(0)| + \int_0^t |\tilde{\zeta}(\tau)|\mathrm{d}\tau \\
&\leqslant |\tilde{\eta}(0)| + \int_0^t \mathrm{e}^{-\overline{k}_\mu \tau}\mathrm{d}\tau |\tilde{\zeta}(0)| \\
&\leqslant |\tilde{\eta}(0)| + \frac{1}{\overline{k}_\mu}|\tilde{\zeta}(0)|
\end{aligned} \tag{6.129}$$

其中第二个不等式应用了性质 (6.126)。

当 $0 \leqslant t \leqslant T$ 时，先考虑 $\tilde{\zeta}(t) \geqslant (1-\delta)c_2\overline{\phi}$ 的情形。在这种情况下，有 $t \leqslant T_0' = T_0$。

对 $s \in \mathbb{R}_+$，令 $\alpha_{\beta 0}(s) = (2+\overline{k}_\mu)s^2/(2(1-\delta)c_2\overline{\phi}\overline{k}_\mu)$ 并对 $s, t \in \mathbb{R}_+$，令 $\beta_0(s,t) = \mathrm{e}^{-\overline{k}_\mu t}\alpha_{\beta 0}(s)$。那么 $\beta_0 \in \mathcal{KL}$。可以证明下式:

$$\begin{aligned}
\beta_0(|[\tilde{\eta}(0), \tilde{\zeta}(0)]^{\mathrm{T}}|, T_0') &= \frac{1+\overline{k}_\mu}{2\overline{k}_\mu|\tilde{\zeta}(0)|}(\tilde{\eta}^2(0) + \tilde{\zeta}^2(0)) \\
&\geqslant |\tilde{\eta}(0)| + \frac{1}{\overline{k}_\mu}|\tilde{\zeta}(0)|
\end{aligned} \tag{6.130}$$

其中第二个不等式利用了杨氏不等式 (Young's inequality)[6]。

当 $0 \leqslant t \leqslant T$ 时，如果 $\tilde{\zeta}(t) \geqslant (1-\delta)c_2\overline{\phi}$，利用式 (6.129)、式 (6.130) 并注意到 $t \leqslant T_0'$，可得

$$|\tilde{\eta}(t)| \leqslant \beta_0(|[\tilde{\eta}(0), \tilde{\zeta}(0)]^{\mathrm{T}}|, T_0') \leqslant \beta_0(|[\tilde{\eta}(0), \tilde{\zeta}(0)]^{\mathrm{T}}|, t) \tag{6.131}$$

当 $0 \leqslant t \leqslant T$ 时，在 $|\tilde{\zeta}(t)| \leqslant (1-\delta)c_2\overline{\phi}$ 情况下，将 $(\tilde{\eta}, \tilde{\zeta})$ 系统视作渐近稳定的 $\tilde{\eta}$ 子系统和输入到状态稳定的 $\tilde{\zeta}$ 子系统的串联，应用非线性小增益定理可以直接证明：存在 $\beta_1 \in \mathcal{KL}$，使得

$$|\tilde{\eta}(t)| \leqslant \beta_1(|[\tilde{\eta}(T_0), \tilde{\zeta}(T_0)]^{\mathrm{T}}|, t - T_0) \tag{6.132}$$

定义 $\beta \in \mathcal{KL}$ 为

$$\beta(s,t) = \max\{\beta_0(s,t), \beta_1(s,t)\} \tag{6.133}$$

式中，$s,t \in \mathbb{R}_+$。那么，对任意的 $\tilde{\eta}_0, \tilde{\zeta}_0 \in \mathbb{R}$，在初始条件 $\tilde{\eta}(0) = \tilde{\eta}_0$，$\tilde{\zeta}(0) = \tilde{\zeta}_0$ 下，有

$$|\tilde{\eta}(t)| \leqslant \beta(|[\tilde{\eta}_0, \tilde{\zeta}_0]^{\mathrm{T}}|, t) \tag{6.134}$$

式中，$0 \leqslant t \leqslant T$。

由 $\tilde{\eta}$ 在式 (6.109) 给出的定义，可得

$$|\tilde{\eta}(t)| \leqslant |\eta(t)| \leqslant |\tilde{\eta}(t)| + \|w\|_T \tag{6.135}$$

再由 $\tilde{\zeta}$ 在式 (6.106) 给出的定义和下式:

$$\phi(\eta(t)) \in \{\overline{c}\phi(\eta(t)+w) : |w| \leqslant \overline{w}, \overline{c} \in [c_2, c_1]\} \tag{6.136}$$

式中，$0 < c_2 < 1 < c_1$，可以得到

$$|\tilde{\zeta}(t)| \leqslant |\zeta(t) - \phi(\eta(t))| \leqslant |\zeta(t)| + |\phi(\eta(t))| \tag{6.137}$$

对 $0 \leqslant t \leqslant T$ 都成立。根据 $\phi$ 的性质，可以发现 $|\phi(r)| \leqslant k_\phi |r|$ 对所有 $r \in \mathbb{R}$ 成立。因此，存在一个 $\alpha_0 \in \mathcal{K}_\infty$ 满足

$$|[\tilde{\eta}(0), \tilde{\zeta}(0)]^{\mathrm{T}}| \leqslant \alpha_0(|[\eta(0), \zeta(0)]^{\mathrm{T}}|) \tag{6.138}$$

性质 (6.134) 同性质 (6.135) 和性质 (6.138) 相结合可以推出

$$|\eta(T)| \leqslant \overline{\beta}(|[\eta(0), \zeta(0)]^{\mathrm{T}}|, t) + \|w\|_T \tag{6.139}$$

式中，$\overline{\beta}(s,t) := \beta(\alpha_0(s), t)(s,t \in \mathbb{R}_+)$。

由式 (6.126) 和式 (6.137) 可得

$$|\tilde{\zeta}(t)| \leqslant |\tilde{\zeta}(0)| \leqslant |\zeta(0)| + |\phi(\eta(0))| \tag{6.140}$$

根据 $\tilde{\zeta}$ 的定义，可以得到下式:

$$\begin{aligned}
|\zeta(t)| &\leqslant |\tilde{\zeta}(t)| + \max_{\zeta^* \in S_\zeta(\eta(t), \overline{w})} |\zeta^*| \\
&\leqslant |\zeta(0)| + |\phi(\eta(0))| + c_1|\phi(|\eta(t)| + \|w\|_T)| \\
&\leqslant |\zeta(0)| + k_\phi|\eta(0)| + c_1 k_\phi(|\eta(t)| + \|w\|_T) \\
&\leqslant |\zeta(0)| + k_\phi|\eta(0)| + c_1 k_\phi(\|\eta\|_T + \|w\|_T)
\end{aligned} \tag{6.141}$$

式中，$0 \leqslant t \leqslant T$。那么，可以找到一个 $\alpha_{\mathrm{UO}} \in \mathcal{K}_\infty$ 满足

$$|\zeta(T)| \leqslant |\zeta(0)| + \alpha_{\mathrm{UO}}(\|\eta\|_T, \|w\|_T) \tag{6.142}$$

不难发现，$\overline{\beta}$ 在式 (6.139) 给出的定义和 $\alpha_{\mathrm{UO}}$ 在式 (6.142) 给出的定义并不依赖于信号 $\eta, \zeta, w$ 和时间 $T$，并且可以得出：对任意的 $\eta_0, \zeta_0 \in \mathbb{R}$，当初始状态为 $\eta(0) = \eta_0$ 和 $\zeta(0) = \zeta_0$，输入 $w : \mathbb{R}_+ \to \mathbb{R}$ 是分段连续的有界函数时，对任意的 $T \geqslant 0$ 有下式成立:

$$|\eta(T)| \leqslant \overline{\beta}(|[\eta_0, \zeta_0]^{\mathrm{T}}|, T) + \|w\|_T \tag{6.143}$$

$$|\zeta(T)| \leqslant |\zeta_0| + \alpha_{\mathrm{UO}}(\|\eta\|_T + \|w\|_T) \tag{6.144}$$

注意，在证明中利用 $T$ 代替 $t$ 是为了避免混淆。引理 6.2 证毕。

### 6.3.3 分布式编队控制器设计

由 6.3.1 节的讨论可知，编队控制器式 (6.95) 和式 (6.96) 的有效性有一个前提，那就是 $v_i \neq 0$。对满足 $0 < \lambda_* < \underline{v}_0$ 的、特定的 $\lambda_*$，为第 $i$ 个机器人设计的控制律满足如下条件:

$$\max\{|\tilde{v}_{xi}|, |\tilde{v}_{yi}|\} \leqslant \frac{\sqrt{2}}{2}(\underline{v}_0 - \lambda_*) \leqslant \frac{\sqrt{2}}{2}(v_0 - \lambda_*) \tag{6.145}$$

它可以保证 $|v_i| = \sqrt{v_{xi}^2 + v_{yi}^2} = \sqrt{(v_{x0} + \tilde{v}_{xi})^2 + (v_{y0} + \tilde{v}_{yi})^2} \geqslant \lambda_* > 0$ 并且 $v_i \neq 0$，从而避免了奇异性。

实际上，每个机器人所需的线速度通常比期望值小。对任意给定的 $\lambda^* > \overline{v}_0$，通过设计一个满足如下条件的控制律也能保证 $|v_i| \leqslant \lambda^*$:

$$\max\{|\tilde{v}_{xi}|, |\tilde{v}_{yi}|\} \leqslant \frac{\sqrt{2}}{2}(\lambda^* - \overline{v}_0) \tag{6.146}$$

对满足 $0 < \lambda_* < \underline{v}_0 < \overline{v}_0 < \lambda^*$ 的特定常数 $\lambda_*, \lambda^*, \underline{v}_0, \overline{v}_0$，定义

$$\lambda = \min\left\{\frac{\sqrt{2}}{2}(\underline{v}_0 - \lambda_*), \frac{\sqrt{2}}{2}(\lambda^* - \overline{v}_0)\right\} \tag{6.147}$$

那么，条件 (6.145) 和条件 (6.146) 成立的一个条件是

$$\max\{|\tilde{v}_{xi}|, |\tilde{v}_{yi}|\} \leqslant \lambda \tag{6.148}$$

我们所提出的分布式控制律是由两个阶段组成的：①初始化；②编队控制。采用初始化阶段是因为如果在控制进程的初始阶段未满足式 (6.145)，那么编队控制阶段就不能保证 $v_i \neq 0$。在初始化阶段可以控制每个跟随机器人的线速度和方向，使得在有限时间后满足式 (6.148)。之后开始编队控制阶段，其一直能够保证式 (6.148) 得以满足，同时实现编队控制的目标。

1. 初始化阶段

在这个阶段，对每个跟随机器人 $i$ 设计如下控制律：

$$\omega_i = \phi_{\theta i}(\theta_i - \theta_0) + \omega_0 \tag{6.149}$$

$$r_i = \phi_{vi}(v_i - v_0) + \dot{v}_0 \tag{6.150}$$

式中，$\phi_{\theta i}, \phi_{vi} : \mathbb{R} \to \mathbb{R}$ 是非线性函数。

定义 $\tilde{\theta}_i = \theta_i - \theta_0$ 和 $\tilde{v}_i = v_i - v_0$。

对 $\tilde{\theta}_i$ 和 $\tilde{v}_i$ 求导，并利用式 (6.149) 和式 (6.150) 可得

$$\dot{\tilde{\theta}}_i = \phi_{\theta i}(\tilde{\theta}_i) \tag{6.151}$$

$$\dot{\tilde{v}}_i = \phi_{vi}(\tilde{v}_i) \tag{6.152}$$

通过设计使得当 $s \in \mathbb{R}_+$ 时 $-\phi_{\theta i}(s), \phi_{\theta i}(-s), -\phi_{vi}(s), \phi_{vi}(-s)$ 都是正定函数。那么，可以保证系统 (6.151) 和系统 (6.152) 在原点处渐近稳定。并且存在 $\beta_{\tilde{\theta}}, \beta_{\tilde{v}} \in \mathcal{KL}$，使得

$$|\tilde{\theta}(t)| \leqslant \beta_{\tilde{\theta}}(|\tilde{\theta}(0)|, t) \tag{6.153}$$

$$|\tilde{v}(t)| \leqslant \beta_{\tilde{v}}(|\tilde{v}(0)|, t) \tag{6.154}$$

通过直接利用连续函数的性质可得，存在 $\overline{\delta}_{v0} > 0$ 和 $\overline{\delta}_{\theta 0} > 0$ 满足对所有 $v_0 \in [\underline{v}_0, \overline{v}_0]$，$\theta_0 \in \mathbb{R}$，$|\delta v_0| \leqslant \overline{\delta}_{v0}$ 和 $|\delta_{\theta 0}| \leqslant \overline{\delta}_{\theta 0}$ 有

$$|(v_0 + \delta_{v0})\cos(\theta_0 + \delta_{\theta 0}) - v_0 \cos\theta_0| \leqslant \lambda \tag{6.155}$$

$$|(v_0 + \delta_{v0})\sin(\theta_0 + \delta_{\theta 0}) - v_0 \sin\theta_0| \leqslant \lambda \tag{6.156}$$

根据引理 1.1(见文献 [17] 中引理 8) 可得，对任意的 $\beta \in \mathcal{KL}$，存在 $\alpha_1, \alpha_2 \in \mathcal{K}_\infty$ 使得 $\beta(s,t) \leqslant \alpha_1(s)\alpha_2(e^{-t})$ 对所有 $s, t \in \mathbb{R}_+$ 成立。对于第 $i$ 个机器人，应用控制律式 (6.149) 和式 (6.150)，那么存在一个有限时间 $T_{Oi}$，使得 $|\theta_i(T_{Oi}) - \theta_0(T_{Oi})| \leqslant \overline{\delta}_{\theta 0}$ 和 $|v_i(T_{Oi}) - v_0(T_{Oi})| \leqslant \overline{\delta}_{v0}$，并且条件 (6.148) 在 $T_{Oi}$ 时刻成立。

注意到 $v_0(t) \leqslant \overline{v}_0 < \lambda^*$。因此，如果 $v_i(0) \leqslant \lambda^*$，那么控制律 (6.150) 就可以保证 $v_i(t) \leqslant \lambda^*$ 对 $t \in [0, T_{Oi}]$ 都成立。

2. 编队控制阶段

在 $T_{Oi}$ 时刻，第 $i$ 个跟随机器人的分布式控制律切换到编队控制阶段。

在这个阶段，设计

$$\tilde{u}_{xi} = -k_{xi}(\tilde{v}_{xi} - \phi_{xi}(z_{xi})) \tag{6.157}$$

$$\tilde{u}_{yi} = -k_{yi}(\tilde{v}_{yi} - \phi_{yi}(z_{yi})) \tag{6.158}$$

式中，$\phi_{xi}, \phi_{yi} : \mathbb{R} \to [-\lambda, \lambda]$ 是严格递减的、连续可微的奇函数；正的常数 $k_{xi}, k_{yi}$ 满足

$$- k_{xi}/4 < \mathrm{d}\phi_{xi}(r)/\mathrm{d}r < 0 \tag{6.159}$$

$$- k_{yi}/4 < \mathrm{d}\phi_{yi}(r)/\mathrm{d}r < 0 \tag{6.160}$$

对所有 $r \in \mathbb{R}$ 都成立。图 6.5 给出了关于 $\phi_{xi}$ 的例子。

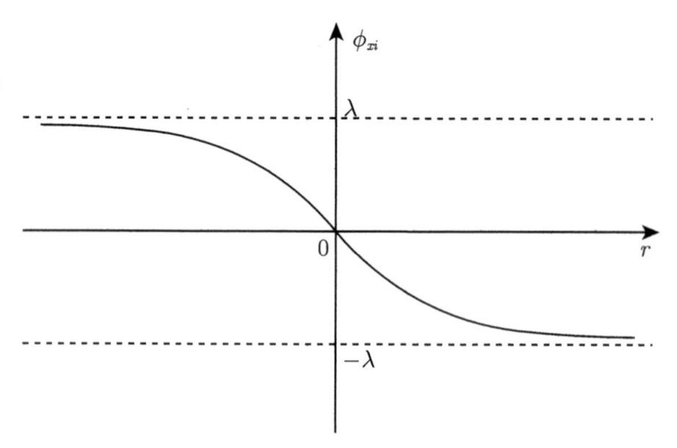


图 6.5　一个关于 $\phi_{xi}$ 的例子

定义变量 $z_{xi}$ 和 $z_{yi}$ 如下

$$z_{xi} = \frac{1}{N_i} \sum_{j \in \mathcal{N}_i} (x_i - x_j - (d_{xi} - d_{xj})) \tag{6.161}$$

$$z_{yi} = \frac{1}{N_i} \sum_{j \in \mathcal{N}_i} (y_i - y_j - (d_{yi} - d_{yj})) \tag{6.162}$$

式中，$N_i$ 是 $\mathcal{N}_i$ 中元素的个数，$\mathcal{N}_i$ 表示位置感知的拓扑结构。如果 $j \in \mathcal{N}_i$，那么位置感知图 $\mathcal{G}$ 有从节点 $j$ 到节点 $i$ 的有向边 $(j, i)$。注意到式 (6.161) 和式 (6.162) 给出的 $d_{xi} - d_{xj}$ 和 $d_{yi} - d_{yj}$ 分别表示第 $i$ 个和第 $j$ 个机器人的期望相对位置。默认的有 $d_{x0} = d_{y0} = 0$。

编队控制阶段的控制输入 $r_i$ 和 $\omega_i$ 都由式 (6.92) 定义，其中 $u_{xi} = \tilde{u}_{xi} + u_{x0}$，$u_{yi} = \tilde{u}_{yi} + u_{y0}$。

考虑由式 (6.95) 和式 (6.96) 定义的 $(\tilde{v}_{xi}, \tilde{v}_{yi})$ 系统。注意到，在 $T_{Oi}$ 时刻满足条件 (6.148)。在此基础上，$\phi_{xi}$ 和 $\phi_{yi}$ 的有界性和控制律式 (6.157)、式 (6.158) 一起保证了式 (6.148) 在 $T_{Oi}$ 时刻以后仍然成立。为了证明这个命题，可将 $\{(\tilde{v}_{xi}, \tilde{v}_{yi}) : \max\{|\tilde{v}_{xi}|, |\tilde{v}_{yi}|\} \leqslant \lambda\}$ 看作 $(\tilde{v}_{xi}, \tilde{v}_{yi})$ 系统的不变集。

分布式编队控制的主要结论叙述如下。

**定理 6.2**　在满足假设 6.3 的前提下，考虑由式 (6.84)~ 式 (6.86) 定义的多机器人系统以及由式 (6.90)、式 (6.92) 定义的变换。施加由式 (6.149)、式 (6.150) 和式 (6.157)、式 (6.158) 所组成的分布式控制律，如果参数 $k_{xi}, k_{yi}$ 满足条件 (6.159) 和条件 (6.160)，并且位置感知图 $\mathcal{G}$ 有一个以 0 为根节点的生成树，那么对任意的常数 $d_{xi}, d_{yi} \in \mathbb{R}$ $(i=1,\cdots,N)$，每个移动机器人的坐标 $(x_i(t), y_i(t))$ 和方向角 $\theta_i(t)$ 将分别渐近收敛到 $(x_0(t)+d_{xi}, y_0(t)+d_{yi})$ 和 $\theta_0(t)+2k\pi$，其中 $k \in \mathbb{Z}$。另外，给定任意的 $\lambda^* > \overline{v}_0$，如果 $v_i(0) \leqslant \lambda^*(i=1,\cdots,N)$，那么 $v_i(t) \leqslant \lambda^*$ 对所有 $t \geqslant 0$ 都成立。

### 6.3.4　小增益分析和定理 6.2的证明

考虑到 $\lambda$ 在式 (6.147) 中给出的定义。由于条件 (6.148) 在时刻 $T_{Oi}$ 后仍然满足，$v_i \neq 0$ 并且式 (6.92) 对所有 $t \geqslant T_{Oi}$ 都成立。在 $v_i(0) \leqslant \lambda^*$ 的条件下，可以基于 6.3.3 节的讨论证明 $v_i(t)$ 的有界性，即 $v_i(t) \leqslant \lambda^*$。

记 $\tilde{x}_0 = 0$，$\tilde{y}_0 = 0$。将 $z_{xi}$ 等价地表示为

$$
\begin{aligned}
z_{xi} &= \frac{1}{N_i} \sum_{j \in \mathcal{N}_i} (x_i - d_{xi} - x_0 - (x_j - d_{xj} - x_0)) \\
&= \frac{1}{N_i} \sum_{j \in \mathcal{N}_i} (\tilde{x}_i - \tilde{x}_j) = \tilde{x}_i - \frac{1}{N_i} \sum_{j \in \mathcal{N}_i} \tilde{x}_j
\end{aligned} \tag{6.163}
$$

类似地，

$$
z_{yi} = \tilde{y}_i - \frac{1}{N_i} \sum_{j \in \mathcal{N}_i} \tilde{y}_j \tag{6.164}
$$

记

$$
\omega_{xi} = \frac{1}{N_i} \sum_{j \in \mathcal{N}_i} \tilde{x}_j \tag{6.165}
$$

$$
\omega_{yi} = \frac{1}{N_i} \sum_{j \in \mathcal{N}_i} \tilde{y}_j \tag{6.166}
$$

那么控制律式 (6.157) 和式 (6.158) 都具有式 (6.102) 的形式。

在以下证明中，只需考虑 $(\tilde{x}_i, \tilde{v}_{xi})$ 系统 (6.95) 的情况。$(\tilde{y}_i, \tilde{v}_{yi})$ 系统 (6.96) 可以以同样的方式来研究。

定义 $T_O = \max_{i=1,\cdots,N} \{T_{Oi}\}$。应用引理 6.2，对 $i=1,\cdots,N$，由式 (6.95) 和式 (6.157) 组成的闭环系统有以下性质：对任意的 $\tilde{x}_{i0}, \tilde{v}_{xi0} \in \mathbb{R}$，取 $\tilde{x}_i(T_O) =$

$\tilde{x}_{i0}$，$\tilde{v}_{xi}(T_O)=\tilde{v}_{xi0}$，则有

$$|\tilde{x}_i(t)| \leqslant \beta_{xi}(|[\tilde{x}_{i0},\tilde{v}_{xi0}]^{\mathrm{T}}|, t-T_O) + \|\omega_{xi}\|_{[T_O,t]} \tag{6.167}$$

$$|\tilde{v}_{xi}(t)| \leqslant |\tilde{v}_{xi0}| + \alpha_{xi}(\|\tilde{x}_i\|_{[T_O,t]} + \|\omega_{xi}\|_{[T_O,t]}) \tag{6.168}$$

式中，$\beta_{xi}\in\mathcal{KL}$；$\alpha_{xi}\in\mathcal{K}_\infty$。

注意到对任意的满足 $\sum_{i=1}^{n}(1/a_i) \leqslant n$ 的常数 $a_1,\cdots,a_n > 0$，有 $\sum_{i=1}^{n} d_i = \sum_{i=1}^{n}(1/a_i)a_i d_i \leqslant n \max_{1\leqslant i\leqslant n}\{a_i d_i\}$ 对所有 $d_1,\cdots,d_n \geqslant 0$ 都成立。我们有

$$|\omega_{xi}| \leqslant \delta_i \max_{j\in\overline{\mathcal{N}}_i}\{a_{ij}|\tilde{x}_j|\} \tag{6.169}$$

式中，若 $0\in\mathcal{N}_i$，则 $\delta_i=(N_i-1)/N_i$，$\overline{\mathcal{N}}_i=\mathcal{N}_i\backslash\{0\}$，$\sum_{j\in\overline{\mathcal{N}}_i}(1/a_{ij}) \leqslant N_i-1$；若 $0\notin\mathcal{N}_i$，则 $\delta_i=1$，$\overline{\mathcal{N}}_i=\mathcal{N}_i$，$\sum_{j\in\overline{\mathcal{N}}_i}(1/a_{ij}) \leqslant N_i$。

由性质 (6.167) 和性质 (6.168) 可以推出

$$|\tilde{x}_i(t)| \leqslant \beta_{xi}(|[\tilde{x}_{i0},\tilde{v}_{xi0}]^{\mathrm{T}}|, t-T_O) + \delta_i \max_{j\in\overline{\mathcal{N}}_i}\{a_{ij}\|\tilde{x}_j\|_{[T_O,t]}\} \tag{6.170}$$

$$|\tilde{v}_{xi}(t)| \leqslant |\tilde{v}_{xi0}| + \alpha_{xi}(\|\tilde{x}_i\|_{[T_O,t]} + \delta_i \max_{j\in\overline{\mathcal{N}}_i}\{a_{ij}\|\tilde{x}_j\|_{[T_O,t]}\}) \tag{6.171}$$

定义感测有向图 $\mathcal{G}_f$ 为有向图 $\mathcal{G}$ 的子图：$\mathcal{G}_f$ 有 $N$ 个节点 $1,\cdots,N$，与图 $\mathcal{G}$ 中表示跟随机器人的节点 $1,\cdots,N$ 一一对应。由 $\overline{\mathcal{N}}_i$ 和 $\mathcal{G}_f$ 的定义可知，对 $i=1,\cdots,N$，如果 $j\in\overline{\mathcal{N}}_i$，那么在图 $\mathcal{G}_f$ 中存在一个从第 $j$ 个节点到第 $i$ 个节点的有向边 $(j,i)$。显然，$\mathcal{G}_f$ 表示由 $(\tilde{x}_i,\tilde{v}_{xi})$ 系统 (6.95) 组成的网络的关联结构。

定义 $\mathcal{F}_0=\{i\in\{1,\cdots,N\}:0\in\mathcal{N}_i\}$。$\mathcal{C}_f$ 为 $\mathcal{G}_f$ 的所有简单回路组成的集合，$\mathcal{C}_0\subseteq\mathcal{C}_f$ 为所有通过下标属于 $\mathcal{F}_0$ 的简单回路的集合。

对 $i=1,\cdots,N$，若 $j\in\overline{\mathcal{N}}_i$，则给图 $\mathcal{G}_f$ 中的边 $(j,i)$ 分配正值 $a_{ij}$。对一个简单回路 $\mathcal{O}\in\mathcal{C}_f$，记 $A_{\mathcal{O}}$ 为所有分配给回路包含的边的正值的乘积。

考虑 $\tilde{x}_i(i=1,\cdots,N)$ 作为 $(\tilde{x}_i,\tilde{v}_{xi})$ 系统 (6.95) 组成的网络的输出。根据一般非线性系统 [21, 95] 的非线性小增益定理，如果

$$A_{\mathcal{O}}\frac{N-1}{N}<1,\ \text{当}\ \mathcal{O}\in\mathcal{C}_0 \tag{6.172}$$

$$A_{\mathcal{O}}<1,\ \text{当}\ \mathcal{O}\in\mathcal{C}_f\backslash\mathcal{C}_0 \tag{6.173}$$

那么，$\tilde{x}_i(t)(i=1,\cdots,N)$ 收敛到原点。注意，$A_{\mathcal{O}}(N-1)/N<1$ 等价于 $A_{\mathcal{O}}<N/(N-1)=1+1/(N-1)$。

如果 $\mathcal{G}$ 有以 0 为根节点的生成树，那么 $\mathcal{G}_f$ 有一个根结点的下标属于 $\mathcal{F}_0$ 的生成树。由引理 6.1，存在正常数 $a_{ij}$ 使得条件 (6.172) 和条件 (6.173) 成立。对系统 (6.95)，由于每个 $\tilde{x}_i$ 收敛到原点并且 $\tilde{u}_{xi}$ 有界，利用文献 [10] 中 Barbalat 引理就能保证 $\tilde{v}_{xi}$ 收敛到原点。类似地，可以证明 $\tilde{v}_{yi}$ 收敛到原点。由 $\tilde{v}_{xi}$ 和 $\tilde{v}_{yi}$ 的定义可得 $\theta_i$ 收敛到 $\theta_0+2k\pi$，其中 $k\in\mathbb{Z}$。定理 6.2 证明完毕。

### 6.3.5　对相对位置测量误差的鲁棒性

许多非线性控制系统对测量误差十分敏感。本节讨论分布式编队控制对相对位置测量误差的鲁棒性。

显然，式 (6.149) 和式 (6.150) 所定义的初始化阶段的分布式控制律并不会受到位置测量误差的影响。在存在位置测量误差的情况下，条件 (6.148) 对 $t\geqslant T_{Oi}(i=1,\cdots,N)$ 仍然成立。

在编队控制阶段，由于存在相对位置测量误差，由 $z_{xi}$ 和 $z_{yi}$ 定义的分布式控制律式 (6.157) 和式 (6.158) 应该被修正为

$$z_{xi}=\frac{1}{N_i}\sum_{j\in\mathcal{N}_i}\left(x_i-x_j-(d_{xi}-d_{xj})+\omega_{ij}^x\right) \tag{6.174}$$

$$z_{yi}=\frac{1}{N_i}\sum_{j\in\mathcal{N}_i}\left(y_i-y_j-(d_{yi}-d_{yj})+\omega_{ij}^y\right) \tag{6.175}$$

式中，$N_i$ 是 $\mathcal{N}_i$ 中元素的个数；$\omega_{ij}^x,\omega_{ij}^y\in\mathbb{R}$ 表示对应于相对位置 $(x_i-x_j)$ 和 $(y_i-y_j)$ 的测量误差。由于由式 (6.157) 和式 (6.158) 所定义的 $\phi_{xi}$ 和 $\phi_{yi}$ 是有界的，即便存在位置测量误差，仍然能够满足条件 (6.148)，从而保证式 (6.92) 的有效性。

此处仅仅考虑每个 $\tilde{x}_i$ 子系统。$\tilde{y}_i$ 子系统的情况类似。定义

$$\omega_{xi}=\frac{1}{N_i}\sum_{j\in\mathcal{N}_i}\left(\tilde{x}_j+\omega_{ij}^x\right) \tag{6.176}$$

那么，$z_{xi}=\tilde{x}_i-\omega_{xi}$。根据这个定义，如果测量误差 $\omega_{ij}^x$ 分段连续并有界，那么每个 $\tilde{x}_i$ 子系统仍然是输入到输出稳定且无界能观的 [性质由式 (6.167) 和式 (6.168) 分别给出]。

与上述关于式 (6.169) 的讨论类似，

$$|\omega_{xi}|\leqslant\max\left\{\frac{\rho_i}{N_i}\sum_{j\in\mathcal{N}_i}(|\tilde{x}_j|),\frac{\rho_i'}{N_i}\sum_{j\in\mathcal{N}_i}(|\omega_{ij}^x|)\right\}$$

$$:= \max\left\{\frac{\rho_i}{N_i}\sum_{j\in\mathcal{N}_i}(|\tilde{x}_j|), \omega_{xi}^e\right\}$$

$$\leqslant \max_{j\in\overline{\mathcal{N}}_i}\{\delta_i a_{ij}|\tilde{x}_j|, \omega_{xi}^e\} \tag{6.177}$$

式中，$\rho_i, \rho_i' > 0$ 满足 $1/\rho_i + 1/\rho_i' \leqslant 1$。并且，若 $0 \in \mathcal{N}_i$，则 $\delta_i = \rho_i(N_i - 1)/N_i$，$\overline{\mathcal{N}}_i = \mathcal{N}_i\backslash\{0\}$，$\sum\limits_{j\in\overline{\mathcal{N}}_i}(1/a_{ij}) \leqslant N_i - 1$；若 $0 \notin \mathcal{N}_i$，则 $\delta_i = \rho_i$，$\overline{\mathcal{N}}_i = \mathcal{N}_i$，$\sum\limits_{j\in\overline{\mathcal{N}}_i}(1/a_{ij}) \leqslant N_i$。

当存在相对位置测量误差时，仍然能够通过多回路小增益定理保证闭环系统的输入到输出稳定性。在这种情况下，多回路小增益的条件如下：

$$A_{\mathcal{O}}\frac{\rho(N-1)}{N} < 1, \text{ 当 } \mathcal{O} \in \mathcal{C}_0 \tag{6.178}$$

$$A_{\mathcal{O}}\rho < 1, \text{ 当 } \mathcal{O} \in \mathcal{C}_f\backslash\mathcal{C}_0 \tag{6.179}$$

根据$\dfrac{1}{\rho_i} + \dfrac{1}{\rho_i'} \leqslant 1$ 有 $\rho := \max\limits_{i\in\{1,\cdots,N\}}\{\rho_i\}$ 比 1 大，并且可以选择足够接近于 1。如果 $\mathcal{G}$ 有一个以 0 为根节点的生成树，那么，引理 6.1 能够保证式 (6.178) 和式 (6.179)。因此，本节设计的分布式控制律对相对位置测量误差具有鲁棒性。

### 6.3.6 数值例子

考虑由 6 个机器人组成的群组，下标分别为 $0, 1, \cdots, 5$。下标为 0 的机器人是领导者机器人。各个机器人的邻居节点组成的集合定义如下：$\mathcal{N}_1 = \{0, 5\}$，$\mathcal{N}_2 = \{1, 3\}$，$\mathcal{N}_3 = \{2, 5\}$，$\mathcal{N}_4 = \{3\}$，$\mathcal{N}_5 = \{4\}$。

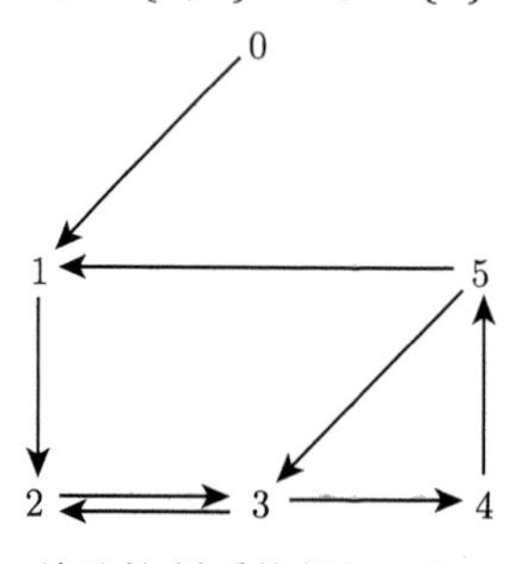

图 6.6 编队控制系统的相对位置感知图

默认情况下，此仿真中所有变量都采取国际单位制。为便于讨论，忽略单位。跟随机器人的期望相对位置定义如下：$d_{x1} = -\sqrt{3}d/2$，$d_{x2} = -\sqrt{3}d/2$，$d_{x3} = 0$，$d_{x4} = \sqrt{3}d/2$，$d_{x5} = \sqrt{3}d/2$，$d_{y1} = -d/2$，$d_{y2} = -3d/2$，$d_{y3} = -2d$，$d_{y4} = -3d/2$，$d_{y5} = -d/2$，其中 $d = 30$。图 6.6 表示编队控制系统的位置感知图。显然，位置感知图有一个由 0 节点作为根节点的生成树。

应该指出的是，每个跟随机器人的控制律也利用了领导者机器人的速度和加速度信息，图 6.6 中并没有显示对应的信息交换拓扑结构。

领导者机器人的输入是 $r_0(t) = 0.1\sin(0.4t)$ 和 $\omega_0(t) = 0.1\cos(0.2t)$。有了这样的控制输入并取 $v_0(0) = 3$，则线速度 $v_0$ 满足 $\underline{v}_0 \leqslant v_0(t) \leqslant \overline{v}_0$，其中 $\underline{v}_0 = 3$，$\overline{v}_0 = 3.5$。

选择 $\lambda_* = 0.45$ 和 $\lambda^* = 6.05$。初始化阶段的分布式控制律是式 (6.149) 和式 (6.150) 的形式，其中，$\phi_{\theta i}(r) = \phi_{vi}(r) = -0.5(1-\exp(-0.5r))/(1+\exp(-0.5r))(i = 1, \cdots, 5)$。编队控制阶段的分布式控制律是式 (6.157) 和式 (6.158) 的形式，其中 $k_{xi} = k_{yi} = 2$，$\phi_{xi}(r) = \phi_{yi}(r) = -1.8(1-\exp(-0.5r))/(1+\exp(-0.5r))(i = 1, \cdots, 5)$。通过直接计算，可以证明如此设计的 $k_{xi}, k_{yi}, \phi_{xi}, \phi_{yi}$ 满足式 (6.159) 和式 (6.160)。并且，对所有 $r \in \mathbb{R}$ 有 $\phi_{xi}(r), \phi_{yi}(r) \in [-1.8, 1.8]$。由于 $\underline{v}_0 = 3$ 和 $\overline{v}_0 = 3.5$，控制律可以将跟随机器人的线性速度限制在 $[3-1.8\sqrt{2}, 3.5+1.8\sqrt{2}] = [0.454, 6.046] \subset [\lambda_*, \lambda^*]$ 的范围内。

在仿真中，各个移动机器人的初始状态如表 6.1 所示。

**表 6.1　各个移动机器人的初始状态**

| $i$ | $(x_i(0), y_i(0))$ | $v_i(0)$ | $\theta_i(0)$ |
|---|---|---|---|
| 0 | $(0, 0)$ | 3 | $\pi/6$ |
| 1 | $(-40, 10)$ | 4 | $\pi$ |
| 2 | $(-20, -40)$ | 3.5 | $5\pi/6$ |
| 3 | $(5, -40)$ | 2.5 | 0 |
| 4 | $(50, -10)$ | 2 | $-2\pi/3$ |
| 5 | $(50, 10)$ | 3 | 0 |

测量误差为：$\omega_{ij}^x(t) = 0.3(\cos(t + i\pi/6) + \cos(t/3 + i\pi/6) + \cos(t/5 + i\pi/6) + \cos(t/7 + i\pi/6))$ 和 $\omega_{ij}^y(t) = 0.3(\sin(t + i\pi/6) + \sin(t/3 + i\pi/6) + \sin(t/5 + i\pi/6) + \sin(t/7 + i\pi/6))$ $(i = 1, \cdots, N,\ j \in \mathcal{N}_i)$。

各个移动机器人的线速度和角速度如图 6.7 所示。分布式控制器的阶段变化如图 6.8 所示，“0” 表示初始化阶段，“1” 表示编队控制阶段。图 6.9 显示了机器人的轨迹曲线，该仿真验证了理论结果。

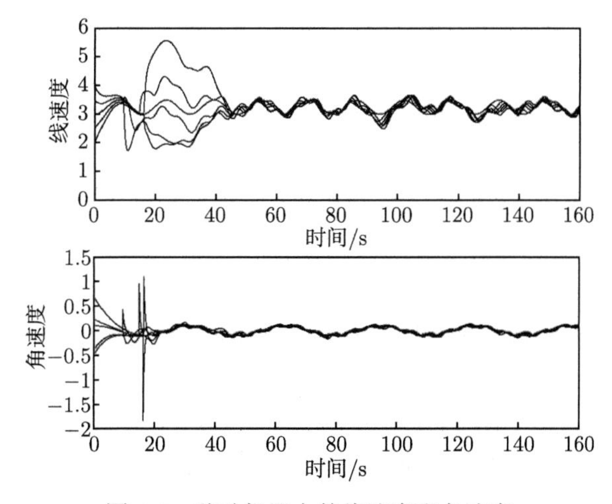


图 6.7　移动机器人的线速度和角速度

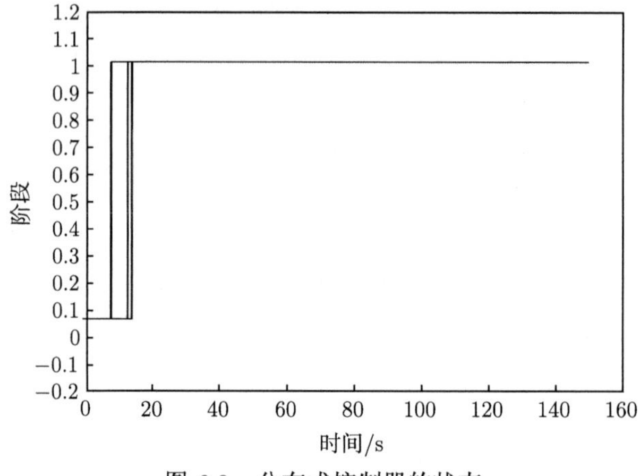


图 6.8　分布式控制器的状态

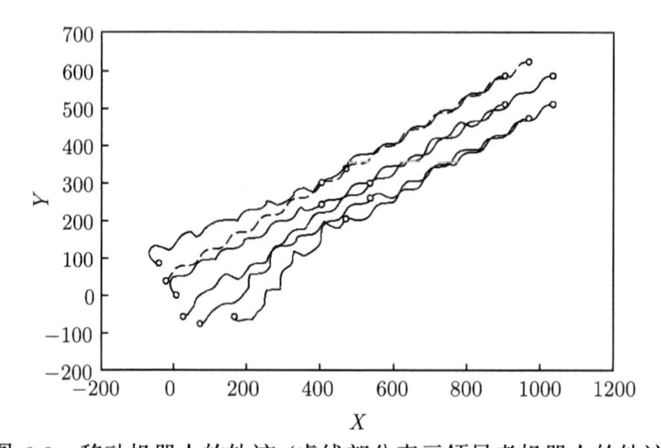


图 6.9　移动机器人的轨迹 (虚线部分表示领导者机器人的轨迹)

## 6.4　具有切换拓扑的分布式控制

6.3 节已经将非完整移动机器人的编队控制问题转化为二阶积分器的分布式非线性控制问题。如果信息交换拓扑是固定的，那么在特定的连通性条件下就能实现控制目标。本节将进一步考虑在信息交换拓扑存在切换的情况下，由二阶积分器描述的多自主体系统的分布式非线性控制问题。本节的目的是建立一类新的分布式非线性控制律，来解决强输出一致性问题，即所有自主体的输出都收敛到一致值并且其内部状态收敛到原点。

### 6.4.1　强输出一致性问题

考虑在存在拓扑切换的情况下，如下由 $N$ 个二阶积分器模型描述的多自主体的分布式控制：

$$\dot{\eta}_i = \zeta_i \tag{6.180}$$

$$\dot{\zeta}_i = \mu_i \tag{6.181}$$

式中，$[\eta_i, \zeta_i]^{\mathrm{T}} \in \mathbb{R}^2$ 是状态；$\mu_i \in \mathbb{R}$ 是控制输入。

强输出一致性问题的基本思想是设计一类分布式非线性控制律：

$$\mu_i = \overline{\varphi}_i(\zeta_i, \xi_i) \tag{6.182}$$

$$\xi_i = \overline{\phi}_i^{\sigma(t)}(\eta_1, \cdots, \eta_N) \tag{6.183}$$

式中，$\sigma : [0, +\infty) \to \mathcal{P}$ 是一个分段常数信号，表示切换信息交换拓扑结构，其中 $\mathcal{P} \subset \mathbb{N}$ 表示由所有可能的信息交换拓扑组成的有限集；$\overline{\varphi}_i : \mathbb{R}^2 \to \mathbb{R}$ 和 $\overline{\phi}_i^p : \mathbb{R}^N \to \mathbb{R}$，$p \in \mathcal{P}$，实现如下目标：

$$\lim_{t\to\infty} (\eta_i(t) - \eta_j(t)) = 0, \quad i, j = 1, \cdots, N \tag{6.184}$$

$$\lim_{t\to\infty} \zeta_i(t) = 0, \quad i = 1, \cdots, N \tag{6.185}$$

注意到，如上所定义的强输出一致性是一种比状态一致性更强的性质。状态一致性只需内部状态 $\xi_i$ 收敛到一致值即可。

### 6.4.2　一类非线性系统的性质

在本节的强输出一致性的研究中，如下二阶非线性系统的几个属性起到至关重要的作用：

$$\dot{\eta} = \zeta \tag{6.186}$$

$$\dot{\zeta} = \varphi(\zeta - \phi(\eta - \omega)) \tag{6.187}$$

式中，$[\eta, \zeta]^{\mathrm{T}} \in \mathbb{R}^2$ 是状态；$\omega \in \mathbb{R}$ 是外部干扰输入；$\varphi, \phi : \mathbb{R} \to \mathbb{R}$ 是非增的局部利普希茨函数。

为符号表示方便，定义如下两类新的函数。如果函数 $\beta \in \mathcal{KL}$，对 $s \in \mathbb{R}_+$ 满足 $\beta(s, 0) = s$，并且对任意指定的 $T > 0$，存在连续的、正定的、非减的 $\alpha_1, \alpha_2 < \mathrm{Id}$，使得对所有 $s \in \mathbb{R}_+$，有 $\beta(s, t) \geqslant \alpha_1(s)$ 对所有 $t \in [0, T]$ 都成立，并且有 $\beta(s, t) \leqslant \alpha_2(s)$ 对所有 $t \in [T, \infty)$ 都成立，那么称这样的函数 $\beta : \mathbb{R}_+ \times \mathbb{R}_+ \to \mathbb{R}_+$ 是 $\mathcal{I}^+\mathcal{L}$ 函数，记为 $\beta \in \mathcal{I}^+\mathcal{L}$。如果存在 $\beta', \beta'' \in \mathcal{I}^+\mathcal{L}$，使得对 $r \geqslant 0$，$t \geqslant 0$，有 $\beta(r, t) = \beta'(r, t)$ 成

立，并且对 $r<0$，有 $\beta(r,t)=-\beta''(-r,t)$ 成立，那么这样的函数 $\beta:\mathbb{R}\times\mathbb{R}_+\to\mathbb{R}$ 被称作 $\mathcal{IL}$ 函数，记为 $\beta\in\mathcal{IL}$。这两类函数的定义对于更准确地刻画多个自主体在相互作用的过程中可能出现的振荡现象具有十分重要的意义。这类问题在过去关于一致性的研究中 (比如关于非线性系统一致性的文献 [142] 中引理 5.2) 就是存在的。

**命题 6.2**　如果 $\omega\in[\underline{\omega},\overline{\omega}]$, $\underline{\omega}\leqslant\overline{\omega}$ 是常数，并且如果函数 $\varphi$ 和 $\phi$ 满足

$$\varphi(0)=\phi(0)=0 \tag{6.188}$$

$$\varphi(r)r<0,\ \phi(r)r<0,\ 当\ r\neq 0 \tag{6.189}$$

$$\sup_{r\in\mathbb{R}}\{\max\partial\varphi(r)\}<4\inf_{r\in\mathbb{R}}\{\min\partial\phi(r)\} \tag{6.190}$$

那么系统式 (6.186) 和式 (6.187) 具有以下性质：

(1) 存在满足 $\underline{\psi}(0)=\overline{\psi}(0)=0$ 的严格递减且局部利普希茨的函数 $\underline{\psi},\overline{\psi}:\mathbb{R}\to\mathbb{R}$，使得

$$S(\underline{\omega},\overline{\omega})=\left\{(\eta,\zeta):\underline{\psi}(\eta-\underline{\omega})\leqslant\zeta\leqslant\overline{\psi}(\eta-\overline{\omega})\right\} \tag{6.191}$$

是系统式 (6.186) 和式 (6.187) 的一个不变集。

(2) 对任意给定的初始状态 $(\eta(0),\zeta(0))$，存在一个有限时间 $t_1$ 和常数 $\underline{\mu},\overline{\mu}\in\mathbb{R}$，使得

$$\underline{\psi}(\eta(t_1)-\underline{\mu})\leqslant\zeta(t_1)\leqslant\overline{\psi}(\eta(t_1)-\overline{\mu}) \tag{6.192}$$

(3) 对任意给定的 $\underline{\sigma},\overline{\sigma}\in\mathbb{R}$，如果 $(\eta(t),\zeta(t))\in S(\underline{\sigma},\overline{\sigma})$ 对所有 $t\in[0,T]$ 都成立，那么存在 $\underline{\beta}_1,\overline{\beta}_1\in\mathcal{IL}$，使得

$$-\underline{\beta}_1(\underline{\sigma}-\eta(0),t)+\underline{\sigma}\leqslant\eta(t)\leqslant\overline{\beta}_1(\eta(0)-\underline{\sigma},t)+\overline{\sigma} \tag{6.193}$$

对所有 $t\in[0,T]$ 都成立。

(4) 对任意给定的紧集 $M\subset\mathbb{R}$，存在 $\underline{\beta}_2,\overline{\beta}_2\in\mathcal{IL}$，使得如果 $(\eta(0),\zeta(0))\in S(\underline{\mu}_0,\overline{\mu}_0)$，其中 $\underline{\mu}_0\leqslant\overline{\mu}_0$ 属于 $M$，那么可以找到 $\underline{\mu}(t),\overline{\mu}(t)$ 满足

$$-\underline{\beta}_2(\underline{\omega}-\underline{\mu}_0,t)+\underline{\omega}\leqslant\underline{\mu}(t)\leqslant\overline{\mu}(t)\leqslant\overline{\beta}_2(\overline{\mu}_0-\overline{\omega},t)+\overline{\omega} \tag{6.194}$$

并使得

$$(\eta(t),\zeta(t))\in S(\underline{\mu}(t),\overline{\mu}(t)) \tag{6.195}$$

对所有 $t\geqslant 0$ 成立。

命题 6.2 的证明在 6.4.3 节中给出。

图 6.10 所示为命题 6.2 中给出的系统式 (6.186) 和式 (6.187) 的性质 (1) 的基本思想。在 $\zeta = \underline{\psi}(\eta - \underline{\omega})$ 和 $\zeta = \overline{\psi}(\eta - \overline{\omega})$ 之间的区域形成了系统式 (6.186) 和式 (6.187) 的一个不变集。性质 (2)~(4) 都是基于所定义的 $\underline{\psi}$ 和 $\overline{\psi}$ 给出的。

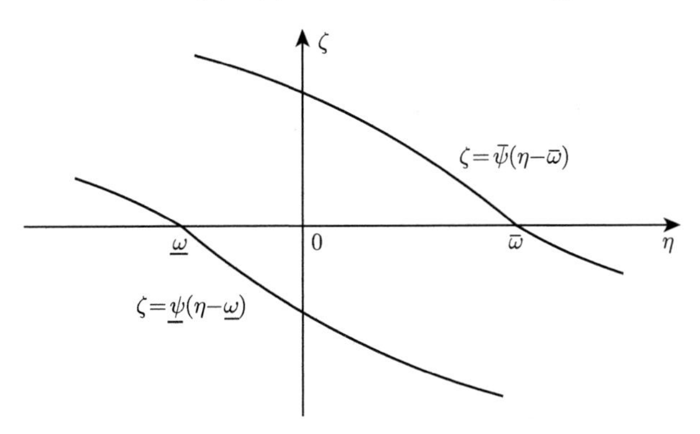


图 6.10　命题 6.2 中性质 (1) 的不变集的边界

### 6.4.3　命题 6.2的证明

我们首先给出一个有关一类一阶非线性系统的引理。

**引理 6.3**　考虑如下一阶系统:

$$\dot{\varsigma} = \alpha(\varsigma) \tag{6.196}$$

式中，$\varsigma \in \mathbb{R}$ 是状态；$\alpha$ 是一个满足 $\alpha(0) = 0$ 的非增的局部利普希茨函数且对所有 $r \neq 0$ 有 $r\alpha(r) < 0$。那么，存在 $\beta \in \mathcal{IL}$，使得对任意初始条件 $\varsigma(0) = \varsigma_0 \in \mathbb{R}$ 都有

$$\varsigma(t) \leqslant \beta(\varsigma_0, t) \tag{6.197}$$

对所有 $t \geqslant 0$ 成立。

**证明**　定义 $\varsigma^*(\varsigma_0, t)$ 为系统 (6.196) 在初始条件 $\varsigma(0) = \varsigma_0$ 下的解。对 $s, t \in \mathbb{R}_+$，定义 $\beta'(s,t) = \varsigma^*(s,t)$ 以及 $\beta''(s,t) = -\varsigma^*(-s,t)$。

考虑 $\varsigma(0) \geqslant 0$ 的情况。

由于 $\alpha$ 是局部利普希茨的，因此对任意给定的 $\overline{\varsigma} > 0$ 都存在一个常数 $k_\alpha > 0$，使得 $\alpha(s) \geqslant -k_\alpha s$ 对 $s \leqslant \overline{\varsigma}$ 都成立。进一步有

$$\dot{\varsigma}(t) \geqslant -k_\alpha \varsigma(t) \tag{6.198}$$

对 $0 \leqslant \varsigma(t) \leqslant \overline{\varsigma}$ 都成立。

对任意给定的 $T>0$，定义

$$\alpha_1(s)=e^{-k_\alpha T}\min\{s,\bar{\varsigma}\} \tag{6.199}$$

那么，$\alpha_1$ 是连续且正定的。

如果 $\varsigma(0)\leqslant\bar{\varsigma}$，那么，

$$\varsigma(T)\geqslant\varsigma(0)e^{-k_\alpha T}\geqslant\alpha_1(\varsigma(0)) \tag{6.200}$$

考虑 $\varsigma(0)>\bar{\varsigma}$ 的情况。如果存在时间 $0<t'\leqslant T$ 使得 $\varsigma(t')=\bar{\varsigma}$，那么

$$\varsigma(T)\geqslant\varsigma(t')e^{-k_\alpha(T-t')}\geqslant\bar{\varsigma}e^{-k_\alpha T}>\alpha_1(\varsigma(0)) \tag{6.201}$$

否则，

$$\varsigma(T)>\bar{\varsigma}>\bar{\varsigma}e^{-k_\alpha T}>\alpha_1(\varsigma(0)) \tag{6.202}$$

根据 $\beta'$ 的定义，对给定的 $T>0$，有 $\beta'(s,T)\geqslant\alpha_1(s)$ 成立。由于 $\varsigma(t)$ 的非增性以及 $\varsigma(0)\geqslant 0$，可以得到

$$\beta'(s,t)\geqslant\alpha_1(s) \tag{6.203}$$

对所有 $t\in[0,T]$ 都成立。

对任意给定的 $T>0$，定义

$$\alpha_2(s)=\max\left\{\frac{1}{2}s,s+T\max_{\frac{1}{2}s\leqslant\tau\leqslant s}\alpha(\tau)\right\} \tag{6.204}$$

式中，$s\in\mathbb{R}_+$。可以证明 $\alpha_2$ 连续、正定、且小于 Id。

如果 $\varsigma(T)\geqslant\frac{1}{2}\varsigma(0)$，那么 $\frac{1}{2}\varsigma(0)\leqslant\varsigma(t)\leqslant\varsigma(0)$，其中 $0\leqslant t\leqslant T$，并且

$$\dot{\varsigma}(t)\leqslant\max_{\frac{1}{2}\varsigma(0)\leqslant\tau\leqslant\varsigma(0)}\alpha(\tau) \tag{6.205}$$

进一步可得

$$\begin{aligned}\varsigma(T)&\leqslant\varsigma(0)+\int_0^T\max_{\frac{1}{2}\varsigma(0)\leqslant\tau\leqslant\varsigma(0)}\alpha(\tau)\mathrm{d}t\\&=\varsigma(0)+T\max_{\frac{1}{2}\varsigma(0)\leqslant\tau\leqslant\varsigma(0)}\alpha(\tau)\\&\leqslant\alpha_2(\varsigma(0))\end{aligned} \tag{6.206}$$

如果 $\varsigma(T) < \varsigma(0)/2$，那么 $\varsigma(T) < \alpha_2(\varsigma(0))$。根据 $\beta'$ 的定义，对任意给定的 $T > 0$，有 $\beta'(s,T) \leqslant \alpha_2(s)$ 成立。由于 $\varsigma(t)$ 的非增且 $\varsigma(0) \geqslant 0$，可以得到

$$\beta'(s,t) \leqslant \alpha_2(s) \tag{6.207}$$

对所有 $t \in [T,\infty)$ 都成立。

可以直接验证 $\beta' \in \mathcal{KL}$ 且 $\beta'(s,0) = s$。利用式 (6.203) 和式 (6.207) 可以证明 $\beta' \in \mathcal{I}^+\mathcal{L}$。由于对称性，同理可证 $\beta'' \in \mathcal{I}^+\mathcal{L}$。因此，$\beta \in \mathcal{IL}$。

对于 $t \geqslant 0$，定义

$$\beta(r,t) = \begin{cases} \beta'(r,t) & \text{当 } r \geqslant 0 \text{ 时} \\ -\beta''(-r,t) & \text{当 } r < 0 \text{ 时} \end{cases} \tag{6.208}$$

那么，$\beta \in \mathcal{IL}$ 并且式 (6.197) 成立。证毕。

1. 命题 6.2 中性质 (1) 的证明

定义不变集 $S^a(\overline{\omega}) = \{(\eta,\zeta) : \zeta \leqslant \overline{\psi}(\eta-\overline{\omega})\}$ 和 $S^b(\underline{\omega}) = \{(\eta,\zeta) : \zeta \geqslant \underline{\psi}(\eta-\overline{\omega})\}$。那么，$S(\underline{\omega},\overline{\omega}) = S^a(\overline{\omega}) \cap S^b(\underline{\omega})$。如果 $S^a(\overline{\omega})$ 和 $S^b(\underline{\omega})$ 是系统式 (6.186) 和式 (6.187) 的一个不变集，并且 $\underline{\psi}(r) \leqslant \overline{\psi}(r)$ 对所有 $r \in \mathbb{R}$ 都成立，那么 $S(\underline{\omega},\overline{\omega})$ 也是一个不变集。在下面的讨论中，我们寻找合适的函数 $\overline{\psi}$ 使得 $S^a(\overline{\omega})$ 是一个不变集。以同样的方式可以找到函数 $\underline{\psi}$。

对满足式 (6.188) 和式 (6.189) 的非增且局部利普希茨的函数 $\phi$，存在一个严格递减并且在 $(-\infty,0)\cup(0,\infty)$ 上连续可微的函数 $\overline{\phi} : \mathbb{R} \to \mathbb{R}$，使得 $\overline{\phi}(0) = 0$，$\overline{\phi}(r) \geqslant \phi(r)$，$r \in \mathbb{R}$，并且对给定任意小的 $\epsilon > 0$ 有

$$\inf_{r\in\mathbb{R}}\{\min\partial\overline{\phi}(r)\} \geqslant \inf_{r\in\mathbb{R}}\{\min\partial\phi(r)\} - \epsilon \tag{6.209}$$

定义

$$\overline{\psi}(r) = \max\left\{c\overline{\phi}(r) : c \in [c_1,c_2]\right\} \tag{6.210}$$

式中，$c_1$ 和 $c_2$ 是满足 $0 < c_2 < 1 < c_1$ 的常数。那么，$\overline{\psi}$ 是严格递减的，在 $(-\infty,0)\cup(0,\infty)$ 上连续可微，并有 $\overline{\psi}(0) = 0$。

定义 $\tilde{\zeta} = \zeta - \overline{\psi}(\eta-\overline{\omega})$。当 $\zeta \geqslant \overline{\psi}(\eta-\overline{\omega})$ 时，直接对 $\tilde{\zeta}$ 求导可得

$$\begin{aligned}\dot{\tilde{\zeta}} &\in \left\{\dot{\zeta} - \overline{\psi}^d\dot{\eta} : \overline{\psi}^d \in \partial\overline{\psi}(\eta-\overline{\omega})\right\} \\ &= \left\{\varphi(\zeta-\phi(\eta-\omega)) - \overline{\psi}^d\zeta : \overline{\psi}^d \in \partial\overline{\psi}(\eta-\overline{\omega})\right\}\end{aligned}$$

$$\begin{aligned}&\subseteq\left\{\varphi(\zeta-\phi(\eta-\omega))-\overline{\psi}^d\zeta:\overline{\psi}^d\in\partial\overline{\psi}(\eta-\overline{\omega}),\underline{\omega}\leqslant\omega\leqslant\overline{\omega}\right\}\\&=\left\{-(k_\varphi+\overline{\psi}^d)\left(\zeta-\frac{k_\varphi\phi(\eta-\omega)}{k_\varphi+\overline{\psi}^d}\right)+\tilde{\varphi}(\zeta-\phi(\eta-\omega)):\right.\\&\qquad\left.\overline{\psi}^d\in\partial\overline{\psi}(\eta-\overline{\omega}),\underline{\omega}\leqslant\omega\leqslant\overline{\omega}\right\}\\&:=F_{\tilde{\zeta}}(\eta,\zeta,\underline{\omega},\overline{\omega})\end{aligned}\tag{6.211}$$

式中，$k_\varphi:=-\sup\{\partial\varphi(r):r\in\mathbb{R}\}$；$\tilde{\varphi}(r):=\varphi(r)+k_\varphi(r)$。显然，

$$\tilde{\varphi}(r)r\leqslant 0\tag{6.212}$$

对所有 $r\in\mathbb{R}$ 都成立。

定义 $k_{\overline{\phi}}=-\inf\limits_{r\in\mathbb{R}}\{\min\partial\overline{\phi}(r)\}$。由于满足条件 (6.190) 和条件 (6.209)，可以选取 $\overline{\phi}$ 使得 $0<4k_{\overline{\phi}}\leqslant k_\varphi$。选取 $c_1=k_\varphi/2k_{\overline{\phi}}$。那么，$k_{\overline{\phi}}c_1^2-k_\varphi c_1+k_\varphi\leqslant 0$。也就是说，$k_\varphi/(k_\varphi-c_1k_{\overline{\phi}})\leqslant c_1$。显然，$c_1\geqslant 2$。这里选取 $c_2\leqslant 1$。

由式 (6.210) 中 $\overline{\psi}$ 的定义可推出 $\partial\overline{\psi}(r)\subseteq\left\{c\overline{\phi}^d:c\in[c_2,c_1],\overline{\phi}^d\in\partial\overline{\phi}(r)\right\}$。因此，$\inf\limits_{r\in\mathbb{R}}\{\min\partial\overline{\psi}(r)\}\geqslant -c_1k_{\overline{\phi}}$。同样地，利用 $\sup\limits_{r\in\mathbb{R}}\{\max\partial\overline{\psi}(r)\}\leqslant 0$(因为 $\overline{\psi}$ 严格递减)可以证明

$$c_2\leqslant\frac{k_\varphi}{k_\varphi+\overline{\psi}^d}\leqslant c_1\tag{6.213}$$

式中，$\overline{\psi}^d\in\partial\overline{\psi}(\eta-\overline{\omega})$。

利用 $\omega\leqslant\overline{\omega}$ 以及 $\phi$ 和 $\overline{\phi}$ 的非增性，由式 (6.213) 可得

$$\frac{k_\varphi\phi(\eta-\omega)}{k_\varphi+\overline{\psi}^d}\leqslant\max\left\{c\overline{\phi}(\eta-\overline{\omega}):c\in[c_1,c_2]\right\}=\overline{\psi}(\eta-\overline{\omega})\tag{6.214}$$

这说明

$$\zeta-\frac{k_\varphi\phi(\eta-\omega)}{k_\varphi+\overline{\psi}^d}\geqslant\tilde{\zeta}\tag{6.215}$$

式中，$\overline{\psi}^d\in\partial\overline{\psi}(\eta-\overline{\omega})$。

由 $\overline{\psi}^d$ 和 $c_1$ 的定义可得

$$k_\varphi+\overline{\psi}^d\geqslant k_\varphi+\inf_{r\in\mathbb{R}}\{\min\partial\overline{\psi}(r)\}=k_\varphi-c_1k_{\overline{\phi}}=\frac{1}{2}k_\varphi\tag{6.216}$$

对 $\overline{\psi}^d\in\partial\overline{\psi}(\eta-\overline{\omega})$ 都成立。

基于式 (6.211)、式 (6.212)、式 (6.215) 和式 (6.216)，可以证明：当 $\zeta \geqslant \overline{\psi}(\eta-\overline{\omega})$，也即 $\tilde{\zeta} \geqslant 0$ 时，

$$\max_{f_{\tilde{\zeta}} \in F_{\tilde{\zeta}}(\eta,\zeta,\underline{\omega},\overline{\omega})} f_{\tilde{\zeta}} \leqslant -\frac{1}{2}k_{\varphi}\tilde{\zeta} \tag{6.217}$$

这保证了 $S^a(\overline{\omega})$ 是不变集。

利用类似的方法，同样可以找到严格递减、在 $(-\infty,0)\cup(0,\infty)$ 上连续可微且满足 $\underline{\psi}(0)=0$ 和 $\underline{\psi} \leqslant \overline{\psi}(r)$ 的 $\underline{\psi}:\mathbb{R}\to\mathbb{R}$，并能够证明 $S^b(\underline{\omega})$ 是一个不变集。

2. **命题 6.2 中性质 (2) 的证明**

本节只给出式 (6.192) 中第二个不等式的证明。式 (6.192) 中第一个不等式的证明是类似的。

首先考虑当 $r\to-\infty$ 时 $\phi(r)\to\infty$ 的情况。在这种情况下，根据 $\overline{\psi}$ 在式 (6.210) 中给出的定义，如果 $r\to-\infty$，那么 $\overline{\psi}(r)\to\infty$。在这种情况下，对任意 $(\eta(0),\zeta(0))$，总可以找到一个 $\overline{\mu}$，使得式 (6.192) 给出的第二个不等式在 $t_1=0$ 时成立。

如果第一种情况的条件不满足，那么存在常数 $\phi^u>0$ 和 $2/3<\phi^\delta<1$，使得 $\phi(r)\leqslant\phi^u$ 对所有 $r\in\mathbb{R}$ 成立，并且可以找到一个满足 $\phi(r^*)\geqslant\phi^\delta\phi^u$ 的 $r^*$。根据 $\overline{\psi}$ 的定义式 (6.210)，当 $c_1\geqslant 2$ 时有 $\overline{\psi}(r^*)\geqslant c_1\phi^\delta\phi^u$ 成立，因此有 $\overline{\psi}(r^*)\geqslant 4\phi^u/3$。

定义 $\tilde{\zeta}=\zeta-\phi^u$。当 $\zeta\geqslant\phi^u$ 时，对 $\tilde{\zeta}$ 求导可得

$$\dot{\tilde{\zeta}}=\dot{\zeta}=\varphi(\zeta-\phi(\eta-\omega))\leqslant\phi(\zeta-\phi^u)=\varphi(\tilde{\zeta}) \tag{6.218}$$

式中，$\varphi$ 满足式 (6.188)、式 (6.189) 和式 (6.190)。那么，存在一个 $\beta\in\mathcal{KL}$ 使得对任意的 $\zeta(0)\geqslant\phi^u$ 有

$$\tilde{\zeta}(t)\leqslant\beta(\tilde{\zeta}(0),t) \tag{6.219}$$

对 $t\geqslant 0$ 都成立。根据文献 [17] 中引理 8，存在 $\alpha_{\beta 1},\alpha_{\beta 2}\in\mathcal{K}_\infty$ 使得 $\beta(s,t)\leqslant\alpha_{\beta 1}(s)\alpha_{\beta 2}(e^{-t})$ 对所有 $s,t\in\mathbb{R}_+$ 成立，因此存在一个有限时间 $t_1$ 使得 $\beta(\tilde{\zeta}(0),t_1)\leqslant\phi^u/3$。这保证了 $\tilde{\zeta}(t_1)\leqslant\phi^u/3$ 成立，也即 $\zeta(t_1)\leqslant 4\phi^u/3$。在有限时间区间 $[0,t_1]$ 上，$\zeta(t)$ 的有界性可以推出 $\eta(t)$ 的有界性。那么，可以找到一个 $\overline{\mu}$ 使得式 (6.192) 给出的第二个不等式成立。

3. **命题 6.2 中性质 (3) 的证明**

对 $t\in[0,T]$，有

$$\dot{\eta}(t)=\zeta(t)\leqslant\overline{\psi}(\eta(t)-\overline{\sigma}) \tag{6.220}$$

定义 $\varsigma(t)$ 为如下初始值问题的解:

$$\dot{\varsigma}(t) = \overline{\psi}(\varsigma(t) - \overline{\sigma}) \tag{6.221}$$

式中，$\varsigma(0) = \eta(0)$。利用比较原理 (参考文献 [10]) 可以证明

$$\eta(t) \leqslant \varsigma(t) \tag{6.222}$$

对 $t \in [0, T]$ 都成立。

注意到 $\overline{\psi}$ 局部利普希茨并且对 $r \neq 0$ 有 $r\overline{\psi}(r) < 0$。定义 $\tilde{\varsigma} = \varsigma - \overline{\sigma}$。那么，式 (6.221) 可以推出 $\dot{\tilde{\varsigma}}(t) = \overline{\psi}(\tilde{\varsigma}(t))$。利用引理 6.3，存在一个 $\overline{\beta}_1 \in \mathcal{IL}$，使得 $\tilde{\varsigma}(t) \leqslant \overline{\beta}_1(\tilde{\varsigma}(0), t)$ 对 $t \in [0, T]$ 都成立，即

$$\varsigma(t) \leqslant \overline{\beta}_1(\varsigma(0) - \overline{\sigma}, t) + \overline{\sigma} \tag{6.223}$$

可以利用 $\varsigma(0) = \eta(0)$ 和 $\eta(t) \leqslant \varsigma(t)(t \in [0, T])$ 证明式 (6.193) 给出的第二个不等式。同理可证式 (6.193) 给出的第一个不等式。

4. 命题 6.2 中性质 (4) 的证明

定义 $\underline{\omega}^* = \min\{\underline{\mu}_0, \eta(0), \underline{\omega}\}$ 和 $\overline{\omega}^* = \max\{\overline{\mu}_0, \eta(0), \overline{\omega}\}$。那么显然，$(\eta(0), \zeta(0)) \in S(\underline{\omega}^*, \overline{\omega}^*) \cap \{(\eta, \zeta) : \underline{\omega}^* \leqslant \eta \leqslant \overline{\omega}^*\} := \breve{S}(\underline{\omega}^*, \overline{\omega}^*)$。

由于 $\omega \in [\underline{\omega}, \overline{\omega}] \subseteq [\underline{\omega}^*, \overline{\omega}^*]$，$S(\underline{\omega}^*, \overline{\omega}^*)$ 是一个不变集，并且 $\breve{S}(\underline{\omega}^*, \overline{\omega}^*)$ 也是一个不变集。给定 $(\eta(0), \zeta(0)) \in \breve{S}(\underline{\omega}^*, \overline{\omega}^*)$，那么有 $(\eta(t), \zeta(t)) \in \breve{S}(\underline{\omega}^*, \overline{\omega}^*)$ 对所有 $t \geqslant 0$ 都成立。

在下面的证明中将借用刚体平面平移运动学的思想，参见文献 [145]。定义

$$\eta^d = \zeta \tag{6.224}$$

$$\zeta^d = \varphi(\zeta - \phi(\eta - \omega)) \tag{6.225}$$

$$v = [\eta^d, \zeta^d]^{\mathrm{T}} \tag{6.226}$$

$$v_1 = \left[\min_{\overline{\psi}^d \in \partial\overline{\psi}(\eta)} \frac{\zeta^d}{\overline{\psi}^d}, \zeta^d\right]^{\mathrm{T}} \tag{6.227}$$

$$v_2 = \left[\eta^d - \min_{\overline{\psi}^d \in \partial\overline{\psi}(\eta)} \frac{\zeta^d}{\overline{\psi}^d}, 0\right]^{\mathrm{T}} \tag{6.228}$$

显然，$v_2(t) = v(t) - v_1(t)$。质点 $(\eta, \zeta)$ 和刚体 $\zeta = \overline{\psi}(\eta - \mu)$ 的运动如图 6.11 所示，其中，$v$ 是质点的线速度，它由 $\eta^d$ 和 $\zeta^d$ 构成，也可由 $v_1$ 和 $v_2$ 构成；$v_1$ 表示质点沿刚体运动的相对速度，$v_2$ 表示刚体平移运动的速度。

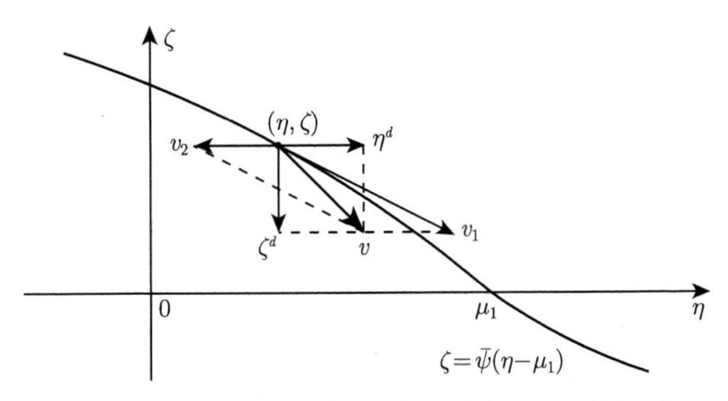


图 6.11　质点 $(\eta,\zeta)$ 和刚体 $\zeta=\overline{\psi}(\eta-\mu)$ 的运动

对任意给定的 $\overline{\mu}$，如果 $\omega\in[\underline{\omega}^*,\overline{\mu}]$，那么 $S(\underline{\omega}^*,\overline{\mu})$ 是一个不变集。从式 (6.217) 可知，对满足 $\zeta=\overline{\psi}(\eta-\mu)$ 的任意的 $(\eta,\zeta)$，有下式成立：

$$\eta^d-\min_{\overline{\psi}^d\in\partial\overline{\psi}(\eta)}\frac{\zeta^d}{\overline{\psi}^d}\leqslant 0 \tag{6.229}$$

即

$$\zeta-\min_{\overline{\psi}^d\in\partial\overline{\psi}(\eta)}\frac{\varphi(\zeta-\phi(\eta-\omega))}{\overline{\psi}^d}\leqslant 0 \tag{6.230}$$

对所有 $\omega\in[\underline{\omega}^*,\overline{\mu}]$ 都成立。那么，可以推出

$$\zeta-\min_{\overline{\psi}^d\in\partial\overline{\psi}(\eta)}\frac{\varphi(\zeta-\phi(\eta-\overline{\mu}))}{\overline{\psi}^d}\leqslant 0 \tag{6.231}$$

对满足 $\zeta=\overline{\psi}(\eta-\overline{\mu})$ 的任意 $(\eta,\zeta)$ 都成立。

因此，对满足 $\zeta=\overline{\psi}(\eta-\overline{\mu})$ 的任意 $(\eta,\zeta)$，有下式成立：

$$\begin{aligned}
&\eta^d-\min_{\overline{\psi}^d\in\partial\overline{\psi}(\eta)}\frac{\zeta^d}{\overline{\psi}^d}\\
&=\zeta-\min_{\overline{\psi}^d\in\partial\overline{\psi}(\eta)}\frac{\varphi(\zeta-\phi(\eta-\overline{\omega}))}{\overline{\psi}^d}\\
&=\zeta-\min_{\overline{\psi}^d\in\partial\overline{\psi}(\eta)}\frac{\varphi(\zeta-\phi(\eta-\overline{\mu}))}{\overline{\psi}^d}\\
&\quad-\min_{\overline{\psi}^d\in\partial\overline{\psi}(\eta)}\frac{\varphi(\zeta-\phi(\eta-\overline{\omega}))-\varphi(\zeta-\phi(\eta-\overline{\mu}))}{\overline{\psi}^d}\\
&\leqslant-\min_{\overline{\psi}^d\in\partial\overline{\psi}(\eta)}\frac{\varphi(\zeta-\phi(\eta-\overline{\omega}))-\varphi(\zeta-\phi(\eta-\overline{\mu}))}{\overline{\psi}^d}
\end{aligned} \tag{6.232}$$

式中，最后一个不等式利用了式 (6.231)。

在 $\overline{\mu} \geqslant \overline{\omega}$ 情况下，利用 $\varphi$ 和 $\phi$ 连续且严格递减的性质，总可以找到一个正定、非减、满足局部利普希茨条件的 $\overline{\alpha}_2^a$，使得

$$\min_{\overline{\psi}^d \in \partial\overline{\psi}(\eta)} \frac{\varphi(\zeta - \phi(\eta - \overline{\omega})) - \varphi(\zeta - \phi(\eta - \overline{\mu}))}{\overline{\psi}^d} \geqslant \overline{\alpha}_2^a(\overline{\mu} - \overline{\omega}) \tag{6.233}$$

对 $(\eta, \zeta) \in \breve{S}(\underline{\omega}^*, \overline{\omega}^*)$ 和 $\omega \in [\underline{\omega}, \overline{\omega}]$ 都成立。

在 $\overline{\mu} < \overline{\omega}$ 情况下，因为 $\varphi$ 和 $\phi$ 满足局部利普希茨条件、严格递减，所以，可以找到一个正定、非减、满足局部利普希茨条件的 $\overline{\alpha}_2^b$，使得

$$\min_{\overline{\psi}^d \in \partial\overline{\psi}(\eta)} \frac{\varphi(\zeta - \phi(\eta - \overline{\omega})) - \varphi(\zeta - \phi(\eta - \overline{\mu}))}{\overline{\psi}^d} \geqslant -\overline{\alpha}_2^b(\overline{\omega} - \overline{\mu}) \tag{6.234}$$

对 $(\eta, \zeta) \in \breve{S}(\underline{\omega}^*, \overline{\omega}^*)$ 和 $\omega \in [\underline{\omega}, \overline{\omega}]$ 都成立。

定义

$$\overline{\alpha}_2(r) = \begin{cases} -\overline{\alpha}_2^a(r), & \text{当 } r \geqslant 0 \\ \overline{\alpha}_2^b(-r), & \text{当 } r < 0 \end{cases} \tag{6.235}$$

那么，$\overline{\alpha}_2(0) = 0$，$r\overline{\alpha}_2(r) < 0$ 对所有 $r \neq 0$ 都成立，$\overline{\alpha}_2$ 非增且是局部利普希茨的。

定义 $\overline{\varsigma}(t)$ 为如下初始值问题的解：

$$\dot{\overline{\varsigma}}(t) = \overline{\alpha}_2(\overline{\varsigma}(t) - \overline{\omega}) \tag{6.236}$$

式中，给定初始条件 $\overline{\varsigma}(0) = \overline{\mu}_0$。那么，$\zeta(t) \leqslant \overline{\psi}(\eta(t) - \overline{\varsigma}(t))$ 对 $t \geqslant 0$ 都成立。如果 $\overline{\mu}(t) \geqslant \overline{\sigma}(t)$ 对 $t \geqslant 0$ 成立，那么 $\zeta(t) \leqslant \overline{\psi}(\eta(t) - \overline{\mu}(t))$ 对 $t \geqslant 0$ 都成立。

类似地，如果 $\underline{\mu}(t) \leqslant \underline{\sigma}(t)$ 对 $t \geqslant 0$ 都成立，则可以找到一个满足 $\underline{\alpha}_2(0) = 0$，$r\underline{\alpha}_2(r) < 0$ 对所有 $r \neq 0$ 都成立的非增、局部利普希茨的函数 $\underline{\alpha}_2$，使得 $\zeta(t) \geqslant \underline{\psi}(\eta(t) - \underline{\mu}(t))$ 对所有 $t \geqslant 0$ 都成立，其中 $\underline{\varsigma}(t)$ 是如下初始值问题的解：

$$\dot{\underline{\varsigma}}(t) = \underline{\alpha}_2(\underline{\varsigma}(t) - \underline{\omega}) \tag{6.237}$$

式中，初始条件为 $\underline{\varsigma}(0) = \underline{\mu}_0$。

定义 $\overline{\alpha}_2' = \max\{\overline{\alpha}_2(r), \underline{\alpha}_2(r)\}$，$\underline{\alpha}_2' = \min\{\overline{\alpha}_2(r), \underline{\alpha}_2(r)\}$，$r \in \mathbb{R}$。定义 $\overline{\mu}(t)$ 和 $\underline{\mu}(t)$ 为如下初始值问题的解：

$$\dot{\overline{\mu}}(t) = \overline{\alpha}_2'(\overline{\mu}(t) - \overline{\omega}) \tag{6.238}$$

$$\dot{\underline{\mu}}(t) = \underline{\alpha}_2'(\underline{\mu}(t) - \underline{\omega}) \tag{6.239}$$

其中，初始条件为 $\overline{\mu}(0)=\overline{\mu}_0$ 和 $\underline{\mu}(0)=\underline{\mu}_0$。那么，利用比较定理可以保证 $\overline{\mu}(t)\leqslant\overline{\sigma}(t)$ 和 $\underline{\mu}(t)\leqslant\underline{\sigma}(t)$ 成立。并且，$\overline{\mu}(t)\geqslant\underline{\mu}(t)$ 对所有 $t\geqslant 0$ 都成立。

利用引理 6.3，可以找到 $\underline{\beta}_2,\overline{\beta}_2\in\mathcal{IL}$ 使得式 (6.194) 成立。

### 6.4.4 具有切换拓扑的强输出一致性问题的主要结论

考虑多自主体系统式 (6.180) 和式 (6.181)。设计一类如下形式的分布式控制律：

$$\mu_i=\varphi_i(\zeta_i-\phi_i(\xi_i)) \tag{6.240}$$

$$\xi_i=\frac{1}{\sum\limits_{j\in\mathcal{N}_i(\sigma(t))}a_{ij}}\sum_{j\in\mathcal{N}_i(\sigma(t))}a_{ij}(\eta_i-\eta_j) \tag{6.241}$$

式中，$\sigma:[0,\infty)\to\mathcal{P}$ 是一个分段常值信号，描述了系统之间的信息交换，$\mathcal{P}\subset\mathbb{N}$ 是一个有限集，表示了所有可能的拓扑结构中的信息交换，并且 $\mathcal{N}_i(p)\subseteq\{1,\cdots,N\}$ 表示自主体 $i(i=1,\cdots,N)$ 的邻居节点集，且 $p\in\mathcal{P}$。在式 (6.240) 和式 (6.241) 中，当 $i\neq j$ 时，常数 $a_{ij}>0$；当 $i=j$ 时，$a_{ij}\geqslant 0$。函数 $\varphi_i,\phi_i:\mathbb{R}\to\mathbb{R}$ 是非增、局部利普希茨的，并且满足

$$\varphi_i(0)=\phi_i(0)=0 \tag{6.242}$$

$$\varphi_i(r)r<0,\quad \phi_i(r)r<0,\quad 当\ \ r\neq 0 \tag{6.243}$$

$$\sup_{r\in\mathbb{R}}\{\max\partial\varphi_i(r):r\in\mathbb{R}\}<4\inf_{r\in\mathbb{R}}\{\min\partial\phi_i(r)\} \tag{6.244}$$

对 $i=1,\cdots,N$ 都成立。

通过定义$\omega_i=\sum\limits_{j\in\mathcal{N}_i(\sigma(t))}a_{ij}\eta_j/\sum\limits_{j\in\mathcal{N}_i(\sigma(t))}a_{ij}$，可以看出每个受控制律式 (6.240) 和式 (6.241) 作用的自主体式 (6.180) 和式 (6.181) 都可写作式 (6.186) 和式 (6.187) 的形式，并且条件 (6.242)~ 条件 (6.244) 与条件 (6.188)~ 条件 (6.190) 是统一的。

在给出强输出一致性问题的主要结果之前，先利用一个切换图 $\mathcal{G}(\sigma(t))=(\mathcal{N},\mathcal{E}(\sigma(t)))$ 来表示自主体间的信息交换拓扑，$\mathcal{N}$ 是与自主体对应的 $N$ 个节点集。对每个 $p\in\mathcal{P}$，如果 $j\in\mathcal{N}_i(p)$，那么存在一条有向边 $(j,i)$ 属于 $\mathcal{E}(p)$。默认 $(i,i)$，$i\in\mathcal{N}$ 属于 $\mathcal{E}(p)$ 对所有 $p\in\mathcal{P}$ 成立。

如果存在一个 $c\in\mathcal{N}$ 使得对每个 $i\in\mathcal{N}$，从 $c$ 到 $i$ 都有一条有向路径，则有向图 $\mathcal{G}=(\mathcal{N},\mathcal{E})$ 是准强连通的，节点 $c$ 被称作 $\mathcal{G}$ 的中心。对切换图 $\mathcal{G}(\sigma(t))=(\mathcal{N},\mathcal{E}(\sigma(t)))$，定义在 $[t_1,t_2]$上的互联图为 $\mathcal{G}(\sigma([t_1,t_2]))=(\mathcal{N},\bigcup\limits_{t\in[t_1,t_2]}\mathcal{E}(\sigma(t)))$。如果

存在时间常数 $T>0$ 使得 $\mathcal{G}(\sigma([t,t+T]))$ 对所有 $t\geqslant 0$ 为准强连通，$\sigma:[0,\infty)\to\mathcal{P}$，那么，这样的切换图 $\mathcal{G}(\sigma(t))$ 被称作一致准强连通图。考虑切换图 $\mathcal{G}(\sigma(t))$，$\sigma:[0,\infty)\to\mathcal{P}$，如果对每个 $t\in[0,\infty)$ 和任何有向边 $(i_1,i_2)\in\mathcal{E}(\sigma(t))$，存在一个 $t^*\geqslant 0$ 使得 $t\in[t^*,t^*+\tau_D]$ 和 $(i_1,i_2)\in\mathcal{E}(\sigma(\tau))$ 对所有 $\tau\in[t^*,t^*+\tau_D]$ 都成立，则称此切换图存在边驻留时间 $\tau_D>0$。

**引理 6.4** 假设切换图 $\mathcal{G}(\sigma(t))=(\mathcal{N},\mathcal{E}(\sigma(t)))$(其中 $\sigma:[0,\infty)\to\mathcal{P}$) 是一致准强连通的，并且具有常数 $T>0$ 和边驻留时间 $\tau_D>0$。如果 $c\in\mathcal{N}$ 是 $\mathcal{G}(\sigma([t,t+T]))$ 的中心，那么对使得 $c\in\mathcal{N}_1$ 的任意的 $\mathcal{N}_1$，存在 $i_1\in\mathcal{N}_1$，$i_2\in\mathcal{N}\backslash\mathcal{N}_1$，$t'\in[t-\tau_D,t+T]$ 使得 $(i_1,i_2)\in\mathcal{E}(\sigma(\tau))$ 对 $\tau\in[t',t'+\tau_D]$ 都成立。

引理 6.4 可以利用一致准强连通和边的驻留时间的定义直接证明。

下面的定理表示了我们在强输出一致性问题下的主要结果。

**定理 6.3** 考虑二阶积分器式 (6.180) 和式 (6.181)，其控制律为式 (6.240) 和式 (6.241)。假设满足条件 (6.242)∼ 条件 (6.244)。如果 $\mathcal{G}(\sigma(t))(\sigma:[0,\infty)\to\mathcal{P})$ 是一致准强连通的并且具有边驻留时间 $\tau_D>0$，那么强输出一致性问题可解。

定理 6.3 的证明是基于命题 6.2 的，详见 6.4.5 节。

以前在具有切换拓扑的连续时间系统的协同控制上发表的论文 (如文献 [142]、[146]、[147]) 通常假设切换图存在停留时间 $\tau'_D$，这意味着每一个特定的拓扑结构在一段比 $\tau'_D$ 大的时间内保持不变。由于在我们的分析中直接应用了边的驻留时间，在这里考虑边的驻留时间而不是通常的图的驻留时间。应该注意的是，考虑边驻留时间不会造成结果的保守性。事实上，对一个特定的切换图，边的驻留时间通常是大于图的驻留时间的。

在一个领导者–跟随者系统中，领导者的运动不依赖于跟随者的输出，而一些跟随者可以接收领导者的输出。对以 $i^*$ 为领导者的一系列系统，为达到强输出一致，由定理 6.3 可得，需要存在一个有限常数 $T>0$，使得对所有 $t\geqslant 0$，联合图 $\mathcal{G}(\sigma([t,t+T]))$ 是强连通的并且以 $i^*$ 为中心。

条件 (6.242)∼ 条件 (6.244) 允许我们选择有界和非光滑的 $\phi_i$。关于 $\phi_i$ 的一个例子如下：

$$\phi_i(r)=\begin{cases}-1, & 当\ r>1\\ -r, & 当\ -1\leqslant r\leqslant 1\\ 1, & 当\ r<-1\end{cases}\tag{6.245}$$

相应地，可以选择 $\varphi_i(r)=-kr$，常数 $k>4$。在控制位置 $\eta_i$ 达到一致性的过程中要求速度 $\zeta_i$ 有界可能是具有实际意义的。考虑 $\zeta_i$ 系统 (6.181)，其中 $\mu_i$ 由式 (6.240) 定义。当 $\phi_i$ 有界时，速度 $\zeta_i$ 可以被限制在一个依赖于初始状态 $\zeta_i(0)$ 和 $\phi_i$ 的边界的特定范围内。速度有界可以保证控制信号 $\mu_i$ 的有界性。

### 6.4.5　定理 6.3的证明

定义

$$\omega_i = \frac{\sum\limits_{j\in\mathcal{N}_i(\sigma(t))} a_{ij}\eta_j}{\sum\limits_{j\in\mathcal{N}_i(\sigma(t))} a_{ij}} \tag{6.246}$$

那么，$\xi_i = \eta_i - \omega_i$，并且 $(\eta_i, \zeta_i)$ 系统式 (6.180) 和式 (6.181) 都可以写成式 (6.186) 和式 (6.187) 的形式，其中 $\mu_i$ 由式 (6.240) 和式 (6.241) 定义。在满足条件 (6.242)~条件 (6.244) 的情况下，每个闭环 $(\eta_i, \zeta_i)$ 系统均具有命题 6.2 所给出的性质。

根据命题 6.2 的性质 (1)，如果 $\omega_i \in [\underline{\omega}_i, \overline{\omega}_i]$，那么可以找到 $\underline{\psi}_i, \overline{\psi}_i$ 使得

$$S_i(\underline{\omega}_i, \overline{\omega}_i) = \left\{(\eta_i, \zeta_i) : \underline{\psi}_i(\eta_i - \underline{\omega}_i) \leqslant \zeta_i \leqslant \overline{\psi}_i(\eta_i - \overline{\omega})\right\} \tag{6.247}$$

是 $(\eta_i, \zeta_i)$ 系统的一个不变集。

考虑所选的 $\underline{\psi}_i, \overline{\psi}_i$，假设存在 $\underline{\mu}_i(0), \overline{\mu}_i(0)$ 使得

$$(\eta_i(0), \zeta_i(0)) \in S_i(\underline{\mu}_i(0), \overline{\mu}_i(0)) \tag{6.248}$$

$$\underline{\mu}(0) \leqslant \eta_i(0) \leqslant \overline{\mu}_i(0) \tag{6.249}$$

对所有 $i \in \mathcal{N}$ 都成立。不然，存在一个有限时间 $t^*$，由命题 6.2 给出的性质 (2) 可知，性质 (6.248) 成立。

定义 $\eta = [\eta_1, \cdots, \eta_N]^{\mathrm{T}}$，$\zeta = [\zeta_1, \cdots, \zeta_N]^{\mathrm{T}}$。那么，$(\eta(0), \zeta(0)) \in S(\underline{\mu}(0), \overline{\mu}(0))$ 并且有

$$S(\underline{\mu}(0), \overline{\mu}(0)) = \{(\eta, \zeta) : (\eta_i, \zeta_i) \in S_i(\underline{\mu}(0), \overline{\mu}(0)),\ \text{当}\ i \in \mathcal{N}\} \tag{6.250}$$

其中，$\underline{\mu}(0) = \min\limits_{i\in\mathcal{N}} \underline{\mu}_i(0)$，$\overline{\mu}(0) = \max\limits_{i\in\mathcal{N}} \overline{\mu}_i(0)$，$\underline{\mu}_i(0)$ 和 $\overline{\mu}_i(0)$ 满足式 (6.248) 和式 (6.249)。

对 $i \in \mathcal{N}$，如果 $\underline{\mu}(0) \leqslant \eta_i \leqslant \overline{\mu}(0)$，由式 (6.246) 可推出 $\underline{\mu}(0) \leqslant \omega_i \leqslant \overline{\mu}(0)$。基于命题 6.2，可以证明 $S(\underline{\mu}(0), \overline{\mu}(0))$ 是以 $(\eta, \zeta)$ 为状态的关联系统的不变集。因此，$(\eta(t), \zeta(t)) \in S(\underline{\mu}(0), \overline{\mu}(0))$ 并且 $\underline{\mu}(0) \leqslant \omega_i(t) \leqslant \overline{\mu}(0)$ 对所有 $t \geqslant 0$ 都成立。

证明的基本思想是找到合适的 $\underline{\mu}_i(t), \overline{\mu}_i(t)$，使得

$$\underline{\psi}_i(\eta_i(t) - \overline{\mu}_i(t)) \leqslant \zeta_i(t) \leqslant \overline{\psi}_i(\eta_i(t) - \overline{\mu}_i(t)) \tag{6.251}$$

定义两个集合 $\mathcal{Q}_1$ 和 $\mathcal{Q}_2$，使其满足 $\mathcal{Q}_1 \cup \mathcal{Q}_2 = \mathcal{N}$ 并且有以下性质：如果 $i \in \mathcal{Q}_1$，那么在式 (6.248) 中定义的 $\underline{\mu}_i(0)$ 满足

$$\underline{\mu}_i(0) \geqslant (\underline{\mu}(0) + \overline{\mu}(0))/2 \tag{6.252}$$

如果 $i \in \mathcal{Q}_2$，那么在 (6.248) 中定义的 $\overline{\mu}_i(0)$ 满足

$$\overline{\mu}_i(0) \leqslant (\underline{\mu}(0) + \overline{\mu}(0))/2 \tag{6.253}$$

注意到集合 $\mathcal{Q}_1$ 或 $\mathcal{Q}_2$ 可能是空集。并且 $(\mathcal{Q}_1, \mathcal{Q}_2)$ 对的存在可能不是唯一的。

定义 $T^* = \Delta_T + N(T + 2\tau_D + \Delta_T)$，其中 $\Delta_T > 0$。对每个 $i \in \mathcal{Q}_1$，通过利用命题 6.2 给出的性质 (4) 可知，存在一个 $\underline{\mu}_i(t)$ 满足

$$\underline{\mu}_i(t) - \underline{\mu}(0) \geqslant \alpha_i(\underline{\mu}_i(0) - \underline{\mu}(0)) \tag{6.254}$$

使得在式 (6.251) 给出的第一个不等式对 $0 \leqslant t \leqslant T^*$ 成立，其中，$\alpha_i$ 连续、正定且小于 Id。

对 $i \in \mathcal{Q}_1$，同样利用式 (6.252) 可得

$$\begin{aligned}
&\underline{\mu}_i(t) - \underline{\mu}(0)\\
\geqslant &\min\{\alpha_i(r - \underline{\mu}(0)) : (\underline{\mu}(0) + \overline{\mu}(0))/2 < r \leqslant \overline{\mu}(0)\}\\
= &\min\{\alpha_i(r') : (\overline{\mu}(0) - \underline{\mu}(0))/2 < r' \leqslant \overline{\mu}(0) - \underline{\mu}(0)\}\\
= &\breve{\alpha}_i^l(\overline{\mu}(0) - \underline{\mu}(0))
\end{aligned} \tag{6.255}$$

式中，$0 \leqslant t \leqslant T^*$；$\breve{\alpha}_i^l(s) := \min\{\alpha_i(s') : s/2 \leqslant s' \leqslant s\} s \in \mathbb{R}_+$。显然，$\breve{\alpha}_i^l$ 连续、正定且小于 Id。对每个 $i \in \mathcal{Q}_1$，利用命题 6.2 给出的性质 (3)，对给定的 $\Delta_T > 0$，可以找到一个连续且正定的函数 $\hat{\alpha}_i^{l0} < \mathrm{Id}$，使得

$$\begin{aligned}
\eta_i(t) - \underline{\mu}(0) &\geqslant \hat{\alpha}_i^{l0}(\min_{0 \leqslant t \leqslant T^*} \underline{\mu}_i(t) - \eta_i(0))\\
&\geqslant \hat{\alpha}_i^{l0}(\min_{0 \leqslant t \leqslant T^*} \underline{\mu}_i(t) - \underline{\mu}(0))\\
&\geqslant \hat{\alpha}_i^{l0} \circ \breve{\alpha}_i^l(\overline{\mu}(0) - \underline{\mu}(0))\\
&:= \hat{\alpha}_i^l(\overline{\mu}(0) - \underline{\mu}(0))
\end{aligned} \tag{6.256}$$

对 $t \in [\Delta_T, T^*]$ 都成立。显然，$\hat{\alpha}_i^l$ 连续、正定且小于 Id。

类似地，对每个 $i \in \mathcal{Q}_2$，可以找到 $\underline{\mu}_i(t)$ 满足

$$\overline{\mu}(0) - \overline{\mu}_i(t) \geqslant \breve{\alpha}_i^u(\overline{\mu}(0) - \underline{\mu}(0)) \tag{6.257}$$

使得式 (6.251) 的第二个不等式对 $0 \leqslant t \leqslant T^*$ 成立，其中 $\breve{\alpha}_i^u$ 连续、正定且小于 Id。当然也可以找到一个连续、正定的 $\hat{\alpha}_i^u < \mathrm{Id}$，使得

$$\overline{\mu}(0) - \eta_i(t) \geqslant \hat{\alpha}_i^u(\overline{\mu}(0) - \underline{\mu}(0)) \tag{6.258}$$

对 $t \in [\Delta_T, T^*]$ 都成立。

**初始步**：因为 $\mathcal{G}(\sigma(t))$ 是一致准强连通的，所以 $\mathcal{G}(\sigma([\Delta_T+\tau_D, \Delta_T+T+\tau_D]))$ 有一个中心，表示为 $l_1$。假设 $l_1 \in \mathcal{Q}_2$(如果 $l_1 \in \mathcal{Q}_1$，那么可以以同样的方式证明该定理)，那么，根据引理 6.4，存在 $l_1' \in \mathcal{Q}_2$，$f_1 \in \mathcal{Q}_1$ 和 $t' \in [\Delta_T, \Delta_T+T+\tau_D]$，使得 $(l_1', f_1) \in \mathcal{E}(\sigma(t))$ 对所有 $t \in [t', t'+\tau_D] \subseteq [\Delta_T, \Delta_T+T+2\tau_D]$ 都成立。

通过利用 $\overline{\mu}(0) - \eta_{l_1'}(t) \geqslant \hat{\alpha}^u_{l_1'}(\overline{\mu}(0) - \underline{\mu}(0))$，可得

$$\begin{aligned}\omega_{f_1}(t) &= \frac{\displaystyle\sum_{j\in\mathcal{N}_i(\sigma(t))} a_{ij}\eta_j(t)}{\displaystyle\sum_{j\in\mathcal{N}_i(\sigma(t))} a_{ij}} \\ &\leqslant \overline{\mu}(0) - \frac{a_{f_1 l_1'}\hat{\alpha}^u_{l_1'}(\overline{\mu}(0) - \underline{\mu}(0))}{\displaystyle\sum_{j\in\mathcal{N}_i(\sigma(t))} a_{ij}}\end{aligned} \tag{6.259}$$

同时，由于对 $t \in [t', t'+\tau_D]$ 有 $\omega_{f_1}(t) \geqslant \underline{\mu}(0)$ 成立，命题 6.2 给出的性质 (4) 保证可以找到 $\underline{\mu}_{f_1}(t)$ 和 $\overline{\mu}_{f_1}(t)$ 满足 $\underline{\mu}_{f_1}(t) \geqslant \underline{\mu}(0)$ 并且

$$\begin{aligned}\overline{\mu}_{f_1}(t) &\leqslant \overline{\mu}(0) - \breve{\alpha}^{u0}_{f_1}(\overline{\mu}(0) - \max_{t\in[t', t'+\tau_D]} \omega_{f_1}(t)) \\ &\leqslant \overline{\mu}(0) - \breve{\alpha}^{u0}_{f_1}\left(\frac{a_{f_1 l_1'}\hat{\alpha}^u_{l_1'}(\overline{\mu}(0) - \underline{\mu}(0))}{\displaystyle\sum_{j\in\mathcal{N}_i(\sigma(t))} a_{ij}}\right)\end{aligned} \tag{6.260}$$

使得式 (6.251) 在 $i = f_1$，$t = t'+\tau_D$ 时成立，其中 $\breve{\alpha}^{u0}_{f_1}$ 是连续、正定、非减且小于 Id 的函数。

对 $t \in [t'+\tau_D, T^*]$，$\underline{\mu}(0) \leqslant \omega_{f_1}(t) \leqslant \overline{\mu}(0)$。通过再次利用命题 6.2 给出的性质 (4)，可以找到 $\underline{\mu}_{f_1}(t) \geqslant \underline{\mu}(0)$ 和

$$\overline{\mu}_{f_1}(t) \leqslant \overline{\mu}(0) - \breve{\alpha}^u_{f_1}(\overline{\mu}(0) - \underline{\mu}(0)) \tag{6.261}$$

使得式 (6.251) 在 $t \in [\Delta_T+T+2\tau_D, T^*] \subseteq [t'+\tau_D, T^*]$ 时对 $i = f_1$ 成立，此时 $\breve{\alpha}^u_{f_1}$ 是连续、正定并且小于 Id 的。

通过利用命题 6.2 给出的性质 (3)，对具体的 $\Delta_T > 0$，存在一个连续正定的 $\hat{\alpha}^{u0}_{f_1} < \mathrm{Id}$，使得

$$\begin{aligned}\overline{\mu}(0) - \eta_{f_1}(t) &\geqslant \hat{\alpha}^{u0}_{f_1}(\overline{\mu}(0) - \max_{0\leqslant t\leqslant T^*} \overline{\mu}_{f_1}(t)) \\ &\geqslant \hat{\alpha}^{u0}_{f_1} \circ \breve{\alpha}^u_{f_1}(\overline{\mu}(0) - \underline{\mu}(0)) \\ &:= \hat{\alpha}^u_{f_1}(\overline{\mu}(0) - \underline{\mu}(0))\end{aligned} \tag{6.262}$$

即

$$\eta_{f_1}(t) \leqslant \overline{\mu}(0) - \hat{\alpha}^u_{f_1}(\overline{\mu}(0) - \underline{\mu}(0)) \tag{6.263}$$

对 $t \in [\Delta_T + (T + 2\tau_D + \Delta_T), T^*]$ 成立。根据定义，$\hat{\alpha}^u_{f_1}$ 是连续、正定并且小于 Id 的。由于 $f_1 \in \mathcal{Q}_1$，根据式 (6.256)，存在一个连续正定的 $\hat{\alpha}^l_{f_1} < \text{Id}$，使得

$$\eta_{f_1}(t) \geqslant \underline{\mu}(0) + \hat{\alpha}^l_{f_1}(\overline{\mu}(0) - \underline{\mu}(0)) \tag{6.264}$$

对 $t \in [\Delta_T + (T + 2\tau_D + \Delta_T), T^*]$ 成立。

**递归步**：定义 $\mathcal{F}_k = \{f_1, \cdots, f_k\} \subset \mathcal{N}$。假设对每个 $i \in \mathcal{F}_k$，存在连续、正定的函数 $\hat{\alpha}^l_i, \hat{\alpha}^u_i < \text{Id}$，使得

$$\eta_i(t) \geqslant \underline{\mu}(0) + \hat{\alpha}^l_i(\overline{\mu}(0) - \underline{\mu}(0)) \tag{6.265}$$

$$\eta_i(t) \leqslant \overline{\mu}(0) - \hat{\alpha}^u_i(\overline{\mu}(0) - \underline{\mu}(0)) \tag{6.266}$$

对 $t \in [\Delta_T + k(T + 2\tau_D + \Delta_T), T^*]$ 都成立。

注意到，根据式 (6.256) 和式 (6.258)，对每个 $i \in \mathcal{Q}_1 \cup \mathcal{F}_k \backslash \mathcal{F}_k$，存在一个连续、正定的 $\hat{\alpha}^l_i < \text{Id}$，使得式 (6.265) 对所有 $t \in [\Delta_T + k(T + 2\tau_D + \Delta_T), T^*]$ 成立，并且对每个 $i \in \mathcal{Q}_2 \cup \mathcal{F}_k \backslash \mathcal{F}_k$，存在一个连续、正定的 $\hat{\alpha}^u_i < \text{Id}$，使得式 (6.266) 对 $t \in [\Delta_T + k(T + 2\tau_D + \Delta_T), T^*]$ 都成立。

因为 $\mathcal{G}(\sigma(t))$ 是一致准强连通的，所以互联图 $\mathcal{G}(\sigma([\Delta_T + k(T + 2\tau_D + \Delta_T) + \tau_D, \Delta_T + k(T + 2\tau_D + \Delta_T) + T + \tau_D))$ 有一个中心，表示为 $l_{k+1}$。现在有两种可能的情形：$l_{k+1} \in \mathcal{Q}_1$ 和 $l_{k+1} \in \mathcal{Q}_2$。现仅仅考虑第一种情形，第二种情形可以用类似的方法进行研究。

如果 $l_{k+1} \in \mathcal{Q}_1$，那么 $l_{k+1} \in \mathcal{Q}_1 \cup \mathcal{F}_k$。另外由引理 6.4 可得，存在 $l'_{k+1} \in \mathcal{Q}_1 \cup \mathcal{F}_k$，$f_{k+1} \in \mathcal{Q}_2 \cup \mathcal{F}_k \backslash \mathcal{F}_k$ 以及 $t' \in [\Delta_T + k(T + 2\tau_D + \Delta_T), \Delta_T + k(T + 2\tau_D + \Delta_T) + T + \tau_D]$ 使得 $(l'_{k+1}, f_{k+1}) \in \mathcal{E}(\sigma(t))$ 对 $t \in [t', t' + \tau_D] \subseteq [\Delta_T + k(T + 2\tau_D + \Delta_T), \Delta_T + k(T + 2\tau_D + \Delta_T) + T + 2\tau_D]$ 都成立。

通过利用式 (6.265)，其中 $i = l'_{k+1}$，可得

$$\begin{aligned} \omega_{f_{k+1}}(t) &= \frac{\displaystyle\sum_{j \in \mathcal{N}_{f_{k+1}}(\sigma(t))} a_{f_{k+1}j}\eta_j(t)}{\displaystyle\sum_{j \in \mathcal{N}_{f_{k+1}}(\sigma(t))} a_{f_{k+1}j}} \\ &\geqslant \underline{\mu}(0) + \frac{a_{f_{k+1}l'_{k+1}} \hat{\alpha}^l_{l'_{k+1}}(\overline{\mu}(0) - \underline{\mu}(0))}{\displaystyle\sum_{j \in \mathcal{N}_{f_{k+1}}(\sigma(t))} a_{f_{k+1}j}} \end{aligned} \tag{6.267}$$

对 $t \in [t', t' + \tau_D]$ 都成立。同时，有 $\omega_{f_{k+1}}(t) \leqslant \overline{\mu}(0)$ 对 $t \in [t', t' + \tau_D]$ 成立。命题 6.2 给出的性质 (4) 保证了可以找到 $\overline{\mu}_{f_{k+1}}(t)$ 和 $\overline{\mu}_{f_{k+1}}(t)$，使得 $\overline{\mu}_{f_{k+1}}(t) \leqslant \overline{\mu}(0)$ 且有

$$\begin{aligned}\underline{\mu}_{f_{k+1}}(t) &\geqslant \underline{\mu}(0) + \breve{\alpha}^{l0}_{f_{k+1}}\left(\min_{t\in[t',t'+\tau_D]} \omega_{f_{k+1}}(t) - \underline{\mu}(0)\right) \\ &\geqslant \underline{\mu}(0) + \breve{\alpha}^{l0}_{f_{k+1}}\left(\frac{a_{f_{k+1}l'_{k+1}}\hat{\alpha}^{l}_{l'_{k+1}}(\overline{\mu}(0) - \underline{\mu}(0))}{\displaystyle\sum_{j\in\mathcal{N}_{f_{k+1}}(\sigma(t))} a_{f_{k+1}j}}\right)\end{aligned} \tag{6.268}$$

进而使得对 $i = f_{k+1}$，式 (6.251) 在 $t = t' + \tau_D$ 时成立，其中 $\breve{\alpha}^{l0}_{f_{k+1}}$ 是连续、正定、非减且小于 Id 的。

对 $t \in [t' + \tau_D, T^*]$，有 $\underline{\mu}(0) \leqslant \omega_{f_{k+1}}(t) \leqslant \overline{\mu}(0)$ 成立。通过再次利用命题 6.2 给出的性质 (4)，可以找到 $\overline{\mu}_{f_{k+1}}(t) \leqslant \overline{\mu}(0)$ 和

$$\underline{\mu}_{f_{k+1}}(t) \geqslant \underline{\mu}(0) + \breve{\alpha}^{l}_{f_{k+1}}(\overline{\mu}(0) - \underline{\mu}(0)) \tag{6.269}$$

使得对 $i = f_{k+1}$，式 (6.251) 在 $t \in [\Delta_T + k(T + 2\tau_D + \Delta_T) + T + 2\tau_D, T^*]$ 成立，其中 $\breve{\alpha}^{l}_{f_{k+1}}$ 是连续、正定小于 Id 的函数。

由命题 6.2 给出的性质 (3) 可得，对给定的 $\Delta_T > 0$，存在一个连续、正定的 $\hat{\alpha}^{l0}_{f_{k+1}} < \mathrm{Id}$，使得

$$\begin{aligned}\eta_{f_{k+1}}(t) - \underline{\mu}(0) &\geqslant \hat{\alpha}^{l0}_{f_{k+1}}(\min_{t\in\mathcal{T}} \underline{\mu}_{f_{k+1}}(t) - \underline{\mu}(0)) \\ &\geqslant \hat{\alpha}^{l0}_{f_{k+1}} \circ \breve{\alpha}^{l}_{f_{k+1}}(\overline{\mu}(0) - \underline{\mu}(0)) \\ &:= \hat{\alpha}^{l}_{f_{k+1}}(\overline{\mu}(0) - \underline{\mu}(0))\end{aligned} \tag{6.270}$$

也即

$$\eta_{f_{k+1}}(t) \geqslant \underline{\mu}(0) + \hat{\alpha}^{l}_{f_{k+1}}(\overline{\mu}(0) - \underline{\mu}(0)) \tag{6.271}$$

对 $t \in [\Delta_T + (k+1)(T + 2\tau_D + \Delta_T), T^*]$ 成立，其中 $\mathcal{T} = [\Delta_T + k(T + 2\tau_D + \Delta_T) + T + 2\tau_D, T^*]$。由于 $f_{k+1} \in \mathcal{Q}_2$，根据式 (6.258)，也存在一个连续、正定的 $\hat{\alpha}^{u}_{f_{k+1}} < \mathrm{Id}$，使得

$$\eta_{f_{k+1}}(t) \leqslant \overline{\mu}(0) - \hat{\alpha}^{u}_{f_{k+1}}(\overline{\mu}(0) - \underline{\mu}(0)) \tag{6.272}$$

对 $t \in [\Delta_T + (k+1)(T + 2\tau_D + \Delta_T), T^*]$ 都成立。

定义 $\mathcal{F}_{k+1}=\{f_1,\cdots,f_{k+1}\}$。对每个 $i\in\mathcal{F}_{k+1}$，存在连续、正定的函数 $\hat{\alpha}_i^l,\hat{\alpha}_i^u<\mathrm{Id}$，使得式 (6.265) 和式 (6.266) 对所有 $t\in[\varDelta_T+(k+1)(T+2\tau_D+\varDelta_T),T^*]$ 都成立。

**最后一步**：重复 $k+1$ 的步骤，直到 $k+1=k^*$，使得

$$\mathcal{Q}_1\subseteq\mathcal{F}_{k^*} \tag{6.273}$$

或者

$$\mathcal{Q}_2\subseteq\mathcal{F}_{k^*} \tag{6.274}$$

注意到，对 $i=1,\cdots,k^*-1$，有 $f_{i+1}\in\mathcal{Q}_1\cup\mathcal{F}_i\backslash\mathcal{F}_i$ 或者 $f_{i+1}\in\mathcal{Q}_2\cup\mathcal{F}_i\backslash\mathcal{F}_i$。可以得到 $f_{i+1}\notin\mathcal{F}_i$ 并且有 $k^*\leqslant N$。否则，$\mathcal{F}_{k^*}$ 所含元素的个数 $\mathcal{N}$ 更大。

$\mathcal{Q}_1=\varnothing$ 或者 $\mathcal{Q}_2=\varnothing$ 是一种特殊情况。

**收敛**：如前所述，$\mathcal{Q}_1\cup\mathcal{Q}_2=\mathcal{N}$。条件 (6.273) 可推出 $\mathcal{F}_{k^*}\cup\mathcal{Q}_2=\mathcal{N}$。条件 (6.274) 推出 $\mathcal{F}_{k^*}\cup\mathcal{Q}_1=\mathcal{N}$。

如果式 (6.273) 成立，那么对 $i\in\mathcal{F}_{k^*}\cup\mathcal{Q}_2=\mathcal{N}$，定义

$$\overline{\mu}_i(T^*)=\overline{\mu}(0)-\breve{\alpha}_i^u(\overline{\mu}(0)-\underline{\mu}(0)) \tag{6.275}$$

同时定义

$$\overline{\mu}(T^*)=\max_{i\in\mathcal{N}}\overline{\mu}_i(T^*) \tag{6.276}$$

那么，存在一个连续正定的 $\breve{\alpha}^u<\mathrm{Id}$，使得 $\overline{\mu}(T^*)\leqslant\overline{\mu}(0)-\breve{\alpha}^u(\overline{\mu}(0)-\underline{\mu}(0))$ 成立。通过定义 $\underline{\mu}(T^*)=\underline{\mu}(0)$ 和 $\tilde{\mu}=\overline{\mu}-\underline{\mu}$，可以得到

$$\begin{aligned}\tilde{\mu}(T^*)&=\overline{\mu}(T^*)-\underline{\mu}(T^*)\\&\leqslant\overline{\mu}(0)-\breve{\alpha}^u(\overline{\mu}(0)-\underline{\mu}(0))-\underline{\mu}(0)\\&=\tilde{\mu}(0)-\breve{\alpha}^u(\tilde{\mu}(0))\end{aligned} \tag{6.277}$$

如果式 (6.274) 成立，那么对 $i\in\mathcal{F}_{k^*}\cup\mathcal{Q}_1=\mathcal{N}$，定义

$$\underline{\mu}_i(T^*)=\underline{\mu}(0)+\breve{\alpha}_i^l(\overline{\mu}(0)-\underline{\mu}(0)) \tag{6.278}$$

同时定义

$$\underline{\mu}(T^*)=\min_{i\in\mathcal{N}}\underline{\mu}_i(T^*) \tag{6.279}$$

通过定义 $\overline{\mu}(T^*) = \overline{\mu}(0)$ 和 $\tilde{\mu} = \overline{\mu} - \underline{\mu}$，可得

$$\tilde{\mu}(T^*) \leqslant \tilde{\mu}(0) - \breve{\alpha}^l(\tilde{\mu}(0)) \tag{6.280}$$

式中，$\breve{\alpha}^l$ 是连续、正定并且小于 Id 的函数。

定义 $\breve{\alpha}(s) = \min\left\{\breve{\alpha}^l(s), \breve{\alpha}^u(s)\right\}$，$s \in \mathbb{R}_+$。那么，$\breve{\alpha}$ 是连续、正定，并且小于 Id 的函数。通过对系统进行迭代分析可得

$$\tilde{\mu}((k+1)T^*) \leqslant \tilde{\mu}(kT^*) - \breve{\alpha}(\tilde{\mu}(kT^*)) \tag{6.281}$$

对 $k \in \mathbb{Z}_+$ 都成立。通过利用文献 [98] 给出的离散时间非线性系统渐近稳定的结论，可以得到当 $k \to \infty$ 时有 $\tilde{\mu}(kT^*) \to 0$。

定义 $\overline{\mu}(t) = \overline{\mu}(kT^*)$ 和 $\underline{\mu}(t) = \underline{\mu}(kT^*)$，如果 $t \in [kT^*, (k+1)T^*)$，那么基于以上分析，在实现控制的过程中，总有下式成立：

$$(\eta_i(t), \zeta_i(t)) \in S_i(\underline{\mu}(t), \overline{\mu}(t)) \tag{6.282}$$

$$\underline{\mu}(t) \leqslant \eta_i(t) \leqslant \overline{\mu}(t) \tag{6.283}$$

由 $\tilde{\mu} = \overline{\mu} - \underline{\mu}$ 渐近收敛到原点，可得性质 (6.184) 和性质 (6.185) 成立。到此，定理 6.3 证明完毕。

### 6.4.6　移动机器人的分布式编队控制

本节研究存在信息交换拓扑切换情况下的多机器人编队控制问题。对 $i = 0, \cdots, N$，每个移动机器人 $i$ 的模型都由式 (6.84)~ 式 (6.86) 描述。

下标为 0 的是领导者机器人，下标为 $1, \cdots, N$ 都是跟随机器人。线速度 $v_i$ 和角速度 $\omega_i$ 是机器人 $i (i = 1, \cdots, N)$ 的控制输入。假设一部分跟随机器人能够直接使用领导者机器人的位置机型控制，本节的控制目标仍然是要实现式 (6.87)~ 式 (6.89)。也就是说，$(x_i(t), y_i(t))$ 渐近收敛到 $(x_0(t) + d_{xi}, y_0(t) + d_{yi})$(其中 $d_{xi}, d_{yi}$ 是常数)，同时 $\theta_i(t)$ 渐近收敛到 $\theta_0(t) + 2k\pi$(其中 $k \in \mathbb{Z}$)。

本节假设领导者机器人的线速度仍然满足假设 6.3。

本节设计的分布式编队控制器包括两个阶段：①初始化阶段；②编队控制阶段。在初始化阶段，可以将每个跟随机器人的方位角在有限时间控制到期望的范围内。之后进入编队控制阶段并实现编队控制目标。

1. 初始化阶段

初始化阶段的目标是将角度 $\theta_i(t) (i = 1, \cdots, N)$ 控制到 $\theta_0(t)$ 的一个给定的小的邻域内。

对每个由式 (6.84)~ 式 (6.86) 描述的移动机器人 $i$，设计如下初始化控制律：

$$\omega_i = \phi_{\theta i}(\theta_i - \theta_0) + \omega_0 \tag{6.284}$$

$$v_i = v_0 \tag{6.285}$$

式中，$\phi_{\theta i}: \mathbb{R} \to \mathbb{R}$ 对任意 $r \neq 0$ 都满足 $\phi_{\theta i}(r)r < 0$，并且 $\phi_{\theta i}(0) = 0$。

定义 $\tilde{\theta}_i = \theta_i - \theta_0$。对 $\tilde{\theta}_i$ 求导，并利用式 (6.284) 和式 (6.86) 可得

$$\dot{\tilde{\theta}}_i = \phi_{\theta i}(\tilde{\theta}_i) \tag{6.286}$$

显然，上述设计的 $\phi_{\theta i}$ 能够保证系统 (6.286) 在原点处渐近稳定，并且存在 $\beta_{\tilde{\theta}} \in \mathcal{KL}$，使得 $|\tilde{\theta}(t)| \leqslant \beta_{\tilde{\theta}}(|\tilde{\theta}(0)|, t)$ 对 $t \geqslant 0$ 都成立。

对给定的 $0 < \lambda_* < \underline{v}_0 < \overline{v}_0 < \lambda^*$，定义

$$\lambda = \min\left\{\frac{\sqrt{2}}{2}(\underline{v}_0 - \lambda_*), \frac{\sqrt{2}}{2}(\lambda^* - \overline{v}_0)\right\} \tag{6.287}$$

由连续函数的性质可知，存在一个 $\overline{\delta}_{\theta 0} > 0$，使得

$$|v_0 \cos(\theta_0 + \delta_{\theta 0}) - v_0 \cos\theta_0| \leqslant \lambda \tag{6.288}$$

$$|v_0 \sin(\theta_0 + \delta_{\theta 0}) - v_0 \sin\theta_0| \leqslant \lambda \tag{6.289}$$

对所有 $v_0 \in [\underline{v}_0, \overline{v}_0]$，$\theta_0 \in \mathbb{R}$ 和 $|\delta_{\theta 0}| \leqslant \overline{\delta}_{\theta 0}$ 都成立。又注意到，对任何 $\beta \in \mathcal{KL}$，存在 $\alpha_1, \alpha_2 \in \mathcal{K}_\infty$ 使得 $\beta(s,t) \leqslant \alpha_1(s)\alpha_2(e^{-t})$ 对所有 $s, t \in \mathbb{R}_+$ 成立 (参见文献 [17] 中引理 8)。由控制律式 (6.284) 和式 (6.285) 可知，对机器人 $i(i = 1, \cdots, N)$，存在一个有限时间 $T_{Oi}$，使得 $|\theta_i(T_{Oi}) - \theta_0(T_{Oi})| \leqslant \overline{\delta}_{\theta 0}$，且有

$$|v_i(T_{Oi}) \cos\theta_i(T_{Oi}) - v_0(T_{Oi}) \cos\theta_0(T_{Oi})| \leqslant \lambda \tag{6.290}$$

$$|v_i(T_{Oi}) \sin\theta_i(T_{Oi}) - v_0(T_{Oi}) \sin\theta_0(T_{Oi})| \leqslant \lambda \tag{6.291}$$

在 $T_{Oi}$ 时刻，第 $i$ 个跟随机器人的分布式控制律进入编队控制阶段。

2. 编队控制阶段

考虑到 6.3.1 节中的动态反馈线性化方法，在满足 $v_i \neq 0$ 的情况下，通过对式 (6.90) 引入一个输入 $r_i$，移动机器人模型式 (6.84)~ 式 (6.86) 可以转化成形式为式 (6.95) 和式 (6.96) 的两个二阶积分模型。如果可以设计控制律使得对每个机器人都满足 $v_i \neq 0$，那么就能够实现编队控制的目标。

通过这种方式，编队控制问题被转化为以 $\tilde{u}_{xi}$ 和 $\tilde{u}_{yi}$ 为控制输入的系统式 (6.95) 和式 (6.96) 的控制设计问题。

基于 $v_{xi}$ 和 $v_{yi}$ 的定义，式 (6.93) 和式 (6.94) 中条件 $v_i \neq 0$ 的有效性可以等价表示成 $\sqrt{v_{xi}^2+v_{yi}^2}>0$。为了实现由式 (6.92) 所描述的变换，需要对机器人 $i$ 设计控制律，使得

$$\max\{|\tilde{v}_{xi}|,|\tilde{v}_{yi}|\} \leqslant \frac{\sqrt{2}}{2}(\underline{v}_0-\lambda_*) \tag{6.292}$$

对给定的 $0<\lambda_*<\underline{v}_0$ 都成立。这样就能够保证 $|v_i|=\sqrt{v_{xi}^2+v_{yi}^2}=\sqrt{(v_{x0}+\tilde{v}_{xi})^2+(v_{y0}+\tilde{v}_{yi})^2}\geqslant\lambda_*>0$ 且 $v_i\neq 0$。

类似地，对任意给定的 $\lambda^*>\overline{v}_0$，为了保证 $|v_i|\leqslant\lambda^*$，设计控制律使得

$$\max\{|\tilde{v}_{xi}|,|\tilde{v}_{yi}|\} \leqslant \frac{\sqrt{2}}{2}(\lambda^*-\overline{v}_0) \tag{6.293}$$

这样，编队控制问题就转化为以 $\tilde{u}_{xi}$ 和 $\tilde{u}_{yi}$ 作为控制输入的系统式 (6.95) 和式 (6.96) 的控制设计问题。通过控制设计，期望在控制过程中能够在保证式 (6.292) 和式 (6.293) 的同时实现编队控制目标。

注意到式 (6.287) 中 $\lambda$ 的定义。如果

$$\max\{|\tilde{v}_{xi}|,|\tilde{v}_{yi}|\} \leqslant \lambda \tag{6.294}$$

那么式 (6.292) 和式 (6.293) 均成立。在初始化阶段之后，由式 (6.290) 和式 (6.291) 在时刻 $T_{Oi}$ 都成立可以推出式 (6.294) 在时刻 $T_{Oi}$ 也成立。

基于相对位置信息，设计如下形式的分布式控制律：

$$\tilde{u}_{xi}=-\varphi_{xi}(\tilde{v}_{xi}-\phi_{xi}(z_{xi})) \tag{6.295}$$

$$\tilde{u}_{yi}=-\varphi_{yi}(\tilde{v}_{yi}-\phi_{yi}(z_{yi})) \tag{6.296}$$

式中，$\varphi_{xi},\varphi_{yi},\phi_{xi},\phi_{yi}$ 是严格递减、局部利普希茨的函数，同时满足 $\varphi_{xi}(0)=\varphi_{yi}(0)=\phi_{xi}(0)=\phi_{yi}(0)=0$，当 $r\neq 0$ 时有 $\varphi_{xi}(r)r<0$，$\varphi_{yi}(r)r<0$，$\phi_{xi}(r)r<0$ 和 $\phi_{yi}(r)r<0$，并且

$$\sup_{r\in\mathbb{R}}\{\max\partial\varphi_{xi}(r):r\in\mathbb{R}\}<4\inf_{r\in\mathbb{R}}\{\min\partial\phi_{xi}(r)\} \tag{6.297}$$

$$\sup_{r\in\mathbb{R}}\{\max\partial\varphi_{yi}(r):r\in\mathbb{R}\}<4\inf_{r\in\mathbb{R}}\{\min\partial\phi_{yi}(r)\} \tag{6.298}$$

对所有 $i=1,\cdots,N$ 成立。设计函数 $\phi_{xi},\phi_{yi}$ 使其满足：

$$-\lambda\leqslant\phi_{xi}(r),\phi_{yi}(r)\leqslant\lambda \tag{6.299}$$

对所有 $r\in\mathbb{R}$ 均成立。

定义变量 $z_{xi}$ 和 $z_{yi}$ 如下：

$$z_{xi}=\frac{\sum\limits_{j\in\mathcal{N}_i(\sigma(t))}a_{ij}(x_i-x_j-d_{xij})}{\sum\limits_{j\in\mathcal{N}_i(\sigma(t))}a_{ij}} \tag{6.300}$$

$$z_{yi}=\frac{\sum\limits_{j\in\mathcal{N}_i(\sigma(t))}b_{ij}(y_i-y_j-d_{yij})}{\sum\limits_{j\in\mathcal{N}_i(\sigma(t))}b_{ij}} \tag{6.301}$$

式中，$\sigma:[0,\infty)\to\mathcal{P}$ 为描述位置感测拓扑的分段常数信号，$\mathcal{P}$ 为所有可能的位置感测拓扑的集合，$\mathcal{N}_i(p)\subseteq\{0,\cdots,N\}$ 对每个 $i=1,\cdots,N$ 和每个 $p\in\mathcal{P}$ 成立；当 $i\neq j$ 时常数 $a_{ij}>0$，当 $i=j$ 时 $a_{ij}\geqslant 0$。注意到式 (6.300) 和式 (6.301) 给出的 $d_{xij},d_{yij}$ 表示第 $i$ 个机器人和第 $j$ 个机器人之间的期望相对位置，默认有 $d_{xii}=d_{yii}=0$。

考虑在式 (6.93) 和式 (6.94) 中定义的 $(\tilde{v}_{xi},\tilde{v}_{yi})$ 系统。由于式 (6.290) 和式 (6.291) 已然成立，利用 $\phi_{xi}$ 以及 $\phi_{yi}$ 在式 (6.299) 中给出的有界性以及控制律式 (6.295) 和式 (6.296) 能够保证

$$\max\{|\tilde{v}_{xi}(t)|,|\tilde{v}_{yi}(t)|\}\leqslant\lambda \tag{6.302}$$

对所有 $t\geqslant T_{Oi}$ 成立。通过考虑 $\{(\tilde{v}_{xi},\tilde{v}_{yi}):\max\{|\tilde{v}_{xi}|,|\tilde{v}_{yi}|\}\leqslant\lambda\}$ 作为系统 $(\tilde{v}_{xi},\tilde{v}_{yi})$ 的一个不变集，可以证明式 (6.302) 成立。由式 (6.302) 可知，对所有 $t\geqslant T_O$ 都有 $\max\limits_{i=1,\cdots,N}\{|\tilde{v}_{xi}(t)|,|\tilde{v}_{yi}(t)|\}\leqslant\lambda$，其中 $T_O:=\max\limits_{i=1,\cdots,N}\{T_{Oi}\}$。进而保证了转化的模型 (6.93) 和模型 (6.94) 的有效性。

我们利用切换图 $\mathcal{G}(\sigma(t))=(\mathcal{N},\mathcal{E}(\sigma(t)))$ 来表示切换位置感测拓扑结构，其中 $\mathcal{N}=\{0,\cdots,N\}$ 和 $\mathcal{E}(\sigma(t))$ 都是基于式 (6.300) 和式 (6.301) 给出的 $\mathcal{N}_i(\sigma(t))$ 定义的，其中 $i=1,\cdots,N$，$\mathcal{N}_0(\sigma(t))\equiv\{0\}$。定理 6.4 给出了本节移动机器人编队控制的主要结果。

**定理 6.4** 定义 $\sigma:[0,\infty)\to\mathcal{P}$，在假设 6.3 成立的前提下，如果 $\mathcal{G}(\sigma(t))=(\mathcal{N},\mathcal{E}(\sigma(t)))$ 是一致准强连通的并且有一个边驻留时间 $\tau_D>0$，那么对所有 $i,j=0,\cdots,N$ 都有式 (6.87)~ 式 (6.89) 成立。进一步，对任意的 $\lambda^*>\overline{v}_0$，如果 $v_i(0)\leqslant\lambda^*(i=1,\cdots,N)$ 成立，那么 $v_i(t)\leqslant\lambda^*$ 对所有 $t\geqslant 0$ 都成立。

**证明** 因为移动机器人的状态在有限的时间间隔 $[0,T_O]$ 内是有界的，所以我们只需要研究机器人在无穷区间 $[T_O,\infty)$ 上的运动。注意到系统式 (6.95) 和式 (6.96) 的解在区间 $[T_O,\infty)$ 上是有定义的。

由于 $\tilde{v}_{x0} = \tilde{v}_{y0} = \tilde{u}_{x0} = \tilde{u}_{y0} = 0$，可以利用式 (6.300) 和式 (6.301) 以及式 (6.295) 和式 (6.296) 来表示 $\tilde{u}_{x0}$ 和 $\tilde{u}_{y0}$。

对 $i = 0, \cdots, N$，将 $z_{xi}$ 和 $z_{yi}$ 重新表示如下：

$$z_{xi} = \frac{\sum\limits_{j \in \mathcal{N}_i(\sigma(t))} a_{ij}(\tilde{x}_i - \tilde{x}_j)}{\sum\limits_{j \in \mathcal{N}_i(\sigma(t))} a_{ij}} \tag{6.303}$$

$$z_{yi} = \frac{\sum\limits_{j \in \mathcal{N}_i(\sigma(t))} b_{ij}(\tilde{y}_i - \tilde{y}_j)}{\sum\limits_{j \in \mathcal{N}_i(\sigma(t))} b_{ij}} \tag{6.304}$$

对 $i = 0, \cdots, N$，所有 $\tilde{u}_{xi}$ 和 $\tilde{u}_{yi}$ 都具有式 (6.240) 中定义的 $\mu_i$ 的形式，所有 $z_{xi}$ 和 $z_{yi}$ 都具有式 (6.241) 中定义的 $\xi_i$ 的形式。

定理 6.3 能够保证

$$\lim_{t \to \infty} (\tilde{x}_i(t) - \tilde{x}_j(t)) = 0 \tag{6.305}$$

$$\lim_{t \to \infty} (\tilde{y}_i(t) - \tilde{y}_j(t)) = 0 \tag{6.306}$$

对任意 $i, j = 0, \cdots, N$ 均成立。因此，根据 $\tilde{x}_i$ 和 $\tilde{y}_i$ 的定义并利用 $\tilde{x}_0(t) = \tilde{y}_0(t) \equiv 0$，可以得到式 (6.87) 和式 (6.88)。基于式 (6.302) 下面的讨论可得 $v_i(t) \leqslant \lambda^*$。

利用定理 6.3 也能证明 $\tilde{v}_{xi}, \tilde{v}_{yi}$ 是收敛到原点的。再根据 $\tilde{v}_{xi}, \tilde{v}_{yi}$ 的定义，收敛性能够保证式 (6.89) 成立。证毕。

如果移动机器人系统中没有领导者，那么一般很难去控制机器人的速度。为了克服这个困难，可以建立一个虚拟领导者来为跟随机器人提供一个参考速度。但应注意，虚拟领导者的全局性和相对位置通常是不可获得的。这种情况下，前面提出的编队控制策略仍然可以控制跟随机器人使其收敛到特定的相对位置，即式 (6.87) 和式 (6.88) 对所有 $i, j = 1, \cdots, N$ 都成立。

定义 $\mathcal{N}^f = \{1, \cdots, N\}$。并按照式 (6.300) 和式 (6.301) 定义的 $\mathcal{N}_i(\sigma(t))$ 来定义 $\mathcal{E}^f(\sigma(t))$。进而可以利用切换有向图 $\mathcal{G}^f(\sigma(t)) = (\mathcal{N}^f, \mathcal{E}^f(\sigma(t)))$ 来表示跟随机器人的切换的位置感知拓扑。

定理 6.5 是本节编队控制主要结果的一个推广。

**定理 6.5** 定义 $\sigma : [0, \infty) \to \mathcal{P}$，在假设 6.3 成立的前提下，如果 $\mathcal{G}^f(\sigma(t)) = (\mathcal{N}^f, \mathcal{E}^f(\sigma(t)))$ 是一致准强连通的并且有一个边驻留时间 $\tau_D^f > 0$，那么对所有 $i, j = 1, \cdots, N$ 都有式 (6.87)~ 式 (6.89) 成立。进一步，对任意的 $\lambda^* > \overline{v}_0$，如果 $v_i(0) \leqslant \lambda^* (i = 1, \cdots, N)$ 成立，那么 $v_i(t) \leqslant \lambda^*$ 对所有 $t \geqslant 0$ 都成立。

**证明** 定理 6.5 的证明仍然基于定理 6.3 并且与定理 6.4 的证明相当类似。在定理 6.5 中，不必考虑 $\tilde{x}_0$ 和 $\tilde{y}_0$，并且，性质 (6.305) 和 (6.305) 对任意的 $i,j=1,\cdots,N$ 都成立。由 $\tilde{x}_i(i=1,\cdots,N)$ 和 $\tilde{y}_i$ 的定义可得式 (6.87) 和式 (6.88) 对任意的 $i,j=1,\cdots,N$ 都成立。

### 6.4.7 仿真结果

考虑由 6 个机器人 (标号分别为 $0,1,\cdots,5$，其中 0 是领导者) 组成的群体。默认在这个仿真中所有变量的值都使用国际单位。

取领导者机器人的控制输入为 $r_0(t)=0.1\sin(0.4t)$ 和 $\omega_0(t)=0.1\cos(0.2t)$，初始状态为 $v_0(0)=0$，则线速度 $v_0$ 满足 $\underline{v}_0\leqslant v_0(t)\leqslant\overline{v}_0$，其中 $\underline{v}_0=3$，$\overline{v}_0=3.5$。我们期望的跟随机器人的相对位置为 $d_{x01}=-\sqrt{3}d/2$，$d_{x02}=-\sqrt{3}d/2$，$d_{x03}=0$，$d_{x04}=\sqrt{3}d/2$，$d_{x05}=\sqrt{3}d/2$，$d_{y01}=-d/2$，$d_{y02}=-3d/2$，$d_{y03}=-2d$，$d_{y04}=-3d/2$，$d_{y05}=-d/2$，其中 $d=80$。

选取 $\lambda_*=0.45$，$\lambda^*=6.05$。对 $i=1,\cdots,5$，初始化阶段的分布式控制律设计成式 (6.284) 和式 (6.285) 的形式，其中

$$\phi_{\theta i}(r)=\phi_{vi}(r)=-0.5(1-\exp(-0.5r))/(1+\exp(-0.5r)) \tag{6.307}$$

编队控制阶段的分布式控制律设计成式 (6.295) 和式 (6.296) 的形式，其中 $k_{xi}=k_{yi}=6$，

$$\phi_{xi}(r)=\phi_{yi}(r)=-1.8(1-\exp(-r))/(1+\exp(-r)) \tag{6.308}$$

可以证明 $k_{xi},k_{yi},\phi_{xi},\phi_{yi}$ 满足式 (6.297) 和式 (6.298)，并且，对所有 $r\in\mathbb{R}$，有 $\phi_{xi}(r),\phi_{yi}(r)\in[-1.8,1.8]$。又因为 $\underline{v}_0=3$，$\overline{v}_0=3.5$，所以机器人的线速度被严格控制在区间 $[3-1.8\sqrt{2},3.5+1.8\sqrt{2}]=[0.454,6.046]\subset[\lambda_*,\lambda^*]$ 内。

取机器人的初始状态如表 6.2 所示。

**表 6.2 机器人的初始状态**

| $i$ | $(x_i(0),y_i(0))$ | $v_i(0)$ | $\theta_i(0)$ |
|---|---|---|---|
| 0 | $(0,0)$ | 3 | $\pi/6$ |
| 1 | $(-20,50)$ | 4 | $\pi$ |
| 2 | $(30,-40)$ | 3.5 | $5\pi/6$ |
| 3 | $(50,-100)$ | 2.5 | 0 |
| 4 | $(200,-100)$ | 2 | $-2\pi/3$ |
| 5 | $(100,-120)$ | 3 | 0 |

信息交换拓扑在图 6.12 给出的有向图之间切换，切换序列如图 6.13 所示。

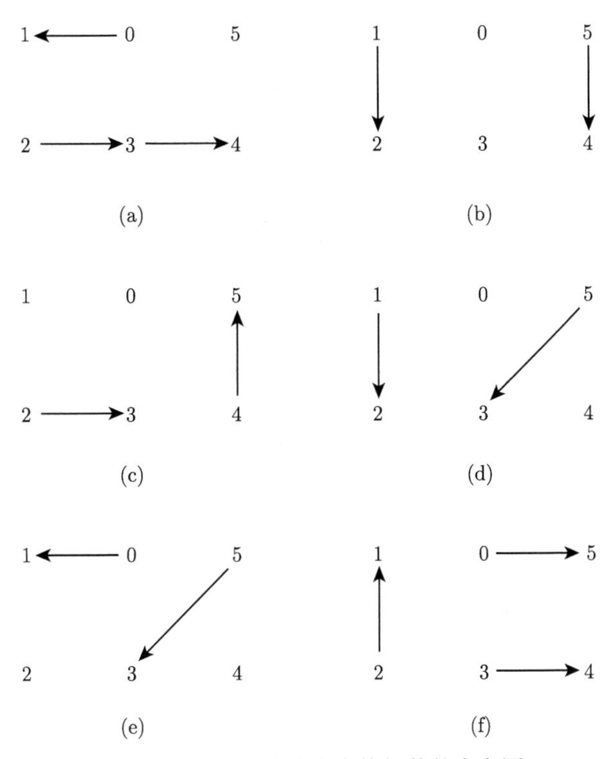


图 6.12　表示切换信息交换拓扑的有向图

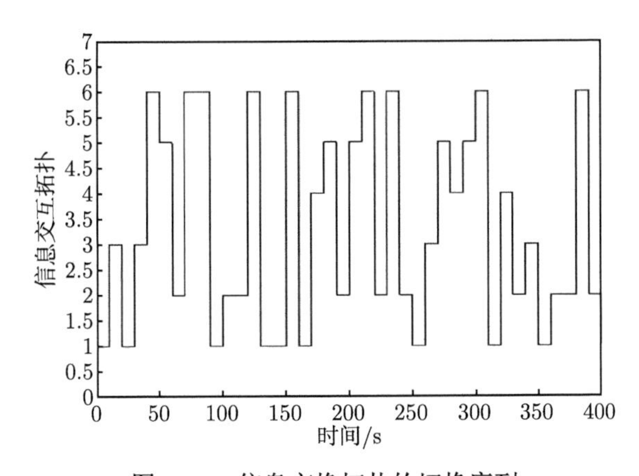


图 6.13　信息交换拓扑的切换序列

图 6.14 给出了机器人的线速度和角速度。图 6.15 给出了分布式控制器的阶段变化，其中 “0” 表示的是初始化阶段，“1” 表示的是编队控制阶段。图 6.16 描述了机器人的运动轨迹。通过仿真结果可以看出本节理论结果的正确性。

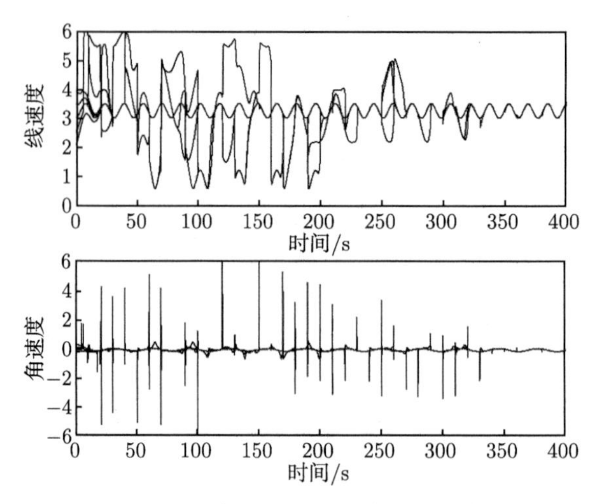


图 6.14　机器人的线速度和角速度

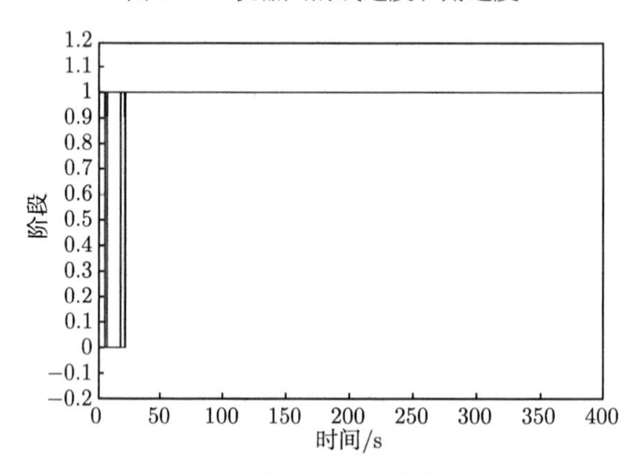


图 6.15　分布式控制器的阶段

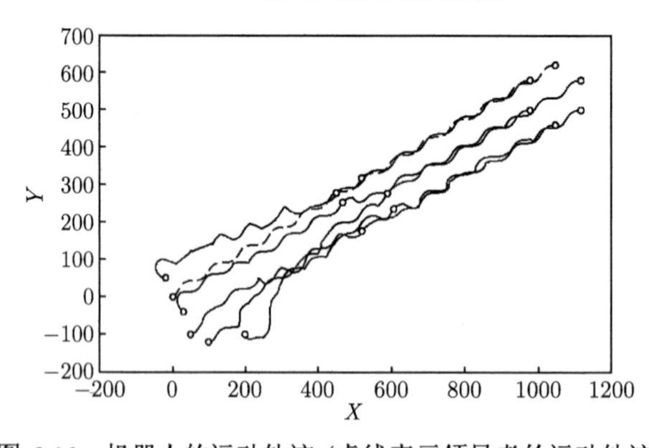


图 6.16　机器人的运动轨迹 (虚线表示领导者的运动轨迹)

## 6.5 注　　记

通过分布式控制实现多自主体的集群协同在控制领域和机器人领域均引起了广泛的注意[142,147−162]。分布式控制的基本思想是通过多自主体系统中的局部信息交换实现系统整体的集群协同。分布式控制的应用包括传感器网络 [163]、车辆协同与编队[164−167]、智能电网 [168] 等。一致性是一种典型的集群协同行为，其核心在于所有自主体的相关变量均趋于一致。需要指出的是，现有的大多数结果主要针对线性的自主体模型。

本章介绍了面向非线性多自主体系统分布式控制的多回路非线性小增益工具。6.2 节通过设计分布式观测器和控制器使得所有自主体的输出均收敛到期望值的一个任意小的邻域内。如果多自主体系统不受外部干扰的影响，那么就能实现渐近输出一致性。这一设计同样能够保证对信息交换时延的鲁棒性。在此处所考虑的分布式控制问题中，每个自主体的控制器可以利用其自身的输出以及其邻居的输出，但是只有受信自主体才能直接利用期望的一致量。这一问题同传统的分散控制有本质区别。分散控制通常假设每个子系统均能获取参考信号的信息，而不是通过子系统之间的协同实现控制目标[169−178]。

6.2 节仅考虑了一致量 $y_0$ 是时不变的情况，而考虑时变一致量的情况则更具实际意义。非线性系统输出反馈跟踪控制的相关结果 (如文献 [179]~ 文献 [182]) 对于解决这一问题应该具有重要的借鉴意义。

6.3 节研究了非完整移动机器人的编队控制问题。对于移动机器人的编队控制，如果假设系统具有树形结构，那么闭环系统将是一个级联系统 [183]。在这个方向上，文献 [184] 利用输入到状态稳定性和非线性增益来表示领导者的行为对编队的影响的大小。放宽树形结构的代价往往是使用全局位置信息。文献 [148] 提出了一种用于多自主体协同的控制李雅普诺夫函数方法。文献 [185] 针对独轮车机器人的编队跟踪控制和避障提出了一种构造性设计方法。文献 [186] 将协同控制问题转化为分散式反步控制设计问题。文献 [187] 研究了基于虚拟函数的非完整移动机器人协同控制方法。文献 [188] 所提出的摇摆控制器不需要使用全局位置信息，但是其所设计的控制器似乎不能实现移动编队控制。当然，如果每个机器人都能获取其期望路径的信息，比如协同路径跟踪问题[189−191]，那么控制器也是不需要知道全局位置信息的。当多机器人系统简化为单机器人系统时，上述问题就简化为移动机器人的跟踪控制问题 [192, 193]。分布式控制的其他相关结果参见文献 [194]~ 文献 [203]。

更多基于多回路非线性小增益定理的分布式控制结果参见文献 [204]~ 文献 [207]。

# 附　　录

## 附录 A　与比较函数相关的几个引理

**引理 A.1**　考虑 $\chi \in \mathcal{K}$ 和 $\chi_i \in \mathcal{K} \cup \{0\}$, $i = 1, \cdots, n$, 如果对所有的 $i = 1, \cdots, n$ 有 $\chi \circ \chi_i < \mathrm{Id}$, 那么, 存在在区间 $(0, \infty)$ 上连续可微的函数 $\hat{\chi} \in \mathcal{K}_\infty$, 使得 $\hat{\chi} > \chi$ 并且 $\hat{\chi} \circ \chi_i < \mathrm{Id}$, $i = 1, \cdots, n$。

**证明**　定义 $\bar{\chi}(s) = \max\limits_{i=1,\cdots,n} \{\chi_i(s)\}$, $s \geqslant 0$。显然, $\bar{\chi} \in \mathcal{K} \cup \{0\}$, $\chi \circ \bar{\chi} < \mathrm{Id}$。按照定理 3.1 和文献 [63] 中引理 A.1 的证明, 我们可以找到在区间 $(0, \infty)$ 上连续可微的函数 $\hat{\chi} \in \mathcal{K}_\infty$, 使得 $\hat{\chi} > \chi$ 并且 $\hat{\chi} \circ \bar{\chi} < \mathrm{Id}$。易得 $\hat{\chi} \circ \chi_i < \mathrm{Id}$, $i = 1, \cdots, n$。

**引理 A.2**　考虑 $\chi_{i1}, \chi_{i2} \in \mathcal{K} \cup \{0\}$, $i = 1, \cdots, n$。如果对所有的 $i = 1, \cdots, n$ 有 $\chi_{i1} \circ \chi_{i2} < \mathrm{Id}$, 那么存在正定函数 $\eta$, 使得 $(\mathrm{Id} - \eta) \in \mathcal{K}_\infty$ 并且 $\chi_{i1} \circ (\mathrm{Id} - \eta)^{-1} \circ \chi_{i2} < \mathrm{Id}$, $i = 1, \cdots, n$。

**证明**　注意到, 对于任意的 $\chi_1, \chi_2 \in \mathcal{K} \cup \{0\}$, 有 $\chi_1 \circ \chi_2 < \mathrm{Id} \Leftrightarrow \chi_2 \circ \chi_1 < \mathrm{Id}$。所以, 性质 $\chi_{i1} \circ (\mathrm{Id} - \eta)^{-1} \circ \chi_{i2} < \mathrm{Id}$ 等价于 $(\mathrm{Id} - \eta)^{-1} \circ \chi_{i2} \circ \chi_{i1} < \mathrm{Id}$。

定义 $\chi_0(s) = \min\left\{\dfrac{1}{2}(\chi_{i1}^{-1} \circ \chi_{i2}^{-1}(s) + s)\right\}$, $s \geqslant 0$。显然, $\chi_0 \in \mathcal{K}_\infty$。对于所有的 $i = 1, \cdots, n$, 因为 $\chi_{i2} \circ \chi_{i1} < \mathrm{Id}$, 所以 $\chi_{i1}^{-1} \circ \chi_{i2}^{-1} > \mathrm{Id}$。因此, $\chi_0 > \mathrm{Id}$ 并且 $\chi_0 \circ \chi_{i2} \circ \chi_{i1} \leqslant \dfrac{1}{2}(\mathrm{Id} + \chi_{i2} \circ \chi_{i1}) < \mathrm{Id}$, $i = 1, \cdots, n$。若定义 $\bar{\eta} = \chi_0 - \mathrm{Id}$, 则 $\bar{\eta}$ 是正定的, 并且 $(\mathrm{Id} + \bar{\eta}) \in \mathcal{K}_\infty$, $(\mathrm{Id} + \bar{\eta}) \circ \chi_{i2} \circ \chi_{i1} < \mathrm{Id}$, $i = 1, \cdots, n$。通过定义 $\eta = \mathrm{Id} - (\mathrm{Id} + \bar{\eta})^{-1}$ 或者等价的 $\eta = \bar{\eta} \circ (\mathrm{Id} + \bar{\eta})^{-1}$ 易得本引理的证明。

**引理 A.3**　对于任意的正定函数 $\alpha$ 和任意的 $\mathcal{K}_\infty$ 函数 $\chi$, 存在正定函数 $\tilde{\alpha}$, 使得对于任意的满足 $s' - s \geqslant \alpha(s')$ 的非负数对 $(s, s')$, 有 $\chi(s') - \chi(s) \geqslant \tilde{\alpha}(s')$。

**证明**　将 $s' - s \geqslant \alpha(s')$ 写成 $(\mathrm{Id} - \alpha)(s') \geqslant s$。假设 $(\mathrm{Id} - \alpha) \in \mathcal{K}$。(否则, 可以找到使得 $(\mathrm{Id} - \alpha') \in \mathcal{K}$ 成立的更小的 $\alpha'$ 来替代 $\alpha$。)

注意到 $\chi^{-1} \circ \chi \circ (\mathrm{Id} - \alpha) = \mathrm{Id} - \alpha < \mathrm{Id}$ 意味着 $\chi \circ (\mathrm{Id} - \alpha) \circ \chi^{-1} < \mathrm{Id}$。利用引理 A.2, 我们可以找到满足条件 $(\mathrm{Id} - \bar{\alpha}) \in \mathcal{K}_\infty$ 的正定函数 $\bar{\alpha}$, 使得

$$(\mathrm{Id} - \bar{\alpha})^{-1} \circ \chi \circ (\mathrm{Id} - \alpha) \circ \chi^{-1} < \mathrm{Id} \tag{A.1}$$

因此,

$$\chi \circ (\mathrm{Id} - \alpha) < (\mathrm{Id} - \bar{\alpha}) \circ \chi \tag{A.2}$$

若定义 $\alpha_0 = \bar{\alpha} \circ \chi$，则 $\alpha_0$ 是正定的，并且对任意的正定函数 $\alpha' \leqslant \alpha_0$ 和任意的满足 $s' - s \geqslant \alpha(s')$ 的非负数对 $(s, s')$，有

$$(\chi - \alpha')(s') = (\mathrm{Id} - \bar{\alpha}) \circ \chi(s') \geqslant \chi \circ (\mathrm{Id} - \alpha)(s') \geqslant \chi(s) \tag{A.3}$$

**引理 A.4**　对任意的 $\mathcal{K}_\infty$ 函数 $\chi$ 和任意的满足 $(\mathrm{Id} - \varepsilon) \in \mathcal{K}_\infty$ 的连续正定函数 $\varepsilon$，存在满足 $(\mathrm{Id} - \mu) \in \mathcal{K}_\infty$ 的连续正定函数 $\mu$，使得 $\chi \circ (\mathrm{Id} - \mu) = (\mathrm{Id} - \varepsilon) \circ \chi$。

**证明**　$(\mathrm{Id} - \varepsilon) \circ \chi \circ \chi^{-1} = \mathrm{Id} - \varepsilon < \mathrm{Id}$ 意味着 $\chi^{-1} \circ (\mathrm{Id} - \varepsilon) \circ \chi < \mathrm{Id}$。通过定义 $\mu = \mathrm{Id} - \chi^{-1} \circ (\mathrm{Id} - \varepsilon) \circ \chi$ 易得本引理的证明。

**引理 A.5**　对于任意的满足 $\hat{\chi}_i > \chi_i$ 的函数 $\hat{\chi}_i \in \mathcal{K}_\infty$ 和 $\chi_i \in \mathcal{K}$，$i = 1, \cdots, n$，存在满足 $(\mathrm{Id} - \kappa) \in \mathcal{K}_\infty$ 的连续正定函数 $\kappa$ 和满足 $(\mathrm{Id} - \kappa') \in \mathcal{K}_\infty$ 的连续正定函数 $\kappa'$，使得 $\hat{\chi}_i \circ (\mathrm{Id} - \kappa) > \chi_i$ 并且 $(\mathrm{Id} - \kappa') \circ \hat{\chi}_i > \chi_i$，$i = 1, \cdots, n$。

**证明**　由文献 [63] 中的引理 A.1 可得，存在 $\mathcal{K}_\infty$ 函数 $\bar{\chi}_i$ 使得 $\hat{\chi}_i > \bar{\chi}_i > \chi_i$。通过定义 $\kappa(s) = \min\limits_{i=1,\cdots,n} \{s - \hat{\chi}_i^{-1} \circ \bar{\chi}_i(s)\}$ 和 $\kappa'(s) = \min\limits_{i=1,\cdots,n} \{s - \bar{\chi}_i \circ \hat{\chi}_i^{-1}(s)\}$，$s \geqslant 0$，易得本引理的证明。

**引理 A.6**　任取 $a, b \in \mathbb{R}$，如果存在函数 $\theta \in \mathcal{K}$ 和常数 $c \geqslant 0$，使得

$$|a - b| \leqslant \max\{\theta \circ (\mathrm{Id} + \theta)^{-1}(|a|), c\} \tag{A.4}$$

那么，有

$$|a - b| \leqslant \max\{\theta(|b|), c\} \tag{A.5}$$

**证明**　若 $\theta \circ (\mathrm{Id} + \theta)^{-1}(|a|) \geqslant c$，则结合式 (A.4) 可得

$$|a - b| \leqslant \theta \circ (\mathrm{Id} + \theta)^{-1}(|a|) \tag{A.6}$$

进而有

$$|a| - |b| \leqslant \theta \circ (\mathrm{Id} + \theta)^{-1}(|a|) \tag{A.7}$$

因此，

$$(\mathrm{Id} - \theta \circ (\mathrm{Id} + \theta)^{-1})(|a|) \leqslant |b| \tag{A.8}$$

注意到，$\mathrm{Id} - \theta \circ (\mathrm{Id} + \theta)^{-1} = (\mathrm{Id} + \theta) \circ (\mathrm{Id} + \theta)^{-1} - \theta \circ (\mathrm{Id} + \theta)^{-1} = (\mathrm{Id} + \theta)^{-1}$。我们得到

$$|a| \leqslant (\mathrm{Id} + \theta)(|b|) \tag{A.9}$$

应用式 (A.6) 可得

$$|a-b| \leqslant \theta(|b|) \tag{A.10}$$

同理可得，当 $\theta \circ (\mathrm{Id}+\theta)^{-1}(|a|) < c$ 时，有 $|a-b| \leqslant c$。综上，有式 (A.5) 成立。引理得证。

**引理 A.7** 设 $\varpi = \{\tau_k : k \in \mathbb{Z}_+\} \subset [t_0, \infty)$ 是严格递增序列。考虑一个在区间 $[t_0, \infty) \backslash \varpi$ 上几乎处处可微的连续信号 $\mu : [t_0, \infty) \to \mathbb{R}_+$。若存在常数 $\omega \geqslant 0$，使得

$$\mu(t) \geqslant \omega \Rightarrow \dot{\mu}(t) \leqslant -\varphi(\mu(t)) \tag{A.11}$$

对几乎所有的 $t \in [t_0, \infty)$ 都成立，其中 $\varphi$ 是半正定的局部利普希茨函数，且当 $t \in \varpi$ 时，有

$$\mu(t) \leqslant \max\{\mu(t^-), \omega\} \tag{A.12}$$

那么，对所有的 $t \in [t_0, \infty)$，有

$$\mu(t) \leqslant \max\{\eta(t), \omega\} \tag{A.13}$$

式中，$\eta(t)$ 是 $\dot{\eta} = -\varphi(\eta)$，$\eta(t_0) \geqslant \mu(t_0)$ 的唯一解。

**证明** 若存在某个 $t_1 \geqslant t_0$ 使得 $\mu(t_1) \leqslant \omega$，则 $\mu(t) \leqslant \omega$ 对所有的 $t \in [t_1, \infty)$ 均成立。若存在某个 $t_2 \geqslant t_0$ 使得 $\mu(t_2) > \omega$，则存在一个 $t_3 > t_2$ 使得 $\mu(t) > \omega$ 对所有的 $t \in [t_0, t_3)$ 均成立。

考虑 $\mu(t_0) > \omega$ 的情形。若存在 $t_3$，使得对任意的 $t \in [t_0, t_3)$ 均有 $\mu(t) > \omega$，则

$$\mu(t) \leqslant \max\{\mu(t^-), \omega\} \leqslant \mu(t^-) \tag{A.14}$$

对所有的 $t \in [t_0, t_3) \cap \varpi$ 均成立。

对于满足 $[t_0, t_3) \cap [\tau_k, \tau_{k+1}) \neq \emptyset$ 的任意 $k \in \mathbb{Z}_+$，利用文献 [208] 中定理 1.10.2 或文献 [43] 引理 1 可得

$$\mu(t) \leqslant \eta(t) \tag{A.15}$$

对所有的 $t \in [t_0, t_3) \cap [\tau_k, \tau_{k+1})$ 均成立。

对于使得 $\mu(t) > \omega$ 对所有的 $t \in [t_0, t_3)$ 都成立的 $t_3$，由不等式 (A.14) 和式 (A.15) 可得 $\mu(t) \leqslant \eta(t)$ 对所有的 $t \in [t_0, t_3)$ 均成立。

若存在 $t_\mu^*$ 使得对所有的 $t \in [t_0, t_\mu^*)$ 有 $\mu(t) > \omega$，对所有的 $t \in [t_\mu^*, \infty)$ 有 $\mu(t) \leqslant \omega$，则对所有的 $t \in [t_0, t_\mu^*)$ 有 $\mu(t) \leqslant \eta(t)$，对所有的 $t \in [t_\mu^*, \infty)$ 有 $\mu(t) \leqslant \omega$。因此，$\mu(t) \leqslant \max\{\eta(t), \omega\}$，$t \in [t_0, \infty)$。

若对所有的 $t \in [t_0, \infty)$ 有 $\mu(t) > \omega$，则 $\mu(t) \leqslant \eta(t)$ 对所有的 $t \in [t_0, \infty)$ 均成立。

**引理 A.8**　对任意函数 $\gamma \in \mathcal{K}$ 和任意常数 $\delta > 0$ 存在常数 $k, \delta' > 0$ 和连续可微函数 $\bar{\gamma} \in \mathcal{K}_\infty$，使得

$$\gamma(s) \leqslant \bar{\gamma}(s), \text{ 当 } s \geqslant \delta \tag{A.16}$$

$$\bar{\gamma}(s) = ks, \text{ 当 } s \in [0, \delta') \tag{A.17}$$

而且，如果 $\gamma$ 在原点附近线性有界，那么式 (A.16) 成立，且 $\delta = 0$；如果 $\gamma$ 全局线性有界，那么式 (A.16) 和式 (A.17) 成立，且 $\delta = 0$，$\delta' = \infty$。特别地，我们可以将其取为凸函数。

引理 A.8 的证明参见文献 [78] 中引理 1。

# 附录 B　第 4 章和第 5 章中部分结论的证明

## B.1　引理 4.2 的证明

为简化记号，用 $S_k$ 代替 $S_k(\bar{x}_k)(k = 1, \cdots, i-1)$。我们仅考虑 $e_i > 0$ 的情形。$e_i < 0$ 的情况的讨论与其类似。

根据 $S_k$'$(k = 1, \cdots, i-1)$ 在式 (4.55) 中的迭代定义，并由 $\kappa_k(k = 1, \cdots, i-1)$ 的严格递减性有：

$$\max S_k = \kappa_k(x_k - \max S_{k-1} - \bar{w}_k) \tag{B.1}$$

$$\min S_k = \kappa_k(x_k - \min S_{k-1} + \bar{w}_k) \tag{B.2}$$

由 $\kappa_k$ 的连续可微性可以保证 $\max S_k$ 对 $x_k$ 和 $\max S_{k-1}$ 的连续可微性 $(k = 1, \cdots, i-1)$。因为 $\max S_{i-1}$ 是连续可微函数的复合函数，其对 $\bar{x}_{i-1}$ 连续可微，所以 $\boldsymbol{\nabla} \max S_{i-1}$ 对于 $\bar{x}_{i-1}$ 连续。

在 $e_i > 0$ 的情形，$e_i$ 的动力学可以表示为

$$\begin{aligned}
\dot{e}_i &= \dot{x}_i - \boldsymbol{\nabla} \max S_{i-1} \dot{\bar{x}}_{i-1} \\
&= x_{i+1} + \Delta_i(\bar{x}_i, d) - \boldsymbol{\nabla} \max S_{i-1} \dot{\bar{x}}_{i-1} \\
&:= x_{i+1} + \phi_i^*(\bar{x}_i, d)
\end{aligned} \tag{B.3}$$

注意到 $\dot{\bar{x}}_{i-1} = [x_2 + \Delta_1(\bar{x}_1, d), \cdots, x_i + \Delta_{i-1}(\bar{x}_{i-1}, d)]^{\mathrm{T}}$。根据假设 4.1 可以找到 $\psi_{\dot{\bar{x}}_{i-1}} \in \mathcal{K}_\infty$，使得 $|\dot{\bar{x}}_{i-1}| \leqslant \psi_{\dot{\bar{x}}_{i-1}}(|[\bar{x}_i^{\mathrm{T}}, d^{\mathrm{T}}]^{\mathrm{T}}|)$。由于 $\boldsymbol{\nabla} \max S_{i-1}$ 对于 $\bar{x}_{i-1}$ 连续，可以找到 $\psi_{\phi_i^*}^0 \in \mathcal{K}_\infty$，使得

$$|\phi_i^*(\bar{x}_i, d)| \leqslant \psi_{\phi_i^*}^0(|[\bar{x}_i^{\mathrm{T}}, d^{\mathrm{T}}]^{\mathrm{T}}|) \tag{B.4}$$

为证式 (4.57) 对 $k=1,\cdots,i-1$ 都成立，我们要寻找使得 $|x_{k+1}| \leqslant \psi_{x_{k+1}}(|[\bar{e}_{k+1}^{\mathrm{T}}, W_k^{\mathrm{T}}]^{\mathrm{T}}|)$ 的函数 $\psi_{x_{k+1}} \in \mathcal{K}_\infty$。

根据 $e_{k+1}(k=1,\cdots,i-1)$ 在式 (4.50) 中的定义，并且由 $\min S_k \leqslant x_{k+1} - e_{k+1} \leqslant \max S_k$ 可得

$$|x_{k+1}| \leqslant \max\{|\max S_k|, |\min S_k|\} + |e_{k+1}| \tag{B.5}$$

定义 $\kappa_k^0(s) = |\kappa_k(s)|(k=1,\cdots,i-1)$，$s \in \mathbb{R}_+$。由于 $\kappa_k$ 是奇、严格递减且径向无界的，我们有 $\kappa_k^0 \in \mathcal{K}_\infty$。根据式 (B.1) 可得

$$\begin{aligned}|\max S_k| &\leqslant \kappa_k^0(|x_k - \max S_{k-1} - \bar{w}_k|)\\ &\leqslant \kappa_k^0(|x_k - \max S_{k-1}| + |\bar{w}_k|)\\ &\leqslant \kappa_k^0(|\max S_{k-1}| + |\min S_{k-1}| + |e_k| + \bar{w}_k)\end{aligned} \tag{B.6}$$

以上用到的三角不等式 $|x_k - \max S_{k-1}| \leqslant |\max S_{k-1}| + |\min S_{k-1}| + |e_k|$ 是由 $\min S_k \leqslant x_{k+1} - e_{k+1} \leqslant \max S_k$ 所得。类似地，

$$|\min S_k| \leqslant \kappa_k^0(|\max S_{k-1}| + |\min S_{k-1}| + |e_k| + \bar{w}_k) \tag{B.7}$$

根据式 (B.5)，对 $x_{k+1}(k=1,\cdots,i-1)$ 反复应用式 (B.6) 和式 (B.7)，可以找到 $\psi_{x_{k+1}} \in \mathcal{K}_\infty$ 使得 $|x_{k+1}| \leqslant \psi_{x_{k+1}}(|[\bar{e}_{k+1}^{\mathrm{T}}, W_k^{\mathrm{T}}]^{\mathrm{T}}|)$。再由式 (B.4) 可以使得式 (4.57) 成立。

如果 $\psi_{\Delta_k}(k=1,\cdots,i)$ 是在任意紧集上利普希茨的，那么用来定义 $\psi_{\phi_i^*}$ 的所有 $\mathcal{K}_\infty$ 函数都是在任意紧集上利普希茨的，并且可以找到一个在任意紧集上利普希茨的 $\psi_{\phi_i^*} \in \mathcal{K}_\infty$。

## B.2 引理 5.1 的证明

为简化记号，用 $\breve{S}_k$ 和 $S_k$ 代替 $\breve{S}_k(\bar{x}_k)$ 和 $S_k(\bar{x}_k)(1 \leqslant k \leqslant i-1)$。我们仅考虑 $e_i > 0$ 的情形。$e_i < 0$ 情形下的证明过程类似。

考虑到 $\breve{S}_k$ 和 $S_k$ 在式 (5.25) 和式 (5.26) 中的迭代定义。在条件 (5.4) 满足时，可以找到 $0 \leqslant b_k < 1$、$a_k \geqslant 0(1 \leqslant k \leqslant n)$。对 $1 \leqslant k \leqslant i-1$，由 $\kappa_k$ 的严格递减性可得

$$\max S_k = \max\left\{d_{k2} \max \breve{S}_k : \frac{1}{1+b_{k+1}} \leqslant d_{k2} \leqslant \frac{1}{1-b_{k+1}}\right\} \tag{B.8}$$

$$\max \breve{S}_k = \kappa_k(x_k - \max \breve{S}_{k-1} - b_k|x_k| - (1-b_k)a_k) \tag{B.9}$$

通过迭代地应用式 (B.9)，可知 $\max \breve{S}_{i-1}$ 是对 $\bar{x}_{i-1}$ 几乎处处连续可微的。再由式 (B.8)，亦可知 $\max S_{i-1}$ 对 $\max \breve{S}_{i-1}$ 是几乎处处连续可微的。因此，$\max S_{i-1}$ 对 $\bar{x}_{i-1}$ 几乎处处连续可微。

考虑到 $e_i$ 在式 (5.27)$(k=i-1)$ 中的定义，当 $e_i>0$ 时，只要 $\max S_{i-1}$ 连续可微，或等价的，只要 $\nabla\max S_{i-1}$ 存在，就能将 $e_i$ 子系统用微分方程来表示：

$$\dot{e}_i = x_{i+1} + \Delta_i(\bar{x}_i) - \nabla\max S_{i-1}\dot{\bar{x}}_{i-1} \tag{B.10}$$

由于 $\max S_{i-1}$ 是几乎处处连续可微的，$\nabla\max S_{i-1}$ 是不连续的，因此 $e_i$ 子系统是一个非连续系统。为了将 $e_i$ 子系统表示成微分包含的形式，可将不连续的 $\nabla\max S_{i-1}$ 嵌入如下集值映射中：

$$\partial\max S_{i-1} = \bigcap_{\epsilon>0}\bigcap_{\mu(\tilde{\mathcal{M}})=0}\overline{\mathrm{co}}\nabla\max S_{i-1}(\mathcal{B}_\epsilon(\bar{x}_{i-1})\backslash\tilde{\mathcal{M}}) \tag{B.11}$$

式中，$\mathcal{B}_\epsilon(\bar{x}_{i-1})$ 是以 $\bar{x}_{i-1}$ 为圆心、$\epsilon$ 为半径的开球；$\tilde{\mathcal{M}}$ 表示所有零测集的并 [即 $\mu(\tilde{\mathcal{M}})=0$]。那么，$\partial\max S_{i-1}$ 是凸的、紧的并且上半连续的 (关于非连续系统的这种性质的研究，参见文献 [92])。

这样，当 $e_i>0$ 时 $e_i$ 子系统可由如下微分包含描述：

$$\begin{aligned}\dot{e}_i &\in \{x_{i+1} + \Delta_i(\bar{x}_i) - \phi_i : \phi_i \in \partial\max S_{i-1}\dot{\bar{x}}_{i-1}\}\\ &:= \{x_{i+1} - e_{i+1} + \phi_i^* : \phi_i^* \in \Phi_i^*(\bar{x}_i, e_{i+1})\}\end{aligned} \tag{B.12}$$

式中，

$$\Phi_i^*(\bar{x}_i, e_{i+1}) = \{e_{i+1} + \Delta_i(\bar{x}_i) - \phi_i : \phi_i \in \partial\max S_{i-1}\dot{\bar{x}}_{i-1}\} \tag{B.13}$$

由于 $\Delta_i(\bar{x}_i)$ 和 $\dot{\bar{x}}_{i-1}$ 是局部利普希茨的，并且 $\partial\max S_{i-1}$ 是凸的、紧的且上半连续的，那么 $\Phi_i^*(\bar{x}_i, e_{i+1})$ 是凸的、紧的且上半连续的。

对于系统 (5.1) 和系统 (5.2)，由条件 (5.6) 可知，$|\Delta_i(\bar{x}_i)|$ 以一个自变量为 $|\bar{x}_i|$ 的 $\mathcal{K}_\infty$ 函数为上界，$|\dot{\bar{x}}_{i-1}| = |[\dot{x}_1,\cdots,\dot{x}_i]^{\mathrm{T}}|$ 也以一个自变量为 $|\bar{x}_i|$ 的 $\mathcal{K}_\infty$ 函数为上界。因此，存在 $\psi_{\Phi_i^*1}\in\mathcal{K}_\infty$，使得对于所有 $\phi_i^*\in\Phi_i^*(\bar{x}_i, e_{i+1})$

$$|\phi_i^*| \leqslant \psi_{\Phi_i^*1}(|[\bar{x}_i^{\mathrm{T}}, e_{i+1}]^{\mathrm{T}}|) \tag{B.14}$$

接下来将证明 $|\bar{x}_i|$ 以自变量为 $|\bar{e}_i|$ 和 $\bar{a}_{i-1}$ 的 $\mathcal{K}_\infty$ 函数为上界。由 $e_{k+1}(1\leqslant k\leqslant i-1)$ 在式 (5.27) 中的定义可得

$$|x_{k+1}| \leqslant \max\{|\max S_k|, |\min S_k|\} + |e_{k+1}| \tag{B.15}$$

定义 $\kappa_k^o(s) = |\kappa_k(s)|$，$s\in\mathbb{R}_+$。那么，$\kappa_k^o\in\mathcal{K}_\infty$。

由式 (B.8) 和式 (B.9)$(1\leqslant k\leqslant i-1)$，有

$$|\max S_k| \leqslant \left|\frac{1}{1-b_{k+1}}\right| |\max \breve{S}_k| \tag{B.16}$$

$$\begin{aligned}|\max \breve{S}_k| &\leqslant \kappa_k^o((1+b_k)|x_k| + |\max \breve{S}_{k-1}| + (1-b_k)a_k)\\ &\leqslant \kappa_k^o((1+b_k)(|x_k - e_k| + |e_k|) + |\max \breve{S}_{k-1}| + (1-b_k)a_k)\\ &\leqslant \kappa_k^o\Big((1+b_k)(|\max \breve{S}_{k-1}| + |\min \breve{S}_{k-1}| + |e_k|)\\ &\quad + |\max \breve{S}_{k-1}| + (1-b_k)a_k\Big)\end{aligned} \tag{B.17}$$

同样的方式，对 $1 \leqslant k \leqslant i-1$，依然可以得到

$$|\min S_k| \leqslant \left|\frac{1}{1-b_{k+1}}\right| |\min \breve{S}_k| \tag{B.18}$$

$$\begin{aligned}|\min \breve{S}_k| &\leqslant \kappa_k^o\Big((1+b_k)(|\max \breve{S}_{k-1}| + |\min \breve{S}_{k-1}| + |e_k|)\\ &\quad + |\min \breve{S}_{k-1}| + (1-b_k)a_k\Big)\end{aligned} \tag{B.19}$$

注意到 $x_1 = e_1$。由式 (B.15) 并迭代地利用式 (B.16) 和式 (B.19)，可以证明对于 $1 \leqslant k \leqslant i-1$，$|x_{k+1}|$ 是以自变量为 $|\bar{e}_{k+1}|$ 和 $\bar{a}_k$ 的 $\mathcal{K}_\infty$ 函数为上界的。再结合式 (B.14)，可知存在一个函数 $\Psi_{\Phi_i^*} \in \mathcal{K}_\infty$，使得对任意 $\phi_i^* \in \Phi_i^*(\bar{x}_i, e_{i+1})$ 有

$$|\phi_i^*| \leqslant \psi_{\Phi_i^*}(|[\bar{e}_{i+1}^{\mathrm{T}}, \bar{a}_{i-1}^{\mathrm{T}}]^{\mathrm{T}}|) \tag{B.20}$$

证毕。

### B.3 引理 5.3 的证明

为简化记号，用 $S_k$ 代替 $S_k(\bar{x}_k, \bar{\mu}_{k1}, \bar{\mu}_{k2})(k = 1, \cdots, i-1)$。此处仅考虑 $e_i > 0$ 的情形。

根据 $S_k$ 在式 (5.104) 中的迭代定义。再由 $\kappa_k(k = 1, \cdots, i-1)$ 的连续递减性可得

$$\max S_k = \kappa_k(x_k - \max S_{k-1} - \max\{c_{k1}|e_k|, \mu_{k1}\}) + \mu_{k2} \tag{B.21}$$

$$\min S_k = \kappa_k(x_k - \min S_{k-1} + \max\{c_{k1}|e_k|, \mu_{k1}\}) - \mu_{k2} \tag{B.22}$$

根据 $e_k(k = 1, \cdots, i-1)$ 的定义，$e_{i-1}$ 对 $\bar{x}_{i-1}, \bar{\mu}_{(i-2)1}, \bar{\mu}_{(i-2)2}$ 几乎处处连续可微。

由于 $\kappa_k(k = 1, \cdots, i-1)$ 连续可微，应用式 (B.21) 可知 $\max S_{i-1}$ 对 $\bar{x}_{i-1}$, $\bar{\mu}_{(i-1)1}, \bar{\mu}_{(i-1)2}$ 几乎处处连续可微。

考虑到 $e_i$ 在式 (5.105) 中的定义，其中 $k = i-1$。当 $e_i > 0$ 时，只要 $\max S_{i-1}$ 连续可微，或等价地 $\nabla \max S_{i-1}$ 存在。可将 $e_i$ 子系统表示为如下微分方程的形式：

$$\dot{e}_i = x_{i+1} + \varDelta_i(\bar{x}_i, z) - \nabla \max S_{i-1}[\dot{\bar{x}}_{i-1}, 0_{(i-1)}, 0_{(i-1)}]^{\mathrm{T}} \tag{B.23}$$

式中，$0_{(i-1)}$ 是由 $i-1$ 个零所组成的向量。由于 $\max S_{i-1}$ 是几乎处处连续可微的，$\nabla\max S_{i-1}$ 是不连续的。因此，$e_i$ 子系统是一个非连续系统。为了用微分包含来表示 $e_i$ 子系统，将不连续的 $\nabla\max S_{i-1}$ 嵌入如下集值映射中：

$$\partial\max S_{i-1}=\bigcap_{\varepsilon>0}\bigcap_{\tau(\tilde{\mathcal{M}})=0}\overline{\mathrm{co}}\nabla\max S_{i-1}(\mathcal{B}_\varepsilon(\zeta_{i-1})\backslash\tilde{\mathcal{M}}) \tag{B.24}$$

式中，$\mathcal{B}_\varepsilon(\zeta_{i-1})$ 是一个以 $\zeta_{i-1}:=[\bar{x}_{i-1}^{\mathrm{T}},\bar{\mu}_{(i-1)1}^{\mathrm{T}},\bar{\mu}_{(i-1)2}^{\mathrm{T}}]^{\mathrm{T}}$ 为圆心、$\varepsilon$ 为半径的开球。$\tilde{\mathcal{M}}$ 代表所有零测集的并 [即 $\tau(\tilde{\mathcal{M}})=0$]。

由此，当 $e_i>0$ 时，$e_i$ 在系统可由如下微分包含表示：

$$\begin{aligned}\dot{e}_i&\in\{x_{i+1}+\varDelta_i(\bar{x}_i,z)-\varphi_i:\varphi_i\in\partial\max S_{i-1}[\dot{\bar{x}}_{i-1}^{\mathrm{T}},0_{(i-1)},0_{(i-1)}]^{\mathrm{T}}\}\\&:=\{x_{i+1}+\phi_i:\phi_i\in\varPhi_i(\bar{x}_i,\bar{\mu}_{(i-1)1},\bar{\mu}_{(i-1)2},z)\}\end{aligned} \tag{B.25}$$

式中，

$$\begin{aligned}&\varPhi_i(\bar{x}_i,\bar{\mu}_{(i-1)1},\bar{\mu}_{(i-1)2},z)\\&=\{\varDelta_i(\bar{x}_i,z)-\varphi_i:\varphi_i\in\partial\max S_{i-1}[\dot{\bar{x}}_{i-1}^{\mathrm{T}},0_{(i-1)},0_{(i-1)}]^{\mathrm{T}}\}\end{aligned} \tag{B.26}$$

因为 $\varDelta_i$ 和 $\dot{\bar{x}}_i$ 是局部利普希茨的，并且 $\partial\max S_{i-1}$ 是凸的、紧的且上半连续的，那么 $\varPhi_i$ 是凸的、紧的并且上半连续。由 $\partial\max S_{i-1}$ 的定义，可以找到一个连续函数 $\bar{s}_{i-1}$，使得对所有 $\bar{x}_{i-1},\bar{\mu}_{(i-1)1},\bar{\mu}_{(i-1)2}$ 和任意 $s_{i-1}\in\partial\max S_{i-1}$ 有 $|s_{i-1}|\leqslant\bar{s}_{i-1}(\bar{x}_{i-1},\bar{\mu}_{(i-1)1},\bar{\mu}_{(i-1)2})$。因此，对所有 $\bar{x}_{i-1},\bar{\mu}_{(i-1)1},\bar{\mu}_{(i-1)2},z$ 和任意 $\phi_i\in\varPhi_i(\bar{x}_i,\bar{\mu}_{(i-1)1},\bar{\mu}_{(i-1)2},z)$ 都有

$$|\phi_i|\leqslant|\varDelta_i(\bar{x}_i,z)|+\bar{s}_{i-1}(\bar{x}_{i-1},\bar{\mu}_{(i-1)1},\bar{\mu}_{(i-1)2})|\dot{\bar{x}}_{i-1}| \tag{B.27}$$

由式 (5.74) 和式 (5.75) 和假设 5.4，$\varDelta_i(\bar{x}_i,z)$ 以自变量为 $(\bar{x}_i,z)$ 的 $\mathcal{K}_\infty$ 函数为上界，并且 $\dot{\bar{x}}_{i-1}$ 是以自变量为 $(\bar{x}_i,z)$ 的 $\mathcal{K}_\infty$ 函数为上界。因此，存在一个 $\lambda_{\varPhi_i}^0\in\mathcal{K}_\infty$，使得对所有的 $\phi_i\in\varPhi_i(\bar{x}_i,\bar{\mu}_{(i-1)1},\bar{\mu}_{(i-1)2},z)$ 都有

$$|\phi_i|\leqslant\lambda_{\varPhi_i}^0(|(\bar{x}_i,\bar{\mu}_{(i-1)1},\bar{\mu}_{(i-1)2},z)|) \tag{B.28}$$

为使式 (5.107) 成立，对所有 $k=1,\cdots,i-1$，找到使得 $|x_{k+1}|\leqslant\lambda_{x_{k+1}}(|(\bar{e}_{k+1},\bar{\mu}_{k1},\bar{\mu}_{k2})|)$ 成立的函数 $\lambda_{x_{k+1}}\in\mathcal{K}_\infty$。

由 $x_{k+1}(k=1,\cdots,i-1)$ 在式 (5.105) 中的定义，有 $\min S_k\leqslant x_{k+1}-e_{k+1}\leqslant\max S_k$。因此

$$|x_{k+1}|\leqslant\max\{|\max S_k|,|\min S_k|\}+|e_{k+1}| \tag{B.29}$$

对 $k=1,\cdots,i-1$，定义 $\kappa_k^o(s)=\kappa_k(|s|)$，$s\in\mathbb{R}_+$。由于 $\kappa_k$ 是奇、严格递减且径向无界的，可知 $\kappa_k^o\in\mathcal{K}_\infty$。根据式 (B.21)，可得

$$\begin{aligned}|\max S_k|&\leqslant\kappa_k^o(|x_k-\max S_{k-1}-\max\{c_{k1}|e_k|,\mu_{k1}\}|)+\mu_{k2}\\&\leqslant\kappa_k^o(|x_k-\max S_{k-1}|+\max\{c_{k1}|e_k|,\mu_{k1}\})+\mu_{k2}\\&\leqslant\kappa_k^o(|\max S_{k-1}|+|\min S_{k-1}|+|e_k|+\max\{c_{k1}|e_k|,\mu_{k1}\})\\&\quad+\mu_{k2}\end{aligned}\tag{B.30}$$

在式 (B.30) 中，利用了 $\min S_{k-1}\leqslant x_k-e_k\leqslant\max S_{k-1}$ 和 $\min S_{k-1}-\max S_{k-1}+e_k\leqslant x_k-\max S_{k-1}\leqslant e_k$ 能推出 $|x_k-\max S_{k-1}|\leqslant|\max S_{k-1}|+|\min S_{k-1}|+|e_k|$。类似地可以得到

$$\begin{aligned}|\min S_k|&\leqslant\kappa_k^o(|\max S_{k-1}|+|\min S_{k-1}|+|e_k|+\max\{c_{k1}|e_k|,\mu_{k1}\})\\&\quad+\mu_{k2}\end{aligned}\tag{B.31}$$

对于所有 $x_{k+1}$ $(k=1,\cdots,i-1)$，利用式 (B.29)~ 式 (B.31)，能够找到 $\lambda_{x_{k+1}}\in\mathcal{K}_\infty$ 使得 $|x_{k+1}|\leqslant\lambda_{x_{k+1}}(|(\bar{e}_{k+1},\bar{\mu}_{k1},\bar{\mu}_{k2})|)$。再由式 (B.28)，可以保证存在 $\lambda_{\varPhi_i}\in\mathcal{K}_\infty$ 使得对所有 $(\bar{x}_i,\bar{\mu}_{(i-1)1},\bar{\mu}_{(i-1)2},z)$ 和任意 $\phi_i\in\varPhi_i(\bar{x}_i,\bar{\mu}_{(i-1)1},\bar{\mu}_{(i-1)2},z)$ 有

$$|\phi_i|\leqslant\lambda_{\varPhi_i}(|(\bar{e}_i,z,\bar{\mu}_{(i-1)1},\bar{\mu}_{(i-1)2})|)\tag{B.32}$$

式中，$\bar{e}_i:=[e_1,\cdots,e_i]^{\mathrm{T}}$。

定义

$$\begin{aligned}&\varPhi_i^*(e_{i+1},\bar{x}_i,\bar{\mu}_{(i-1)1},\bar{\mu}_{(i-1)2},z)\\&=\{\phi_i+e_{i+1}:\phi_i\in\varPhi_i(\bar{x}_i,\bar{\mu}_{(i-1)1},\bar{\mu}_{(i-1)2},z)\}\end{aligned}\tag{B.33}$$

由式 (5.105)，有 $x_{i+1}-e_{i+1}\in S_i(\bar{x}_i,\bar{\mu}_{i1},\bar{\mu}_{i2})$。那么方程 (B.25) 可重新改写为式 (5.106)。

根据式 (B.32)，可以找到 $\lambda_{\varPhi_i^*}\in\mathcal{K}_\infty$ 使得式 (5.107) 对任意 $\phi_i^*\in\varPhi_i^*$ 都成立。

再由 $e_i=1$ 和 $e_i<0$ 情况下的讨论，引理 5.3 得证。

### B.4 引理 5.4 的证明

注意到 $e_0=z$。在式 (5.107) 成立时，可以找到 $\lambda_{\varPhi_i^*}^{e_k}\in\mathcal{K}_\infty(k=0,\cdots,i+1)$ 和 $\lambda_{\varPhi_i^*}^{\mu_{k1}},\lambda_{\varPhi_i^*}^{\mu_{k2}}\in\mathcal{K}_\infty(k=1,\cdots,i-1)$，使得对任意 $\phi_i^*\in\varPhi_i^*(e_{i+1},\bar{x}_i,\bar{\mu}_{(i-1)1},\bar{\mu}_{(i-1)2},z)$ 都有

$$|\phi_i^*|\leqslant\sum_{k=1}^{i+1}\lambda_{\varPhi_i^*}^{e_k}(|e_k|)+\sum_{k=1}^{i-1}\left(\lambda_{\varPhi_i^*}^{\mu_{k1}}(\mu_{k1})+\lambda_{\varPhi_i^*}^{\mu_{k2}}(\mu_{k2})\right)\tag{B.34}$$

为简化讨论，令 $\gamma_{e_i}^{e_i}=\mathrm{Id}$。定义

$$\begin{aligned}\Pi_i(s)=&\lambda_{\Phi_i^*}^{e_0}\circ\underline{\alpha}_0^{-1}\circ\left(\gamma_{e_i}^{e_0}\right)^{-1}\circ\alpha_V(s)+\sum_{k=1}^{i+1}\lambda_{\Phi_i^*}^{e_k}\circ\alpha_V^{-1}\circ\left(\gamma_{e_i}^{e_k}\right)^{-1}\circ\alpha_V(s)\\&+\sum_{k=1}^{i-1}\lambda_{\Phi_i^*}^{\mu_{k1}}\circ\left(\gamma_{e_i}^{\mu_{k1}}\right)^{-1}\circ\alpha_V(s)+\sum_{k=1}^{i-1}\lambda_{\Phi_i^*}^{\mu_{k2}}\circ\left(\gamma_{e_i}^{\mu_{k2}}\right)^{-1}\circ\alpha_V(s)\\&+\frac{\iota_i}{2}s\end{aligned}\tag{B.35}$$

式中，$s\in\mathbb{R}_+$。那么，$\Pi_i\in\mathcal{K}_\infty$。

根据文献 [78] 中的引理 1，对任意 $0<c_{i1},c_{i2}<1$，$\epsilon_i>0$，可以找到一个在 $(0,\infty)$ 上正定非减且连续可微的 $\nu_i:\mathbb{R}_+\to\mathbb{R}_+$，使得对任意 $s\geqslant\sqrt{2\varepsilon_i}$ 都有

$$(1-c_{i2})(1-c_{i1})\nu_i\left((1-c_{i1})s\right)s\geqslant\Pi_i(s)\tag{B.36}$$

定义 $\kappa_i(r)=-\nu_i(|r|)r$，其中 $\nu_i$ 满足式 (B.36)。

由 $\lim\limits_{t\to0^+}\dfrac{\mathrm{d}\kappa_i(r)}{\mathrm{d}r}=\lim\limits_{t\to0^-}\dfrac{\mathrm{d}\kappa_i(r)}{\mathrm{d}r}$ 可知 $\kappa_i$ 是连续可微、严格递减且径向无界的奇函数。

注意到 $V_k(e_k)=\alpha_V(|e_k|)=\dfrac{1}{2}e_k^2(k=1,\cdots,n)$。我们用 $V_k$ 代替 $V_k(e_k)(k=1,\cdots,n)$。考虑如下情形：

$$V_i\geqslant\max_{k=1,\cdots,i-1}\left\{\begin{array}{l}\gamma_{e_i}^{e_0}(V_0),\gamma_{e_i}^{e_k}(V_k),\gamma_{e_i}^{e_{i+1}}(V_{i+1}),\\\gamma_{e_i}^{\mu_{k1}}(\mu_{k1}),\gamma_{e_i}^{\mu_{k2}}(\mu_{k2}),\gamma_{e_i}^{\mu_{i1}}(\mu_{i1}),\gamma_{e_i}^{\mu_{i2}}(\mu_{i2}),\epsilon_i\end{array}\right\}\tag{B.37}$$

这种情形下对任意的 $\phi_i^*\in\Phi_i^*(e_{i+1},\bar{x}_i,\bar{\mu}_{(i-1)1},\bar{\mu}_{(i-1)2},z)$ 都有

$$\Pi_i(|e_i|)-\frac{\iota_i}{2}|e_i|\geqslant\phi_i^*\tag{B.38}$$

并且

$$\mu_{i1}\leqslant c_{i1}|e_i|\tag{B.39}$$

$$\mu_{i2}\leqslant c_{i2}\bar{\kappa}_i\left((1-c_{i1})|e_i|\right)|e_i|\tag{B.40}$$

$$|e_i|\geqslant\sqrt{2\epsilon_i}\tag{B.41}$$

由 $0<c_{i1}<1$，$\varsigma_{i-1}\in S_{i-1}$，$|b_{i1}|\leqslant\max\{c_{i1}|e_i|,\mu_{i1}\}=c_{i1}|e_i|$，当 $e_i\neq0$ 时，

$$|x_i-\varsigma_{i-1}+b_{i1}|\geqslant(1-c_{i1})|e_i|\tag{B.42}$$

$$\mathrm{sgn}(x_i-\varsigma_{i-1}+b_{i1})=\mathrm{sgn}(e_i)\tag{B.43}$$

因此，

$$\nu_i(|x_i-\varsigma_{i-1}+b_{i1}|)|x_i-\varsigma_{i-1}+b_{i1}| \geqslant (1-c_{i1})\nu_i((1-c_{i1})|e_i|)|e_i| \tag{B.44}$$

在式 (B.37) 情形下，对任意的 $\phi_i^* \in \Phi_i^*(e_{i+1},\bar{x}_i,\bar{\mu}_{(i-1)1},\bar{\mu}_{(i-1)2},z)$，由 $\varsigma_{i-1} \in S_{i-1}$，$|b_{i1}| \leqslant \max\{c_{i1}|e_i|,\mu_{i1}\}$ 和 $|b_{i2}| \leqslant \mu_{i2}$，并利用式 (B.38)~ 式 (B.44)，有

$$\begin{aligned}
&\boldsymbol{\nabla} V_i\left(\kappa_i(x_i-\varsigma_{i-1}+b_{i1})+b_{i2}+\phi_i^*\right)\\
&= e_i\Big(-\nu_i(|x_i-\varsigma_{i-1}+b_{i1}|)(x_i-\varsigma_{i-1}+b_{i1})+b_{i2}+\phi_i^*\Big)\\
&\leqslant -\nu_i(|x_i-\varsigma_{i-1}+b_{i1}|)|x_i-\varsigma_{i-1}+b_{i1}||e_i|+|b_{i2}||e_i|+|\phi_i^*||e_i|\\
&\leqslant -(1-c_{i2})(1-c_{i1})\nu_i((1-c_{i1})|e_i|)|e_i|^2+\Pi_i(|e_i|)|e_i|-\frac{\iota_i}{2}|e_i|^2\\
&\leqslant -\frac{\iota_i}{2}|e_i|^2=-\iota_i\alpha_V(|e_i|)
\end{aligned} \tag{B.45}$$

由此可以得到式 (5.111)。

## B.5 引理 5.5 的证明

为方便记号，定义 $v_n=u$。注意到 $S_1(\bar{x}_1,\bar{\mu}_{11},\bar{\mu}_{12})$ 的定义式 (5.101) 也具有式 (5.104) 的形式，其中 $S_0(\bar{x}_0,\bar{\mu}_{01},\bar{\mu}_{02}):=\{0\}$。那么，$v_0 \in S_0(\bar{x}_0,\bar{\mu}_{01},\bar{\mu}_{02})$。假设 $v_{i-1}\in S_{i-1}(\bar{x}_{i-1},\bar{\mu}_{(i-1)1},\bar{\mu}_{(i-1)2})$。则可以找到 $\varsigma_{i-1}\in S_{i-1}(\bar{x}_{i-1},\bar{\mu}_{(i-1)1},\bar{\mu}_{(i-1)2})$，$|b_{i1}|\leqslant \max\{c_{i1}|e_i|,\mu_{i1}\}$ 和 $|b_{i2}|\leqslant\mu_{i2}$ 使得

$$v_i=\kappa_i(x_i-\varsigma_{i-1}+b_{i1})+b_{i2}\in S_i(\bar{x}_i,\bar{\mu}_{i1},\bar{\mu}_{i2}) \tag{B.46}$$

反复运用这一推导，可证明性质 (5.118)。此处仅考虑 $e_i\geqslant 0$ 的情形。$e_i<0$ 下的证明与之类似。以下的证明分为两部分。

1. $|\kappa_i(q_{i1}(x_i-v_{i-1},\mu_{i1}))|\leqslant M_{i2}\mu_{i2}$

在假设 5.6 满足的情况下，可以找到 $|b_{i2}|\leqslant\mu_{i2}$ 使得

$$q_{i2}(\kappa_i(q_{i1}(x_i-v_{i-1},\mu_{i1})),\mu_{i2})=\kappa_i(q_{i1}(x_i-v_{i-1},\mu_{i1}))+b_{i2} \tag{B.47}$$

(1) $|x_i-v_{i-1}|\leqslant M_{i1}\mu_{i1}$。

这种情况下，由假设 5.6 可得存在 $|b_{i1}|\leqslant\mu_{i1}$ 使得

$$q_{i1}(x_i-v_{i-1},\mu_{i1})=x_i-v_{i-1}+b_{i1} \tag{B.48}$$

令 $\varsigma_{i-1}=v_{i-1}$，那么，$\varsigma_{i-1}\in S_{i-1}(\bar{x}_{i-1},\bar{\mu}_{(i-1)1},\bar{\mu}_{(i-1)2})$ 并且

$$q_{i1}(x_i - v_{i-1}, \mu_{i1}) = x_i - \varsigma_{i-1} + b_{i1} \tag{B.49}$$

(2) $|x_i - v_{i-1}| > M_{i1}\mu_{i1}$。

这种情况下，由假设 5.6 可得存在 $|b_{i1}| \leqslant \mu_{i1}$ 使得

$$q_{i1}(x_i - v_{i-1}, \mu_{i1}) = \mathrm{sgn}(x_i - v_{i-1})M_{i1}\mu_{i1} + b_{i1} \tag{B.50}$$

接下来考虑如下两种情形:

① $e_i > 0$。考虑到式 (5.105) 和式 (5.116)。这种情况下有 $x_i > v_{i-1}$ 并且

$$\begin{aligned} x_i - v_{i-1} &> M_{i1}\mu_{i1} \geqslant e_i \\ &= x_i - \max S_{i-1}(\bar{x}_{i-1}, \bar{\mu}_{(i-1)1}, \bar{\mu}_{(i-1)2}) \end{aligned} \tag{B.51}$$

可以找到 $\varsigma_{i-1} \in [v_{i-1}, \max S_{i-1}(\bar{x}_{i-1}, \bar{\mu}_{(i-1)1}, \bar{\mu}_{(i-1)2})]$ 使得 $x_i - \varsigma_{i-1} = M_{i1}\mu_{i1}$，并因此有

$$q_{i1}(x_i - v_{i-1}, \mu_{i1}) = x_i - \varsigma_{i-1} + b_{i1} \tag{B.52}$$

② $e_i = 0$。利用式 (5.105) 可得 $x_i \in S_{i-1}(\bar{x}_{i-1}, \bar{\mu}_{(i-1)1}, \bar{\mu}_{(i-1)2})$ 并能找到 $\varsigma_{i-1} \in S_{i-1}(\bar{x}_{i-1}, \bar{\mu}_{(i-1)1}, \bar{\mu}_{(i-1)2})$ 使得 $x_i - \varsigma_{i-1} = \mathrm{sgn}(x_i - v_{i-1})M_{i1}\mu_{i1}$。因此

$$q_{i1}(x_i - v_{i-1}, \mu_{i1}) = x_i - \varsigma_{i-1} + b_{i1} \tag{B.53}$$

由式 (B.49) 和式 (B.53)，在 $|\kappa_i(q_{i1}(x_i - v_{i-1}))| \leqslant M_{i2}\mu_{i2}$ 的情况下，可以找到 $\varsigma_{i-1} \in S_{i-1}(\bar{x}_{i-1})$，$|b_{i1}| \leqslant \mu_{i1}$ 和 $|b_{i2}| \leqslant \mu_{i2}$ 使得

$$v_i = q_{i2}(\kappa_i(q_{i1}(x_i - v_{i-1}))) = \kappa_i(x_i - \varsigma_{i-1} + b_{i1}) + b_{i2} \tag{B.54}$$

2. $|\kappa_i(q_{i1}(x_i - v_{i-1}, \mu_{i1}))| > M_{i2}\mu_{i2}$

在开始讨论前，先给出如下引理。

**引理 B.1**　在引理 5.5 的条件下，若 $|\kappa_i(q_{i1}(x_i - v_{i-1}, \mu_{i1}))| > M_{i2}\mu_{i2}$，则

$$\mathrm{sgn}(x_i - v_{i-1}) = \mathrm{sgn}(q_{i1}(x_i - v_{i-1}, \mu_{i1})) \tag{B.55}$$

引理 B.1 的证明在引理 5.5 证明后给出。

注意到 $\kappa_i$ 是奇的、严格递减的函数。那么，有

$$\begin{aligned} \mathrm{sgn}(\kappa_i(q_{i1}(x_i - v_{i-1}, \mu_{i1}))) &= -\mathrm{sgn}(q_{i1}(x_i - v_{i-1}, \mu_{i1})) \\ &= -\mathrm{sgn}(x_i - v_{i-1}) \end{aligned} \tag{B.56}$$

在假设 5.6 下，应用引理 B.1，可以找到 $|b_{i2}| \leqslant \mu_{i2}$，使得

$$\begin{aligned} & q_{i2}(\kappa_i(q_{i1}(x_i - v_{i-1}, \mu_{i1})), \mu_{i2}) \\ & = \operatorname{sgn}(\kappa_i(q_{i1}(x_i - v_{i-1}, \mu_{i1})))M_{i2}\mu_{i2} + b_{i2} \\ & = -\operatorname{sgn}(x_i - v_{i-1})M_{i2}\mu_{i2} + b_{i2} \end{aligned} \tag{B.57}$$

(1) $e_i > 0$。这种情况下，利用式 (5.105) 可得 $x_i > v_{i-1}$。因此

$$\kappa_i(q_{i1}(x_i - v_{i-1}, \mu_{i1})) < 0, \tag{B.58}$$

$$q_{i2}(\kappa_i(q_{i1}(x_i - v_{i-1}, \mu_{i1}))) = -M_{i2}\mu_{i2} + b_{i2} \tag{B.59}$$

由 $|\kappa_i(q_{i1}(x_i - v_{i-1}, \mu_{i1}))| > M_{i2}\mu_{i2}$，并根据 (B.58) 可得

$$\kappa_i(q_{i1}(x_i - v_{i-1}, \mu_{i1})) < -M_{i2}\mu_{i2} \tag{B.60}$$

考虑如下两种情形：

① $x_i - v_{i-1} \leqslant M_{i1}\mu_{i1}$。在假设 5.6 下，可以找到 $|b'_{i1}| \leqslant \mu_{i1}$，使得

$$\begin{aligned} & \kappa_i(x_i \quad v_{i-1} + b'_{i1}) - \kappa_i(q_{i1}(x_i - v_{i-1}, \mu_{i1})) \\ & \qquad < -M_{i2}\mu_{i2} \end{aligned} \tag{B.61}$$

② $x_1 - v_{i-1} > M_{i1}\mu_{i1}$。在假设 5.6 下，可以找到 $|b'_{i1}| \leqslant \mu_{i1}$ 使得

$$\begin{aligned} & \kappa_i(M_{i1}\mu_{i1} + b'_{i1}) = \kappa_i(q_{i1}(x_i - v_{i-1}, \mu_{i1})) \\ & \qquad < -M_{i2}\mu_{i2} \end{aligned} \tag{B.62}$$

利用 $\kappa_i$ 的严格递减性可得

$$\kappa_i(x_i - v_{i-1} + b'_{i1}) < \kappa_i(M_{i1}\mu_{i1} + b'_{i1}) < -M_{i2}\mu_{i2} \tag{B.63}$$

因此在上述任何情形下都可以找到 $|b'_{i1}| \leqslant \mu_{i1}$ 使得

$$\kappa_i(x_i - v_{i-1} + b'_{i1}) < \kappa_i(M_{i1}\mu_{i1} + b'_{i1}) < -M_{i2}\mu_{i2} \tag{B.64}$$

根据式 (5.117)，可得

$$\bar{\kappa}_i((1 - c_{i1})|e_i|) < M_{i2}\mu_{i2} \tag{B.65}$$

根据 $e_i$ 的定义，并由 $e_i > 0$，有

$$\kappa_i(x_i - \max S_{i-1}(\bar{x}_{i-1}, \bar{\mu}_{(i-1)1}, \bar{\mu}_{(i-1)2}) - c_{i1}e_i) > -M_{i2}\mu_{i2} \tag{B.66}$$

考虑到式 (B.64)、式 (B.66) 和 $\kappa_i$ 的连续性。那么，可以找到 $\varsigma_{i-1} \in [v_{i-1}, \max S_{i-1}(\bar{x}_{i-1}, \bar{\mu}_{(i-1)1}, \bar{\mu}_{(i-1)2})]$ 和 $b_{i1} \in [-c_{i1}e_i, b'_{i1}]$，使得

$$\kappa_i(x_i - \varsigma_{i-1} + b_{i1}) = -M_{i2}\mu_{i2} \tag{B.67}$$

由式 (B.59) 可得

$$\begin{aligned} v_i &= q_{i2}(\kappa_i(q_{i1}(x_i - v_{i-1}, \mu_{i1}))) \\ &= \kappa_i(x_i - \varsigma_{i-1} + b_{i1}) + b_{i2} \end{aligned} \tag{B.68}$$

(2) $e_i = 0$。这种情形下 $x_i \in S_{i-1}(\bar{x}_{i-1}, \bar{\mu}_{(i-1)1}, \bar{\mu}_{(i-1)2})$。由引理 B.1，可得 $x_i - v_{i-1} \neq 0$。考虑如下两种情形：

① $|x_i - v_{i-1}| \leqslant M_{i1}\mu_{i1}$，定义 $\varsigma'_{i-1} = v_{i-1}$。在假设 5.6 下，可以找到 $|b'_{i1}| \leqslant \mu_{i1}$，使得

$$\begin{aligned} \kappa_i(x_i - \varsigma'_{i-1} + b'_{i1}) &= \kappa_i(q_{i1}(x_i - v_{i-1}, \mu_{i1})) \\ &\begin{cases} > M_{i2}\mu_{i2}, & \text{如果 } x_i < \varsigma'_{i-1} \\ < -M_{i2}\mu_{i2}, & \text{如果 } x_i > \varsigma'_{i-1} \end{cases} \end{aligned} \tag{B.69}$$

在推导过程中，对式 (B.69) 的后一部分应用了 $|\kappa_i(q_{i1}(x_i - v_{i-1}, \mu_{i1}))| > M_{i2}\mu_{i2}$ 和式 (B.56)。

② $|x_i - v_{i-1}| > M_{i1}\mu_{i1}$。在假设 5.6 下，可以找到 $|b'_{i1}| \leqslant \mu_{i1}$，使得

$$\begin{aligned} &\kappa_i(\text{sgn}(x_i - v_{i-1})M_{i1}\mu_{i1} + b'_{i1}) \\ &= \kappa_i(q_{i1}(x_i - v_{i-1}, \mu_{i1})) \begin{cases} > M_{i2}\mu_{i2}, & \text{如果 } x_i < v_{i-1} \\ < -M_{i2}\mu_{i2}, & \text{如果 } x_i > v_{i-1} \end{cases} \end{aligned} \tag{B.70}$$

当 $|x_i - v_{i-1}| > M_{i1}\mu_{i1}$ 时，可以找到 $\varsigma'_{i-1} \in [x_i, v_{i-1}]$ 使得 $\text{sgn}(x_i - \varsigma'_{i-1}) = \text{sgn}(x_i - v_{i-1})$ 并且 $\text{sgn}(x_i - v_{i-1})M_{i1}\mu_{i1} = x_i - \varsigma'_{i-1}$。用这种方法可得

$$\kappa_i(x_i - \varsigma'_{i-1} + b'_{i1}) \begin{cases} > M_{i2}\mu_{i2}, & \text{如果 } x_i < \varsigma'_{i-1} \\ < -M_{i2}\mu_{i2}, & \text{如果 } x_i > \varsigma'_{i-1} \end{cases} \tag{B.71}$$

注意到 $\kappa_i(x_i - x_i + 0) = \kappa_i(0) = 0$。利用 $\kappa_i$ 的连续性，可以找到 $\varsigma_{i-1} \in [x_i, \varsigma'_{i-1}]$ 和 $b_{i1} \in [0, b'_{i1}]$，使得

$$\text{sgn}(x_i - \varsigma_{i-1}) = \text{sgn}(x_i - \varsigma'_{i-1}) = \text{sgn}(x_i - v_{i-1}) \tag{B.72}$$

$$\kappa_i(x_i - \varsigma_{i-1} + b_{i1}) = -\text{sgn}(x_i - v_{i-1})M_{i2}\mu_{i2} \tag{B.73}$$

显然 $\varsigma_{i-1} \in S_{i-1}(\bar{x}_{i-1}, \bar{\mu}_{(i-1)1}, \bar{\mu}_{(i-1)2})$ 并且 $|b_{i1}| \leqslant \mu_{i1}$。再由式 (B.57) 可得

$$\begin{aligned} v_i &= q_{i2}(\kappa_i(q_{i1}(x_i - v_{i-1}, \mu_{i1}))) \\ &= \kappa_i(x_i - \varsigma_{i-1} + b_{i1}) + b_{i2} \end{aligned} \tag{B.74}$$

由上述两部分的讨论，引理 5.5 得证。

引理 B.1 的证明如下。

考虑如下两种情形：

(1) $|x_i - v_{i-1}| > M_{i1}\mu_{i1}$。在假设 5.6 下，可以找到 $|b_{i1}| \leqslant \mu_{i1}$ 使得

$$q_{i1}(x_i - v_{i-1}, \mu_{i1}) = \operatorname{sgn}(x_i - v_{i-1})M_{i1}\mu_{i1} + b_{i1} \tag{B.75}$$

由 $M_{i1} > 2$，因此，

$$\operatorname{sgn}(x_i - v_{i-1}) = \operatorname{sgn}(q_{i1}(x_i - v_{i-1}, \mu_{i1})) \tag{B.76}$$

(2) $|x_i - v_{i-1}| \leqslant M_{i1}\mu_{i1}$。在假设 5.6 下，可以找到 $|b_{i1}| \leqslant \mu_{i1}$ 使得

$$q_{i1}(x_i - v_{i-1}, \mu_{i1}) = x_i - v_{i-1} + b_{i1} \tag{B.77}$$

由 $|\kappa_i(q_{i1}(x_i - v_{i-1}, \mu_{i1}))| > M_{i2}\mu_{i2}$ 可知 $q_{i1}(x_i - v_{i-1}, \mu_{i1}) \neq 0$。如果 $\operatorname{sgn}(x_i - v_{i-1}) \neq \operatorname{sgn}(q_{i1}(x_i - v_{i-1}, \mu_{i1}))$，那么 $\operatorname{sgn}(b_{i1}) = \operatorname{sgn}(q_{i1}(x_i - v_{i-1}, \mu_{i1}))$ 并且 $|b_{i1}| > |x_i - v_{i-1}|$。因此，$|x_i - v_{i-1} + b_{i1}| \leqslant |b_{i1}| \leqslant \mu_{i1}$。注意到由 $\dfrac{1}{M_{i1}} < c_{i1} < 0.5$，可以得到

$$\begin{aligned} |\kappa_i(q_{i1}(x_i - v_{i-1}, \mu_{i1}))| &\leqslant \bar{\kappa}_i(\mu_{i1}) \\ &\leqslant \bar{\kappa}_i\left(\frac{1 - c_{i1}}{c_{i1}}\mu_{i1}\right) \\ &< \bar{\kappa}_i((1 - c_{i1})M_{i1}\mu_{i1}) \\ &= M_{i2}\mu_{i2} \end{aligned} \tag{B.78}$$

这与 $|\kappa_i(q_{i1}(x_i - v_{i-1}))| > M_{i2}\mu_{i2}$ 相矛盾。推导过程中在式 (B.78) 的最后一个不等式应用了式 (5.128)。

## B.6 引理 5.8 的证明

如果 $\chi_1, \chi_2 \in \mathcal{K}_\infty$ 满足对 $s \in \mathbb{R}_+$ 有 $\chi_1(s) > \chi_2(s)$，那么对 $s \in \mathbb{R}_+$ 有 $(\mathrm{Id} - \tilde{\chi}) \circ \chi_1(s) \geqslant \chi_2(s)$，其中 $\tilde{\chi} := \mathrm{Id} - \chi_2 \circ \chi_1^{-1}$ 是连续正定的。对所有的 $i = 1, \cdots, n$，如果式 (5.115) 满足，可以找到正定连续的 $\rho_i$，使得对所有的 $s \in \mathbb{R}_+$ 有

$$\sigma_i \circ \alpha_V\left(\frac{1}{c_{i1}}s\right) \leqslant (\mathrm{Id} - \rho_i) \circ \sigma_i \circ \alpha_V(M_{i1}s) \tag{B.79}$$

$$\begin{aligned}
&\sigma_i \circ \alpha_V\left(\frac{1}{1-c_{i1}}\bar{\kappa}_i^{-1}\left(\frac{1}{c_{i2}}s\right)\right)\\
&\leqslant (\mathrm{Id}-\rho_i)\circ\sigma_i\circ\alpha_V\left(\frac{1}{1-c_{i1}}\bar{\kappa}_i^{-1}(M_{i2}s)\right)
\end{aligned} \tag{B.80}$$

定义 $\rho(s)=\min\limits_{i=1,\cdots,n}\{\rho_i(s)\}$。那么，$\rho$ 是正定连续函数。利用式 (5.126)、式 (5.127)、式 (5.132) 和式 (5.138) 可得对任意 $t\in\mathbb{R}_+$，都有

$$B_2(\bar{\mu}_{n1}(t),\bar{\mu}_{n2}(t))\leqslant(\mathrm{Id}-\rho)(\Theta(t)) \tag{B.81}$$

注意到缩放变量 $\mu_{n1}(t)$ 和 $\mu_{n2}(t)$ 在 $[t_k,t_{k+1})$ 上是常量，即对所有 $t\in[t_k,t_{k+1})$，有 $\mu_{n1}(t)=\mu_{n1}(t_k)$ 和 $\mu_{n2}(t)=\mu_{n2}(t_k)$。假设式 (5.148) 成立。考虑如下两种情形：

(1) $V(e(X(t_{k+1}),\bar{\mu}_{n1}(t_k),\bar{\mu}_{n2}(t_k)))<\max\{(\mathrm{Id}-\rho)(\Theta(t_k)),\theta_0\}$。

(2) $V(e(X(t_{k+1}),\bar{\mu}_{n1}(t_k),\bar{\mu}_{n2}(t_k)))\geqslant\max\{(\mathrm{Id}-\rho)(\Theta(t_k)),\theta_0\}$。这种情况下，由式 (5.131)、式 (5.148) 和式 (B.81) 有 $V(e(X(t),\bar{\mu}_{n1}(t),\bar{\mu}_{n2}(t)))$ 对 $t\in[t_k,t_{k+1})$ 是严格递减的并对所有 $t\in[t_k,t_{k+1})$ 都有

$$\begin{aligned}
\max\{(\mathrm{Id}-\rho)(\Theta(t_k)),\theta_0\}&\leqslant V(e(X(t),\bar{\mu}_{n1}(t),\bar{\mu}_{n2}(t)))\\
&\leqslant\Theta(t_k)
\end{aligned} \tag{B.82}$$

利用式 (5.131) 可得

$$\begin{aligned}
&V(e(X(t_{k+1}),\bar{\mu}_{n1}(t_k),\bar{\mu}_{n2}(t_k)))\\
&\leqslant V(e(X(t_k),\bar{\mu}_{n1}(t_k),\bar{\mu}_{n2}(t_k)))-\int_{t_k}^{t_{k+1}}\alpha(V(e(X(\tau),\bar{\mu}_{n1}(\tau),\bar{\mu}_{n2}(\tau))))\mathrm{d}\tau\\
&\leqslant\Theta(t_k)-t_d\cdot\min_{\max\{(\mathrm{Id}-\rho)(\Theta(t_k)),\theta_0\}\leqslant v\leqslant\Theta(t_k)}\alpha(v)\\
&\leqslant\Theta(t_k)-t_d\cdot\min_{(\mathrm{Id}-\rho)(\Theta(t_k))\leqslant v\leqslant\Theta(t_k)}\alpha(v)
\end{aligned} \tag{B.83}$$

式中，$t_d=t_{k+1}-t_k$。定义 $\rho'(s)=t_d\cdot\min\limits_{(\mathrm{Id}-\rho)(s)\leqslant v\leqslant s}\alpha(v)$，$s\in\mathbb{R}_+$。那么，可以直接得到 $\rho'$ 是连续正定的且满足

$$V(e(X(t_{k+1}),\bar{\mu}_{n1}(t_k),\bar{\mu}_{n2}(t_k)))\leqslant(\mathrm{Id}-\rho')(\Theta(t_k)) \tag{B.84}$$

这样我们就找到了正定连续的函数 $\bar{\rho}$，使得 $(\mathrm{Id}-\bar{\rho})\in\mathcal{K}_\infty$ 并且对 $s\in\mathbb{R}_+$ 都有 $(\mathrm{Id}-\bar{\rho})(s)\geqslant\max\{(\mathrm{Id}-\rho)(s),(\mathrm{Id}-\rho')(s)\}$。

引理 5.8 得证。

# 参考文献


[1] Zhou K, Doyle J C, Glover K. Robust and Optimal Control. Englewood Cliffs: Prentice Hall, 1995.

[2] Sandberg I W. On the $\mathcal{L}_2$-boundedness of solutions of nonlinear functional equations. Bell System Technical Journal, 1964, 43: 1581–1599.

[3] Zames G. On the input-output stability of time-varying nonlinear feedback systems–Part II: Conditions involving circles in the frequency plane and sector nonlinearities. IEEE Transactions on Automatic Control, 1966, 11: 465–476.

[4] Desoer C A, Vidyasagar M. Feedback Systems: Input-Output Properties. New York: Academic Press, 1975.

[5] Doyle J, Francis B, Tannenbaum A. Feedback Control Systems. New York: MacMillan Publishing Co, 1992.

[6] Krstić M, Kanellakopoulos I, Kokotović P V. Nonlinear and Adaptive Control Design. New York: John Wiley & Sons, 1995.

[7] Sepulchre R, Jankovic M, Kokotović P V. Constructive Nonlinear Control. New York: Springer-Verlag, 1997.

[8] Krstić M, Deng H. Stabilization of Nonlinear Uncertain Systems. London: Springer-Verlag, 1998.

[9] Hahn W. Stability of Motion. Berlin: Springer-Verlag, 1967.

[10] Khalil H K. Nonlinear Systems. third edition. New Jersey: Prentice-Hall, 2002.

[11] Bacciotti A, Rosier L. Liapunov Functions and Stability in Control Theory. second edition. Berlin: Springer-Verlag, 2005.

[12] Sontag E D. Nonlinear and Optimal Control Theory (Input to state stability: Basic concepts and results). Berlin: Springer-Verlag, 2007.

[13] Sontag E D. Smooth stabilization implies coprime factorization. IEEE Transactions on Automatic Control, 1989, 34(4): 435–443.

[14] Jiang Z P, Teel A R, Praly L. Small-gain theorem for ISS systems and applications. Mathematics of Control, Signals and Systems, 1994, 7(2): 95–120.

[15] Sontag E D, Wang Y. New characterizations of input-to-state stability. IEEE Transactions on Automatic Control, 1996, 41(9): 1283–1294.

[16] Chen C T. Linear System Theory and Design. Oxford: Oxford University Press, 1999.

[17] Sontag E D. Comments on integral variants of ISS. Systems & Control Letters, 1998, 34: 93–100.

[18] Sontag E D, Wang Y. On characterizations of the input-to-state stability property. Systems & Control Letters, 1995, 24: 351–359.

[19] Federer H. Geometric Measure Theory. New York: Springer-Verlag, 1969.

[20] Lin Y, Sontag E D, Wang Y. A smooth converse Lyapunov theorem for robust stability.

SIAM Journal on Control and Optimization, 1996, 34:124–160.

[21] Karafyllis I, Jiang Z P. Stability and Stabilization of Nonlinear Systems. London: Springer, 2011.

[22] Sontag E D, Teel A R. Changing supply functions in input/state stable systems. IEEE Transactions on Automatic Control, 1995, 40: 1476–1478.

[23] Sandberg I W. An observation concerning the application of the contraction mapping fixed-point theorem and a result concerning the norm-boundedness of solutions of nonlinear functional equations. Bell System Technical Journal, 1965, 44: 1809–1812.

[24] Zames G. On the input-output stability of time-varying nonlinear feedback systems—Part I: Conditions derived using concepts of loop gain, conicity, and positivity. IEEE Transactions on Automatic Control, 1966, 11: 228–238.

[25] Hill D J. A generalization of the small-gain theorem for nonlinear feedback systems. Automatica, 1991, 27: 1043–1045.

[26] Mareels I M Y, Hill D J. Monotone stability of nonlinear feedback systems. Journal of Mathematical Systems, Estimation, and Control, 1992, 2: 275–291.

[27] Hill D J, Moylan P J. Dissipative dynamical systems: Basic input-output and state properties. Journal of Franklin Institute, 1980, 5: 327–357.

[28] Hill D J, Moylan P J. General instability results for interconnected systems. SIAM Journal on Control and Optimization, 1983, 21: 256–279.

[29] Hill D J. Dissipativeness, stability theory and some remaining problems// Byrnes C I, Martin C F, Saeks R E. Analysis and Control of Nonlinear Systems, Amsterdam: North-Holland, 1988.

[30] Vorotnikov V I. Partial Stability and Control. Boston: Birkhäuser, 1998.

[31] Willems J C. The generation of Lyapunov functions for input-output stable systems. SIAM Journal on Control, 1971, 9: 105–134.

[32] Hill D J, Moylan P J. Connections between finite-gain and asymptotic stability. IEEE Transactions on Automatic Control, 1980, 25: 931–936.

[33] Jiang Z P, Praly L. Preliminary results about robust Lagrange stability in adaptive nonlinear regulation. International Journal of Adaptive Control and Signal Processing, 1992, 6: 285–307.

[34] Hespanha J P, Liberzon D, Angeli D, et al. Nonlinear norm-observability notions and stability of switched systems. IEEE Transactions on Automatic Control, 2005, 50: 154–168.

[35] LaSalle J, Lefschetz S. Stability by Liapunov's Direct Method with Applications. New York: Academic Press, 1961.

[36] Aizerman M A, Gantmacher F R. Absolute Stability of Regulator Systems. San Francisco: Holden Day, 1963.

[37] Krasovskii N N. Stability of Motion. Stanford: Stanford University Press, 1963.

[38] Tsinias J. Sufficient Lyapunov-like conditions for stabilization. Mathematics of Control, Signals, and Systems, 1989, 2: 343–357.

[39] Bacciotti A. Local Stabilizability of Nonlinear Control Systems. Singapore: World Scientific, 1992.

[40] van der Schaft A J. $\mathcal{L}_2$-Gain and Passivity Techniques in Nonlinear Control. London: Springer-Verlag, 1996.

[41] Clarke F H, Ledyaev Y S, Stern R J, et al. Asymptotic stability and smooth Lyapunov functions. Journal of Differential Equations, 1998, 149: 69–114.

[42] Bacciotti A, Rosier L. Lyapunov stability and Lagrange stability: Inverse theorems for discontinuous systems. Mathematics of Control, Signals and Systems, 1998, 11: 101–125.

[43] Teel A R, Praly L. A smooth Lyapunov function from a class-$\mathcal{KL}$ estimate involving two positive functions. ESAIM Control Optimisation and Calculus of Variations, 2000, 5:313–367.

[44] Ingalls B, Sontag E D, Wang Y. Generalizations of asymptotic gain characterizations of ISS to input-to-output stability. In Proceedings of the 2001 American Control Conference, Arlington, VA, USA, 2001: 704–708.

[45] Jiang Z P, Wang Y. Input-to-state stability for discrete-time nonlinear systems. Automatica, 2001, 37: 857–869.

[46] Karafyllis I, Tsinias J. Non-uniform in time input-to-state stability and the small-gain theorem. IEEE Transactions on Automatic Control, 2004, 49: 196–216.

[47] Kellett C, Teel A R. Smooth Lyapunov functions and robustness of stability for difference inclusions. Systems & Control Letters, 2004, 52: 395–405.

[48] Praly L, Wang Y. Stabilization in spite of matched unmodeled dynamics and an equivalent definition of input-to-state stability. Mathematics of Control, Signals and Systems, 1996, 9: 1–33.

[49] Sontag E D. Further facts about input to state stabilization. IEEE Transactions on Automatic Control, 1990, 35: 473–476.

[50] Sontag E D, Wang Y. Notions of input to output stability. Systems & Control Letters, 1999, 38: 351–359.

[51] Sontag E D, Wang Y. Lyapunov characterization of input to output stability. SIAM Journal on Control and Optimization, 2001, 39: 226–249.

[52] Grüne L. Input-to-state dynamical stability and its Lyapunov function characterization. IEEE Transactions on Automatic Control, 2002, 47: 1499–1504.

[53] Grüne L. Asymptotic Behavior of Dynamical and Control Systems under Perturbation and Discretization. Berlin: Springer, 2002.

[54] Coron J M. Control and Nonlinearity. Boston: American Mathematical Society, 2007.

[55] Karafyllis I, Kravaris C, Syrou L, et al. A vector Lyapunov function characterization of

input-to-state stability with application to robust global stabilization of the chemostat. European Journal of Control, 2008, 14: 47–61.

[56] Malisoff M, Mazenc F. Constructions of Strict Lyapunov Functions. London: Springer-Verlag, 2009.

[57] Kellett C, Teel A R. On the robustness of $\mathcal{KL}$-stability for difference inclusions: Smooth discrete-time Lyapunov functions. SIAM Journal on Control and Optimization, 2005, 44: 777–800.

[58] Cai C, Teel A R. Input-output-to-state stability for discrete-time systems. Automatica, 2008, 44: 326–336.

[59] Goebel R. Set-valued Lyapunov functions for difference inclusions. Automatica, 2011, 47: 127–132.

[60] Pepe P, Ito H. On saturation, discontinuities and delays, in iISS and ISS feedback control redesign. IEEE Transactions on Automatic Control, 2012, 57: 1125–1140.

[61] Nešić D, Teel A R. Changing supply functions in input to state stable systems: The discrete-time case. IEEE Transactions on Automatic Control, 2001, 46: 960–962.

[62] Willems J C. Dissipative dynamical systems, Part I: General theory; Part II: Linear systems with quadratic supply rates. Archive for Rationale Mechanics Analysis, 1972, 45: 321–393.

[63] Jiang Z P, Mareels I M Y, Wang Y. A Lyapunov formulation of the nonlinear small-gain theorem for interconnected systems. Automatica, 1996, 32: 1211–1215.

[64] Karafyllis I, Jiang Z P. A vector small-gain theorem for general nonlinear control systems. IMA Journal of Mathematical Control and Information, 2011, 28: 309–344.

[65] Isidori A. Nonlinear Control Systems II. London: Springer-Verlag, 1999.

[66] Laila D S, Nešić D. Lyapunov based small-gain theorem for parameterized discrete-time interconnected ISS systems. IEEE Transactions on Automatic Control, 2003, 48: 1783–1788.

[67] Nešić D, Liberzon D. A small-gain approach to stability analysis of hybrid systems. In Proceedings of the 44th IEEE Conference on Decision and Control. 2005: 5409–5414.

[68] Liberzon D, Nešić D. Stability analysis of hybrid systems via small-gain theorems//Hespanha J P, Tiwari A. Proceedings of the 9th International Workshop on Hybrid Systems: Computation and Control, Lecture Notes in Computer Science. Berlin: Springer, 2006: 421–435.

[69] Nešić D, Teel A R. A Lyapunov-based small-gain theorem for hybrid ISS systems. In Proceedings of the 47th IEEE Conference on Decision and Control, Cancun, Mexico, 2008: 3380–3385.

[70] Liberzon D, Nešić D, Teel A R. Lyapunov-based small-gain theorems for hybrid systems. Submitted to IEEE Transactions on Automatic Control, 2014, 59: 1395–1401.

[71] Huang J, Chen Z. A general framework for tackling the output regulation problem. IEEE Transactions on Automatic Control, 2004, 49: 2203–2218.

[72] Chen Z, Huang J. A general formulation and solvability of the global robust output regulation problem. IEEE Transactions on Automatic Control, 2005, 50: 448–462.

[73] Chen Z, Huang J. Global robust output regulation problem for output feedback systems. IEEE Transactions on Automatic Control, 2005, 50: 117–121.

[74] Chen T, Huang J. A small-gain approach to global stabilization of nonlinear feedforward systems with input unmodeled dynamics. Automatica, 2010, 46: 1028–1034.

[75] Huang J. Nonlinear Output Regulation: Theory and Applications. Philadelphia: SIAM, 2004.

[76] Carnevale D, Teel A R, Nešić D. A Lyapunov proof of an improved maximum allowable transfer interval for networked control systems. IEEE Transactions on Automatic Control, 2007, 52: 892–897.

[77] Postoyan R, Nešić D. Trajectory based small gain theorems for parameterized systems. In Proceedings of 2010 American Control Conference, Baltimore, MD, USA, 2010: 184–189.

[78] Jiang Z P, Mareels I M Y. A small-gain control method for nonlinear cascade systems with dynamic uncertainties. IEEE Transactions on Automatic Control, 1997, 42: 292–308.

[79] Jiang Z P, Mareels I M Y, Hill D J. Robust control of uncertain nonlinear systems via measurement feedback. IEEE Transactions on Automatic Control, 1999, 44: 807–812.

[80] Brogliato B, Lozano R, Maschke B, et al. Dissipative Systems Analysis and Control: Theory and Applications. second edition, London: Springer-Verlag, 2007.

[81] Haddad W M, Chellaboina V. Nonlinear Dynamical Systems and Control: A Lyapunov-Based Approach. Princeton: Princeton University Press, 2008.

[82] Teel A R. A nonlinear small gain theorem for the analysis of control systems with saturation. IEEE Transactions on Automatic Control, 1996, 41: 1256–1270.

[83] Angeli D, Sontag E D, Wang Y. A characterization of integral input-to-state stability. IEEE Transactions on Automatic Control, 2000, 45: 1082–1097.

[84] Ito H. State-dependent scaling problems and stability of interconnected iISS and ISS systems. IEEE Transactions on Automatic Control, 2006, 51: 1626–1643.

[85] Ito H, Jiang Z P. Necessary and sufficient small gain conditions for integral input-to-state stable systems: A Lyapunov perspective. IEEE Transactions on Automatic Control, 2009, 54: 2389–2404.

[86] Ito H, Pepe P, Jiang Z P. A small-gain condition for iISS of interconnected retarded systems based on Lyapunov-Krasovskii functionals. Automatica, 2010, 46: 1646–1656.

[87] Pepe P. On the asymptotic stability of coupled delay differential and continuous time difference equations. Automatica, 2005, 41: 107–112.

[88] Pepe P, Karafyllis I, Jiang Z P. On the Liapunov-Krasovskii methodology for the ISS of systems described by coupled delay differential and difference equations. Automatica, 2008, 44: 2266–2273.

[89] Jiang Z P, Jiang Y. Robust adaptive dynamic programming for linear and nonlinear systems: An overview. European Journal of Control, 2013, 19: 417–425.

[90] Moore F K, Greitzer E M. A theory of post-stall transients in axial compression systems-Part I: Development of equations. Journal of Engineering for Gas Turbines and Power, 1986, 108: 68–76.

[91] Arcak M, Kokotović P V. Nonlinear observers: A circle criterion design and robustness analysis. Automatica, 2001, 37: 1923–1930.

[92] Heemels W P M H, Weiland S. Input-to-state stability and interconnections of discontinuous dynamical systems. Automatica, 2008, 44: 3079–3086.

[93] Filippov A F. Differential Equations with Discontinuous Righthand Sides. Amsterdam: Kluwer Academic Publishers, 1988.

[94] Clarke F H, Ledyaev Y S, Stern R J, et al. Nonsmooth Analysis and Control Theory. New York: Springer, 1998.

[95] Jiang Z P, Wang Y. A generalization of the nonlinear small-gain theorem for large-scale complex systems. In Proceedings of the 7th World Congress on Intelligent Control and Automation, Chongqing, China, 2008: 1188–1193.

[96] Tiwari S, Wang Y, Jiang Z P. Nonlinear small-gain theorems for large-scale time-delay systems. Dynamics of Continuous, Discrete and Impulsive Systems Series A: Mathematical Analysis, 2012, 19: 27–63.

[97] Cai C, Teel A R. Characterizations of input-to-state stability for hybrid systems. Systems & Control Letters, 2009, 58: 47–53.

[98] Jiang Z P, Wang Y. A converse Lyapunov theorem for discrete-time systems with disturbances. Systems & Control Letters, 2002, 45: 49–58.

[99] Potrykus H G, Allgöwer F, Qin S J. The character of an idempotent-analytic nonlinear small gain theorem//Benvenuti L, De Santis A, Farina L. Positive Systems, volume 294 of Lecture Notes in Control and Information Science. Berlin: Springer, 2003: 361–368.

[100] Dashkovskiy S, Rüffer B S, Wirth F R. An ISS small-gain theorem for general networks. Mathematics of Control, Signals and Systems, 2007, 19: 93–122.

[101] Rüffer B S. Monotone Systems, Graphs and Stability of Large-Scale Interconnected Systems. Bremen: University of Bremen, 2007.

[102] Jiang Z P, Lin Y, Wang Y. Nonlinear small-gain theorems for discrete-time large-scale systems. In Proceedings of the 27th Chinese Control Conference, Kunming, China, 2008: 704–708.

[103] Teel A R. Input-to-state stability and the nonlinear small-gain theorem. Private

communications.

[104] Dashkovskiy S, Rüffer B S, Wirth F R. Small gain theorems for large scale systems and construction of ISS Lyapunov functions. SIAM Journal on Control and Optimization, 2010, 48: 4089–4118.

[105] Liu T, Hill D J, Jiang Z P. Lyapunov formulation of ISS cyclic-small-gain in continuous-time dynamical networks. Automatica, 2011, 47: 2088–2093.

[106] Liu T, Hill D J, Jiang Z P. Lyapunov formulation of the large-scale, ISS cyclic-small-gain theorem: The discrete-time case. Systems & Control Letters, 2012, 61: 266–272.

[107] Liberzon D, Nešić D. Input-to-state stabilization of linear systems with quantized state measurements. IEEE Transactions on Automatic Control, 2007, 52: 767–781.

[108] Karafyllis I, Jiang Z P. A small-gain theorem for a wide class of feedback systems with control applications. SIAM Journal on Control and Optimization, 2007, 46: 1483–1517.

[109] Hespanha J P, Liberzon D, Teel A R. Lyapunov conditions for input-to-state stability of impulsive systems. Automatica, 2008, 44: 2735–2744.

[110] Dashkovskiy S, Kosmykov M. Stability of networks of hybrid ISS systems. In Proceedings of Joint 48th IEEE Conference on Decision and Control and 28th Chinese Control Conference, Shanghai, China, 2009: 3870–3875.

[111] Karafyllis I, Jiang Z P. Global stabilization of nonlinear systems based on vector control Lyapunov functions. IEEE Transactions on Automatic Control, 2013, 58: 2550–2562.

[112] Liu T, Jiang Z P, Hill D J. Lyapunov formulation of the ISS cyclic-small-gain theorem for hybrid dynamical networks. Nonlinear Analysis: Hybrid Systems, 2012, 6: 988–1001.

[113] Goebel R, Teel A R. Solution to hybrid inclusions via set and graphical convergence with stability theory applications. Automatica, 2006, 42: 573–587.

[114] Aubin J P, Frankowska H. Set-Valued Analysis. Boston: Birkhäuser, 1990.

[115] Lemmon M D. Event-triggered feedback in control, estimation, and optimization//Bemporad A, Heemels M, Johansson M. Networked Control Systems, Lecture Notes in Control and Information Sciences. Berlin: Springer-Verlag, 2010: 293–358.

[116] Heemels W P M H, Johansson K H, Tabuada P. An introduction to event-triggered and self-triggered control. In Proceedings of the 51st IEEE Conference on Decision and Control, Maui, HI, USA, 2012: 3270–3285.

[117] Tabuada P. Event-triggered real-time scheduling of stabilizing control tasks. IEEE Transactions on Automatic Control, 2007, 52: 1680–1685.

[118] Wang X, Lemmon M D. On event design in event-triggered feedback systems. Automatica, 2011, 47: 2319–2322.

[119] Goebel R, Sanfelice R G, Teel A R. Hybrid Dynamical Systems: Modeling, Stability,

and Robustness. Princeton: Princeton University Press, 2012.

[120] Donkers T, Heemels M. Output-based event-triggered control with guaranteed $\mathcal{L}_\infty$-gain and improved and decentralized event-triggering. IEEE Transactions on Automatic Control, 2012, 57: 1362–1376.

[121] Freeman R A, Kokotović P V. Robust Nonlinear Control Design: State-space and Lyapunov Techniques. Boston: Birkhäuser, 1996.

[122] Freeman R A. Global internal stabilization does not imply global external stabilizability for small sensor disturbances. IEEE Transactions on Automatic Control, 1995, 40: 2119–2122.

[123] Ledyaev Y S, Sontag E D. A Lyapunov characterization of robust stabilization. Nonlinear Analysis, 1999, 37: 813–840.

[124] Liu T, Jiang Z P. A small-gain approach to robust event-triggered control of nonlinear systems. IEEE Transactions on Automatic Control, 2015, 60: 2072–2085.

[125] Liu T, Jiang Z P. Event-triggered control of nonlinear systems with partial state feedback. Automatica, 2015, 53: 10–22.

[126] Zhang P P, Liu T, Jiang Z P. Input-to-state stabilization of nonlinear discrete-time systems with event-triggered controllers. Systems & Control Letters, 2017, 103: 16–22.

[127] Liberzon D. Switching in Systems and Control. Boston: Birkhäuser, 2003.

[128] Elia N, Mitter S K. Stabilization of linear systems with limited information. IEEE Transactions on Automatic Control, 2001, 46: 1384–1400.

[129] Fu M, Xie L. The sector bound approach to quantized feedback control. IEEE Transactions on Automatic Control, 2005, 50: 1698–1711.

[130] Liu J, Elia N. Quantized feedback stabilization of non-linear affine systems. International Journal of Control, 2004, 77: 239–249.

[131] Ceragioli F, De Persis C, Discontinuous stabilization of nonlinear systems: Quantized and switching controls. Systems & Control Letters, 2007, 56: 461–473.

[132] Brockett R W, Liberzon D. Quantized feedback stabilization of linear systems. IEEE Transactions on Automatic Control, 2000, 45: 1279–1289.

[133] Liberzon D. Hybrid feedback stabilization of systems with quantized signals. Automatica, 2003, 39: 1543–1554.

[134] Nešić D, Liberzon D. A unified framework for design and analysis of networked and quantized control systems. IEEE Transactions on Automatic Control, 2009, 54: 732–747.

[135] De Persis C. $n$-bit stabilization of $n$-dimensional nonlinear systems in feedforward form. IEEE Transactions on Automatic Control, 2005, 50: 299–311.

[136] Liberzon D. Quantization, time delays, and nonlinear stabilization. IEEE Transactions on Automatic Control, 2006, 51: 1190–1195.

[137] Liberzon D. Observer-based quantized output feedback control of nonlinear systems.

In Proceedings of the 17th IFAC World Congress, Seoul, Korea, 2008: 8039–8043.

[138] Jiang Z P, Liu T. Quantized nonlinear control—A survey. Acta Automatica Sinica, 2013, 39: 1820–1830.

[139] Liu T, Jiang Z P, Hill D J. Small-gain based output-feedback controller design for a class of nonlinear systems with actuator dynamic quantization. IEEE Transactions on Automatic Control, 2012, 57: 1326–1332.

[140] Liu T, Jiang Z P, Hill D J. Quantized stabilization of strict-feedback nonlinear systems based on ISS cyclic-small-gain theorem. Mathematics of Control, Signals, and Systems, 2012, 24: 75–110.

[141] Liu T, Jiang Z P, Hill D J. A sector bound approach to feedback control of nonlinear systems with state quantization. Automatica, 2012, 48: 145–152.

[142] Lin Z, Francis B, Maggiore M. State agreement for continuous-time coupled nonlinear systems. SIAM Journal on Control and Optimization, 2007, 46: 288–307.

[143] d'Andréa-Novel B, Bastin G, Campion G. Dynamic feedback linearization of nonholonomic wheeled mobile robots. In Proceedings of the 1992 IEEE International Conference on Robotics and Automation, Nice, France, 1992: 2527–2532.

[144] Fliess M, Lévine J L, Martin P, et al. Flatness and defect of non-linear systems: Introductory theory and examples. International Journal of Control, 1995, 61: 1327–1361.

[145] Hirschhorn J. Kinematics and Dynamics of Plane Mechanisms. New York: McGraw-Hill Book Company, 1962.

[146] Jadbabaie A, Lin J, Morse A. Coordination of groups of mobile autonomous agents using nearest neighbor rules. IEEE Transactions on Automatic Control, 2003, 48: 988–1001.

[147] Shi G, Hong Y. Global target aggregation and state agreement of nonlinear multi-agent systems with switching topologies. Automatica, 2009, 45: 1165–1175.

[148] Ögren P, Egerstedt M, Hu X. A control Lyapunov function approach to multiagent coordination. IEEE Transactions on Robotics and Automation, 2002, 18: 847–851.

[149] Olfati-Saber R. Flocking for multi-agent dynamic systems: Algorithms and theory. IEEE Transactions on Automatic Control, 2006, 51: 401–420.

[150] Liu S, Xie L, Zhang H. Distributed consensus for multi-agent systems with delays and noises in transmission channels. Automatica, 2011, 47: 920–934.

[151] Arcak M. Passivity as a design tool for group coordination. IEEE Transactions on Automatic Control, 2007, 52: 1380–1390.

[152] Bai H, Arcak M, Wen J. Cooperative Control Design: A Systematic, Passivity-Based Approach. New York: Springer, 2011.

[153] Fax J A, Murray R M. Information flow and cooperative control of vehicle formation. IEEE Transactions on Automatic Control, 2004, 49: 1465–1476.

[154] Olfati-Saber R, Murray R M. Consensus problems in networks of agents with switching topology and time-delays. IEEE Transactions on Automatic Control, 2004, 49: 1520–1533.

[155] Cortés J, Martínez S, Bullo F. Robust rendezvous for mobile autonomous agents via proximity graphs in arbitrary dimensions. IEEE Transactions on Automatic Control, 2006, 51: 1289–1298.

[156] Šiljak D D. Dynamic graphs. Nonlinear Analysis: Hybrid Systems, 2008, 2: 544–567.

[157] Qu Z, Wang J, Hull R A. Cooperative control of dynamical systems with application to autonomous vehicles. IEEE Transactions on Automatic Control, 2008, 53: 894–911.

[158] Su H, Wang X, Lin Z. Flocking of multi-agents with a virtual leader. IEEE Transactions on Automatic Control, 2009, 54: 293–307.

[159] Li T, Fu M, Xie L, et al. Distributed consensus with limited communication data rate. IEEE Transactions on Automatic Control, 2011, 56: 279–292.

[160] Wang X, Hong Y, Huang J, et al. A distributed control approach to a robust output regulation problem for multi-agent systems. IEEE Transactions on Automatic Control, 2010, 55: 2891–2895.

[161] Wieland P, Sepulchre R, Allgöwer F. An internal model principle is necessary and sufficient for linear output synchronization. Automatica, 2011, 47: 1068–1074.

[162] Su Y, Huang J. Cooperative output regulation of linear multi-agent systems. IEEE Transactions on Automatic Control, 2012, 57: 1062–1066.

[163] Ögren P, Fiorelli E, Leonard N. Cooperative control of mobile sensor networks: Adaptive gradient climbing in a distributed network. IEEE Transactions on Automatic Control, 2004, 49: 1292–1302.

[164] Tanner H, Jadbabaie A, Pappas G. Stable flocking of mobile agents, Part I: Fixed topology. In Proceedings of the 42nd IEEE Conference on Decision and Control, Maui, HI, USA, 2003, 2010–2015.

[165] Ren W, Beard R, Atkins E. Information consensus in multivehicle cooperative control. IEEE Control Systems Magazine, 2007, 27: 71–82.

[166] Ghabcheloo R, Aguiar A P, Pascoal A, et al. Coordinated path-following in the presence of communication losses and time delays. SIAM Journal on Control and Optimization, 2009, 48: 234–265.

[167] Yu C, Anderson B D O, Dasgupta S, et al. Control of minimally persistent formations in the plane. SIAM Journal on Control and Optimization, 2009, 48: 206–233.

[168] Xin H, Qu Z, Seuss J, et al. A self organizing strategy for power flow control of photovoltaic generators in a distribution network. IEEE Transactions on Power Systems, 2011, 26: 1462–1473.

[169] Šiljak D D. Decentralized Control of Complex Systems. Boston: Academic Press, 1991.

[170] Shi L, Singh S K. Decentralized control for interconnected uncertain systems: Extensions to high-order uncertainties. International Journal of Control, 1993, 57: 1453–1468.

[171] Wen C, Zhou J, Wang W. Decentralized adaptive backstepping stabilization of interconnected systems with dynamic input and output interaction. Automatica, 2009, 45: 55–67.

[172] Jiang Z P, Repperger D W, Hill D J. Decentralized nonlinear output-feedback stabilization with disturbance attenuation. IEEE Transactions on Automatic Control, 2001, 46: 1623–1629.

[173] Xie S, Xie L. Decentralized global robust stabilization of a class of large-scale interconnected minimum-phase nonlinear systems. In Proceedings of the 37th IEEE Conference on Decision and Control, Tampa, FL, USA, 1998: 1482–1487.

[174] Krishnamurthy P, Khorrami F. Decentralized control and disturbance attenuation for large-scale nonlinear systems in generalized output-feedback canonical form. Automatica, 2003, 39: 1923–1933.

[175] Jiang Z P. Decentralized control for large-scale nonlinear systems: A review of recent results. Dynamics of Continuous, Discrete and Impulsive Systems Series B: Algorithms and Applications, 2004, 11: 537–552.

[176] Hill D J, Wen C, Goodwin G C. Stability analysis of decentralised robust adaptive control. Systems & Control Letters, 1988, 11: 277–284.

[177] Wen C, Zhou J. Decentralized adaptive stabilization in the presence of unknown backlash-like hysteresis. Automatica, 2007, 43: 426–440.

[178] Liu T, Jiang Z P, Hill D J. Decentralized output-feedback control of large-scale nonlinear systems with sensor noise. Automatica, 2012, 48: 2560–2568.

[179] Praly L, Jiang Z P. Stabilization by output feedback for systems with ISS inverse dynamics. Systems & Control Letters, 1993, 21: 19–33.

[180] Jiang Z P. A combined backstepping and small-gain approach to adaptive output-feedback control. Automatica, 1999, 35: 1131–1139.

[181] Jiang Z P. Decentralized and adaptive nonlinear tracking of large-scale systems via output feedback. IEEE Transactions on Automatic Control, 2000, 45: 2122–2128.

[182] Krishnamurthy P, Khorrami F, Jiang Z P. Global output feedback tracking for nonlinear systems in generalized output-feedback canonical form. IEEE Transactions on Automatic Control, 2002, 47: 814–819.

[183] Desai J P, Ostrowski J P, Kumar V. Modeling and control of formations of nonholonomic mobile robots. IEEE Transactions on Robotics and Automation, 2001, 17: 905–908.

[184] Tanner H G, Pappas G J, Kummar V. Leader-to-formation stability. IEEE Transactions on Robotics and Automation, 2004, 20: 443–455.

[185] Do K D. Formation tracking control of unicycle-type mobile robots with limited sensing ranges. IEEE Transactions on Control Systems Technology, 2008, 16: 527–538.

[186] Dong W, Farrell J A. Decentralized cooperative control of multiple nonholonomic dynamic systems with uncertainty. Automatica, 2009, 45: 706–710.

[187] Li Q, Jiang Z P. Flocking control of multi-agent systems with application to nonholonomic multi-robots. Kybernetika, 2009, 45: 84–100.

[188] Lin Z, Francis B, Maggiore M. Necessary and sufficient graphical conditions for formation control of unicycles. IEEE Transactions on Automatic Control, 2005, 50: 121–127.

[189] Aguiar A P, Pascoal A M. Coordinated path-following control for nonlinear systems with logic-based communication. In Proceedings of the 46th Conference on Decision and Control, New Orleans, LA, USA, 2007: 1473–1479.

[190] Ihle I A F, Arcak M, Fossen T I. Passivity-based designs for synchronized path-following. Automatica, 2007, 43: 1508–1518.

[191] Lan Y, Yan G, Lin Z. Synthesis of distributed control of coordinated path following. IEEE Transactions on Automatic Control, 2011, 56: 1170–1175.

[192] Jiang Z P, Nijmeijer H. Tracking control of mobile robots: A case study in backstepping. Automatica, 1997, 33: 1393–1399.

[193] Dixon W E, Dawson D M, Zergeroglu E, et al. Nonlinear Control of Wheeled Mobile Robots. London: Springer, 2001.

[194] Hirche S, Matiakis T, Buss M. A distributed controller approach for delay-independent stability of networked control systems. Automatica, 2009, 45: 1828–1836.

[195] Qu Z. Cooperative Control of Dynamical Systems: Applications to Autonomous Vehicles. New York: Springer-Verlag, 2009.

[196] Mesbahi M, Egerstedt M. Graph Theoretic Methods in Multiagent Networks. New Jersey: Princeton University Press, 2010.

[197] Ren W. On consensus algorithms for double-integrator dynamics. IEEE Transactions on Automatic Control, 2008, 53: 1503–1509.

[198] Cao Y, Ren W. Distributed coordinated tracking with reduced interaction via a variable structure approach. IEEE Transactions on Automatic Control, 2012, 57: 33–48.

[199] Ren W, Beard R. Distributed Consensus in Multi-vehicle Cooperative Control. London: Springer-Verlag, 2008.

[200] Liu Z, Guo L. Synchronization of multi-agent systems without connectivity assumptions. Automatica, 2009, 45: 2744–2753.

[201] Zhao J, Hill D J, Liu T. Synchronization of dynamical networks with nonidentical nodes: Criteria and control. IEEE Transactions on Circuits and Systems–I: Regular

Papers, 2011, 58: 584–594.

[202] Hong Y, Gao L, Cheng D, et al. Lyapunov-based approach to multiagent systems with switching jointly connected interconnection. IEEE Transactions on Automatic Control, 2007, 52: 943–948.

[203] Hong Y, Chen G, Bushnell L. Distributed observers design for leader-following control of multi-agent networks. Automatica, 2008, 44: 846–850.

[204] Liu T, Jiang Z P. Distributed formation control of nonholonomic mobile robots without global position measurements. Automatica, 2013, 49: 592–600.

[205] Liu T, Jiang Z P. Distributed output-feedback control of nonlinear multi-agent systems. IEEE Transactions on Automatic Control, 2013, 58: 2912–2917.

[206] Liu T, Jiang Z P. Distributed nonlinear control of mobile autonomous multi-agents. Automatica, 2014, 50: 1075–1086.

[207] Liu T, Jiang Z P. Distributed control of nonlinear uncertain systems: A cyclic-small-gain approach. IEEE/CAA Journal of Automatica Sinica, 2014, 1: 46–53.

[208] Lakshmikantham V, Leela S. Differential and Integral Inequalities: Theory and Applications. Volume I—Ordinary Differential Equations. New York: Academic Press, 1969.